高等学校计算机类规划教材
面向新工科培养CDIO教学改革规划教材

C语言程序设计项目化教程

（第3版）

主　编　李震平　宁振刚　李申欣
副主编　马丽艳　刘传志　李欣颢
编　委　杨　丽　李　燕　李　鹰　成　梁
黄　远　李晓霞　程慧芳　徐　彤
周　倩　申　超　赵　辉　魏红君
张培军

本书资源使用说明

北京邮电大学出版社
·北京·

内 容 简 介

本书依据 CDIO 工程教育模式的理念，以项目驱动为主线，通过一个典型项目“事业单位职工工资管理系统”讲解 C 语言的知识点，展现教与学的方法。

本书共 10 章，前 9 章内容包含软件开发基础、C 语言程序设计概述、结构化程序的三大结构、数组、结构体数据类型、函数、指针、文件操作和编译预处理，第 10 章对 C 语言程序设计的技术与知识点进行分类汇总，体现知识点之间的联系，以便读者整体学习和把握 C 语言。本书还提供了内容丰富、趣味性强的实用案例，同时配套出版的《C 语言程序设计项目化实训教程》（第 3 版）也保持了同样的风格。

本书既可以作为面向工程类非计算机专业本科学生的 C 语言教材，也可以作为计算机专业学生的 C 语言教材，还可以作为相关教师的参考资料。

图书在版编目（CIP）数据

C 语言程序设计项目化教程 / 李震平，宁振刚，李申欣主编 . --3 版 . -- 北京：北京邮电大学出版社，2023.6
ISBN 978-7-5635-6864-2

Ⅰ . ① C…　Ⅱ . ①李…　②宁…　③李…　Ⅲ . ① C 语言—程序设计—教材　Ⅳ . ① TP312.8

中国国家版本馆 CIP 数据核字（2023）第 013597 号

策划编辑：肖玉坤　**责任编辑：**张展华　**封面设计：**赫　健

出版发行：北京邮电大学出版社
社　　址：北京市海淀区西土城路 10 号（100876）
电话传真：010-82333010　62282185（发行部）　010-82333009　62283578（传真）
网　　址：3.buptpress.com
电子信箱：buptpress3@163.com
经　　销：各地新华书店
印　　刷：河北华商印刷有限公司
开　　本：787 mm × 1 092 mm　1/16
印　　张：20
字　　数：498 千字
版　　次：2023 年 6 月第 3 版
印　　次：2023 年 6 月第 1 次印刷

ISBN 978-7-5635-6864-2　　定价：56.00 元

如有质量问题请与发行部联系

前言

自20世纪80年代中期C语言进入我国以来，C语言已被我国许多高等学校列为学习程序设计的入门语言。随着我国经济的快速发展和科学技术的不断进步，自动化程度越来越高，社会对科技人员计算机操作技能的要求也越来越高。C语言既是重要的计算机技术基础语言，也是工业自动化控制的重要开发语言，因此，学习和掌握C语言的重要性更加突出。

近年来，“亚太大学生机器人大赛”“飞思卡尔杯全国大学生智能车竞赛”等面向在校大学生的各类电子对抗竞赛，从程序控制角度看，对C语言的驾驭能力是决定参赛者能否取胜的关键。

C语言程序设计是一门实践性很强的课程，学习者必须在实践中才能逐步理解和掌握程序设计的思想和方法。传统的C语言程序设计教材往往采用“概念—解释—举例”的讲解方式，这种方式既不利于培养学生的程序设计能力和语言应用能力，也不利于学生将来快速适应社会的需要。

党的二十大报告提出“深入实施科教兴国战略、人才强国战略、创新驱动发展战略”。教材是人才培养的重要支撑，也是引领创新发展的重要基础。为了更好地服务于高水平、科技自立自强、拔尖创新人才的培养，编者对本教材进行了修订和完善，使教材内容与时代发展的要求同步。

依据CDIO［构思（conceive）、设计（design）、实现（implement）、运作（operate）］工程教育模式的理念，结合作者多年的C语言教学经验和软件开发实践，作者对C语言知识点的编排进行了精心策划和组织。本教材直接从应用入手，通过虚拟项目“事业单位职工工资管理系统”的实现，讲解C语言的知识点，包括C语言程序结构、数据类型、变量的作用域、结构化程序的三大结构、数组、结构体、函数、指针、文件操作和编译预处理等。本教材有鲜明的项目特色，有利于学生在实践中领会所学知识，掌握编程技术，解决实际问题。

（1）项目驱动。本教材真正实现了对项目驱动知识点的组织和编排。通过对“事业单位职工工资管理系统”的学习与开发，将分散的知识点有机地联系起来，达到学以致用的目的。读者可以通过学习、仿照、借鉴，最终将所学知识用于开发其他实用的小软件。

（2）实用性强。第10章给出了C语言程序设计的技术与知识点汇总，将分散却相关的知识点有机地汇总起来，适合初学者和有一定基础的读者学习。在附录A中，附录1给出了开发一个软件项目的整体参考流程：文档资料、结构框图和流程图，以及采用结构体数据类型组织工资记录的“事业单位职工工资管理系统”的源程序，以方便读者学习和借鉴；

附录 2 给出了采用双向链表组织工资记录的“事业单位职工工资管理系统”的源程序；附录 3 给出了基于结构体进行数据组织的“图书管理之管理图书信息系统”的源代码；附录 4 给出了 ASCII 字符编码；附录 5 给出了 C 语言部分常用标准库函数，以方便读者查阅。

（3）趣味性强。本教材中的所有案例都经过精心选择与设计。除一些经典算法外，本教材在趣味性上做了很多工作，彻底避免了以往学习计算机语言的单调，能极大地提高读者的学习兴趣。

（4）符合认知规律。根据知识点的特点，本教材或采用“实践—理论—实践”，或采用“理论—实践—理论—实践”的编排模式，以利于读者学习。

（5）强调阅读、编写、调试三大能力的培养。这三种能力是能顺利掌握 C 语言的根基，本教材许多案例的分析过程均涉及这三种能力的培养。

本教材所有案例的调试环境均为 Microsoft Visual Studio 2010，以适应现实程序开发的需要和熟悉全国计算机等级考试二级（C 语言）的考试环境，并且所有案例均调试通过。

《C 语言程序设计项目化教程》(第 3 版）由李震平、宁振刚、李申欣担任主编，由马丽艳、刘传志、李欣颢担任副主编，参加编写的还有杨丽、李燕、黄远、李晓霞、程慧芳、徐彤、周倩、赵辉、魏红君和张培军。李震平负责本教材的审稿工作，并与李鹰、成梁、李申欣一起统稿。本教材同时配套出版了《C 语言程序设计项目化实训教程》(第 3 版）。

在编写过程中，本教材得到河北工程大学各位领导，天津大学李鹰先生，以及邯郸广播电视台新闻制片人成梁先生的大力支持和指导，在此一并表示衷心的感谢。同时还要感谢韩晓鸿、刘群、李道宣、李思墨、成思举、郭力天、宁一兵、苏炫宁等，他们为本教材的编写也提供了有益的建议、帮助和支持。

由于编者水平有限，书中疏漏之处在所难免，恳请读者批评指正。

编　者

目 录

第 1 章　软件开发基础——工资管理系统之项目管理......1
任务 1　学习目标......1
任务 2　对 C 语言的初步认识......1
任务 3　了解软件工程......2
任务 4　了解数据结构......5
任务 5　了解算法设计......8
任务 6　本章要点汇总......12
任务 7　实力检验......13

第 2 章　C 语言程序设计概述......15
任务 1　学习目标......15
任务 2　了解程序与程序设计......15
任务 3　了解 C 语言......20
任务 4　了解 Microsoft Visual Studio 2010 集成开发环境......24
任务 5　创建、编辑源程序......25
任务 6　编译、连接、运行程序......27
任务 7　了解 VS 的一些常用功能......31
任务 8　本章要点汇总......31
任务 9　实力检验......32

第 3 章　结构化程序的三大结构——工资管理系统之主菜单设计......35
任务 1　学习目标......35
任务 2　引言......35
任务 3　掌握 C 语言的词法......36
任务 4　理解 C 语言的数据类型......37
任务 5　理解变量与常量......39
任务 6　掌握运算符与表达式的使用方法......44
任务 7　掌握输入 / 输出数据的方法......54

任务 8　顺序结构程序设计......67
任务 9　选择结构程序设计......68
任务 10　循环结构程序设计......80
任务 11　精选案例......90
任务 12　应用实例——工资管理系统之主菜单设计......98
任务 13　本章要点汇总......99
任务 14　知识扩展......100
任务 15　实力检验......103

第 4 章　数组——工资管理系统之数据管理......109
任务 1　学习目标......109
任务 2　引言......109
任务 3　数组的基础知识......110
任务 4　数组的应用......115
任务 5　处理字符串......124
任务 6　精选案例......134
任务 7　本章要点汇总......138
任务 8　知识扩展——二维数组与多维数组......139
任务 9　实力检验......146

第 5 章　结构体数据类型——工资管理系统之数据结构设计......147
任务 1　学习目标......147
任务 2　引言......147
任务 3　声明结构体类型......148
任务 4　职工工资数据结构的设计与结构体变量的定义......150
任务 5　输入职工工资......154
任务 6　计算职工工资......159
任务 7　输出职工工资......159
任务 8　精选案例......160
任务 9　本章要点汇总......163
任务 10　知识扩展......164
任务 11　实力检验......168

第 6 章　函数——工资管理系统之模块功能的实现......170
任务 1　学习目标......170
任务 2　引言......170
任务 3　了解模块化程序设计......171
任务 4　了解函数的概念与作用......171
任务 5　函数的分类......173

任务 6　函数的定义......175
任务 7　函数的类型和返回值......178
任务 8　函数调用及参数传递......181
任务 9　函数的嵌套调用与递归调用......186
任务 10　精选案例......190
任务 11　本章要点汇总......203
任务 12　知识扩展 1——函数的作用域......204
任务 13　知识扩展 2——变量的作用域与存储方式......205
任务 14　实力检验......212

第 7 章　指针——事业单位职工工资管理系统之双向链表结构设计及应用......214
任务 1　学习目标......214
任务 2　了解指针的概念......214
任务 3　指针变量的定义与初始化......216
任务 4　掌握指针的常规应用......219
任务 5　了解指针与数组......222
任务 6　了解指向结构体变量的指针......233
任务 7　了解指针与函数......235
任务 8　精选案例......238
任务 9　本章要点汇总......243
任务 10　知识扩展......244
任务 11　实力检验......258

第 8 章　文件操作——工资管理系统之数据永久记录......261
任务 1　学习目标......261
任务 2　了解文件......261
任务 3　了解文件的存储形式......262
任务 4　了解文件操作......262
任务 5　打开文件——fopen( ) 函数的应用......262
任务 6　将职工工资数据写入文件——fwrite( ) 函数的应用......265
任务 7　从文件中读取职工工资数据——fread( ) 函数的应用......266
任务 8　关闭文件——fclose( ) 函数的应用......267
任务 9　更多的读写文件函数......267
任务 10　了解文件的数据定位......272
任务 11　精选案例......275
任务 12　本章要点汇总......283
任务 13　知识扩展......283
任务 14　实力检验......284

第 9 章　编译预处理——工资管理系统之预处理的应用 288
任务 1　学习目标 288
任务 2　文件包含 288
任务 3　宏定义 290
任务 4　条件编译 296
任务 5　精选案例 298
任务 6　本章要点汇总 300
任务 7　知识扩展 301
任务 8　实力检验 301

第 10 章　C 语言程序设计之技术与知识点分类汇总 304

附录 A　源代码、ASCII 字符编码与常用标准库函数 310

附录 B　课程思政 311

参考文献 312

第 1 章

软件开发基础——工资管理系统之项目管理

任务 1 学习目标

了解软件工程和数据结构的概念；理解算法的概念、算法的特性和算法的描述方法；初步建立起程序设计的概念，较深入地理解结构化程序设计的原理和方法。

任务 2 对 C 语言的初步认识

概述：C 语言在计算机专业中的地位

C 语言（combined language，组合语言）是较通用和流行的计算机程序设计语言之一。丹尼斯·里奇（Dennis M. Ritchie，1941—2011）于 1972 年在 BCPL（basic combined programming language，基本组合编程语言）的基础上设计出 C 语言，并用 C 语言重写了第一个在 DEC PDP−11 计算机上实现的 UNIX 操作系统。从 C 语言诞生至今，历经了 50 多年，C 语言仍然以其紧凑的代码、高效的运行效率、强大的功能，以及可以直接操作计算机硬件等特点，深受广大编程爱好者和软件开发人员欢迎。

C 语言的应用领域十分广泛，如人工智能、单片机控制、计算机系统软件等的底层开发，以及工业控制、智能仪表、嵌入式系统及硬件驱动程序开发等。近年来，在“亚太大学生机器人大赛”“飞思卡尔杯全国大学生智能车竞赛”及面向在校大学生的各种电子设计竞赛中，许多参赛院校与参赛者都使用 C 语言编制控制程序。有人风趣地形容：“学好 C 语言，走遍天下都不怕”。许多高级语言都是在 C 语言的基础上设计出来的，如 C++、Java 及目前比较流行的 Python 等。

在学习 C 语言之前，需要先了解一些程序设计与开发的相关知识，这些是程序设计的基础。本章的后续3项任务中分别介绍了软件工程、数据结构和算法设计的一些基本概念和思想。如果读者需要深入理解和掌握这些理论知识，可以查阅相关书籍。

任务3　了解软件工程

1. 软件的概念及特点

软件是程序、数据及其相关文档的完整集合。也可以说，软件由两部分组成：一是程序和数据；二是文档。文档是与软件的程序设计、开发、维护和使用有关的图文资料。

软件具有以下特点。

①软件是一种逻辑产品，它与物质产品有很大的区别，以程序和文档的形式出现，保存在计算机的存储器中（磁盘或光盘），通过计算机的运行才能体现软件的功能和作用。

②软件的生产主要是开发和研制。其成本主要体现在软件的开发和研制上。软件在开发和研制完成后，通过复制可以生产大量相同的软件产品。

③软件不存在磨损、消耗的问题，但是软件在使用过程中，往往需要根据用户需求的变化或软硬件环境的变化对软件进行修改，这种修改称为软件维护。

④软件的生产主要是软件开发者的脑力劳动。

⑤软件的生产费用是不断增加的，软件的生产成本相当昂贵。

2. 软件工程的相关知识

1）软件工程

20世纪60年代中后期，软件数量越来越多，软件规模越来越大，而软件的生产基本上是开发者各自为战，缺乏科学规范的系统规划与测试、评估标准，致使大批耗费巨资研制出来的软件系统因有错误而无法使用，造成巨大的损失。随着问题软件不断出现，给人的感觉是软件越来越不可靠。这在历史上称为“软件危机”。一些软件开发人员认识到：大型程序的编制不同于编写小程序，它应该是一项新的技术，应该像管理工程一样管理软件研制的全过程。1968年，北大西洋公约组织在原联邦德国的一次学术会议上，首次提出“软件工程”的概念，从而形成了一门新兴的学科——软件工程。

软件工程是用工程化方法指导计算机软件开发和维护的一门学科，它采用工程的概念、原理、技术和方法来开发、维护及管理软件。软件工程是目前计算机学科中一个年轻并且充满活力的研究领域。

2）软件工程的3个要素

软件工程包括3个要素，即方法、工具和过程。

①软件工程的方法，是完成软件工程项目的技术手段。它包括许多方面，如项目计划与估算、软件需求分析、系统总体结构设计、数据结构设计、算法设计、编写代码、软件测试及维护等。

②软件工程的工具，是人类在开发软件的活动中智力和体力的扩展与延伸。它提供了

自动或半自动的软件支撑环境。

③软件工程的过程，贯穿于软件开发的各个环节，支持软件开发的各个环节的控制和管理。

3）软件生命周期

任何有生命的动物、植物和人，都有一个生命周期。没有生命的事物或实体，例如，计算机、家具、房子、汽车等，也有一个生命周期，这个生命周期就是使用寿命。软件和其他事物相似，有它的产生、发展和消亡的过程。

软件生命周期是指从提出开发软件的概念开始，直到该软件的使用、失去使用价值而被废弃的整个过程。软件生命周期也可以称作软件生存周期。

在软件生命周期中，每个阶段都有确定的任务，产生一定规格的文档并传递给下一阶段，下一阶段在前一阶段所提供文档的基础上继续开展工作。软件生命周期包括以下 6 个阶段。

（1）可行性研究与计划制订

在此阶段，软件开发方与需求方需要共同讨论以确定软件的开发目标，开发方还要进行软件项目的可行性研究。可行性研究的目的是研究这个软件项目是否值得开发，以及其中的问题能否解决。可行性研究的内容包括以下 4 个方面。

①经济可行性：进行成本 / 效益分析，从经济角度判断系统开发是否“合算”。

②技术可行性：进行技术风险评估，从开发者的技术实力、工作经验、问题的复杂程度等方面出发，判断系统开发在时间、费用等限制条件下能否实现软件项目。

③社会可行性：研究在系统开发过程中可能涉及的人力资源、合同、知识产权纠纷、责任及各种与法律相抵触的问题。

④方案的选择：提出并评价系统的各种开发方案，从中选出一种最适宜的方案。

（2）需求分析

软件需求是指用户对目标系统在功能、行为、性能等方面的期望。**需求分析**是发现、求精、建模和产生规格说明的过程，软件开发人员在对应用问题及环境的理解和分析的基础上，需要为问题涉及的信息、功能及行为建立模型。需求分析阶段的研究对象是用户对软件项目的要求。在此阶段，一方面，软件开发人员必须全面理解用户的各项要求，但并不一定全盘接受所有的要求；另一方面，软件开发人员要准确地表达出所接受的用户要求，只有经过确切描述的软件需求才能成为软件设计的基础。

需求分析阶段的工作可概括为 4 个方面：需求获取、需求分析、编写需求规格说明书和需求评审。

（3）软件设计

软件设计是将需求分析阶段得出的逻辑模型设计成具体的软件方案。软件设计主要包括设计软件的总体结构、数据结构和软件具体模块的算法，解决“系统怎么做”的问题。软件设计阶段结束之前，要进行有关评审，评审通过后才能进入编码阶段。软件设计阶段可以根据具体软件的规模、类型等决定是否细分成概要设计和详细设计两个阶段。

本书中的软件项目实例“事业单位职工工资管理系统”，实现了对事业单位职工的个人信息和工资信息进行存储和管理。

①软件的总体结构设计：事业单位职工工资管理系统的软件结构如图 1-1 所示。

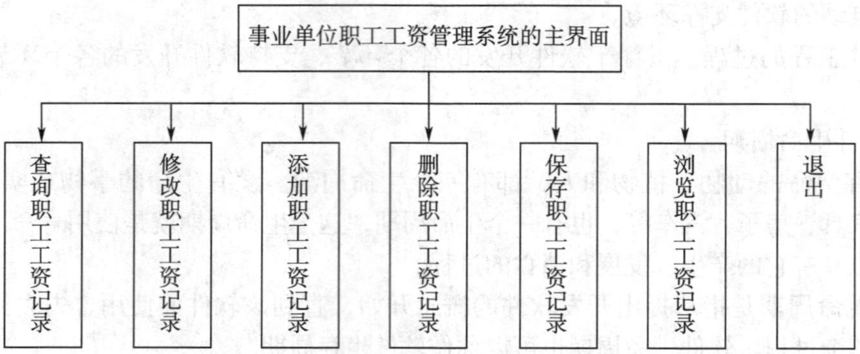

图 1–1　事业单位职工工资管理系统的软件结构

②数据结构设计：采用链表处理工资信息。工资信息包括职工工号、职工姓名、岗位工资、薪级工资、职务津贴、绩效工资、应发工资、个人所得税和实发工资。

③具体模块的算法设计：查询职工工资记录、修改职工工资记录、添加职工工资记录、删除职工工资记录、保存职工工资记录、浏览职工工资记录和退出。

每个模块的算法设计为下一个阶段的“软件实现”做准备。比如,查询职工工资记录模块,该模块的算法设计思路是以“工号”为查询对象，在全体职工范围内进行查找，通过比较“工号”找到相应的工资记录并输出，如果找不到，则显示“您所输入的职工工号有误或不存在”的提示信息，并返回到主菜单。具体算法可以采用流程图或自然语言进行描述。

（4）软件实现

软件实现也就是编写代码。在此阶段中，程序员按照软件设计说明书的要求，为每个模块编写程序代码。编写的程序应该结构合理、清晰易读，并且与设计说明书的要求一致。

（5）软件测试

软件测试是保证软件质量的重要手段，目的是尽可能多地发现程序中的错误。软件测试分为模块测试、组装测试和确认测试。在软件测试阶段中，要做好软件测试记录，写出软件测试与评价报告。

（6）运行与维护

运行与维护是对软件运行提供支持，软件系统经过测试后仍可能存在潜在的错误或缺陷，软件投入运行后，这些潜在的问题可能会显现出来。用户的需求和系统的运行环境也可能发生改变，需要对软件进行修改，成功修改后的软件成为新的软件版本，进行软件维护也要详细地做好维护修改记录。

4）软件开发模型

软件开发模型是软件开发的过程、活动和任务的结构框架。它能直观表达软件开发的全过程，明确规定要完成的主要活动、任务和开发策略。常用的软件开发模型有瀑布模型、原型模型、螺旋模型、基于构件的开发模型及基于知识的模型。

①瀑布模型严格按照软件生命周期各个阶段的目标、任务、文档和要求进行软件开发，强调了每一阶段的严格性，尤其是开发前期的良好需求说明。开发人员试图在每一阶段的活动结束时，通过严格的阶段性复审与确认，得到该阶段的一致、完整、准确和无二义性的文档，冻结这些文档作为该阶段的结束标志，并为下一阶段的活动奠定基础，从而形成一个理想的线性开发序列，以每一步的正确性和完整性来保证最终系统的质量。软件生命周期的瀑布模型如图 1–2 所示。

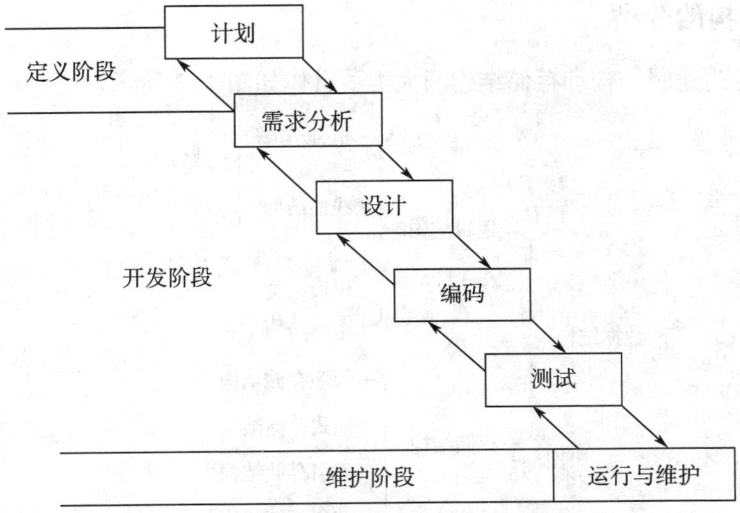

图 1-2　软件生命周期的瀑布模型

在大量的软件开发实践中，瀑布模型逐渐暴露出缺点。瀑布模型是一种理想的线性开发模式，缺乏灵活性，特别是无法解决软件需求不明确或不准确的问题。这些缺点给软件开发带来了严重的影响，最终可能导致开发出的软件不是用户真正需要的软件，并且在开发过程完成后才能发现这一点。

②原型模型即快速模型。原型模型的开发过程的第一步，是快速建立一个能反映用户主要需求的原型系统，让用户在计算机上使用它，通过实践来了解目标系统的概貌。通常，用户试用原型系统之后会提出许多修改意见，开发人员按照用户的意见快速地修改原型系统，然后再次请用户试用。一旦用户认为这个原型系统确实能满足他们的需求，开发人员便可根据这份规格说明文档设计软件，使软件可以满足用户的真实需求。

其他模型的开发过程可查阅软件工程方面的书籍。

3. 软件工程的目标

软件工程是一门工程性学科，目的是成功地建造一个大型的软件系统，同时达到以下几个目标：较低的成本、较好的性能、完善的功能、较好的移植性、较低的维护费用、及时交付及较高的可靠性等。

任务 4　了解数据结构

1. 数据结构的概念

数据结构是指相互之间存在一种或多种特定关系的数据元素的集合，是计算机存储、组织数据的方式。数据结构主要研究和讨论数据的逻辑结构、存储结构和数据的运算。

2. 数据结构的分类

数据结构分为逻辑结构和存储结构两大类，具体如图 1-3 所示。

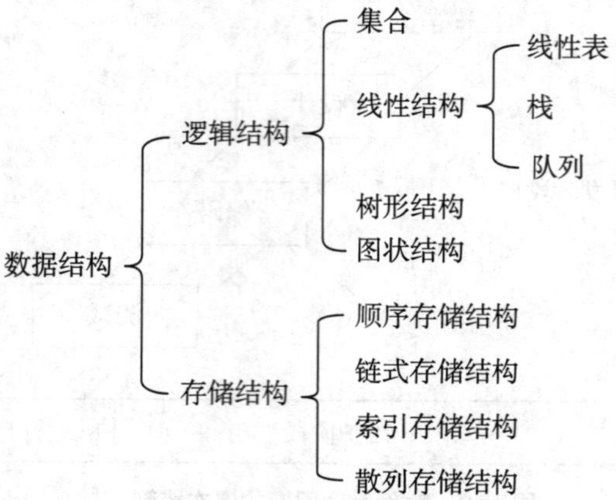

图 1-3　数据结构的分类

（1）数据的逻辑结构

数据的逻辑结构是对数据元素之间的逻辑关系的描述，是数据的组织形式。数据元素之间有 4 种基本的逻辑结构：集合、线性结构、树形结构和图状结构。

①**集合**：集合中任意两个数据元素之间没有逻辑关系，组织形式松散，如图 1-4 所示。

②**线性结构**：数据元素间构成一种顺序的线性关系，如图 1-5 所示。

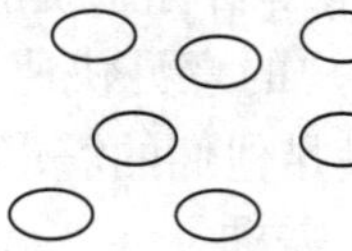

图 1-4　集合

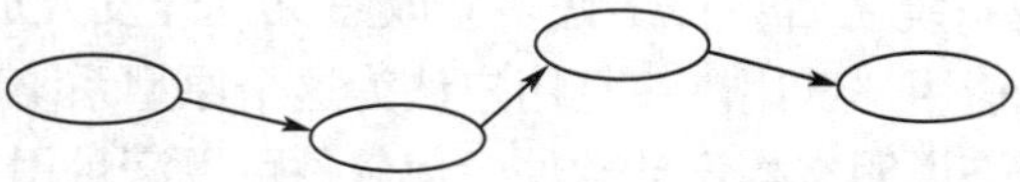

图 1-5　线性结构

③**树形结构**：树形结构具有分支、层次特性，数据元素之间形成一种一对多的关系，如图 1-6 所示。

④**图状结构**：也叫作网状结构，是最复杂的一种结构，数据元素之间存在多对多的关系，如图 1-7 所示。

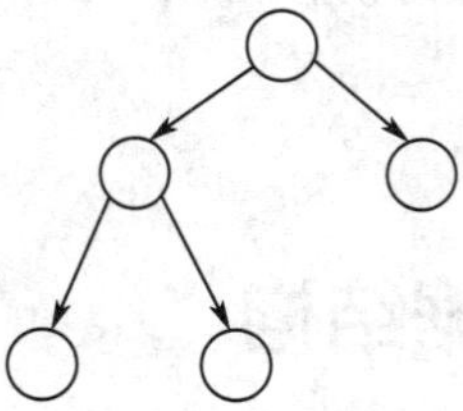

图 1-6　树形结构

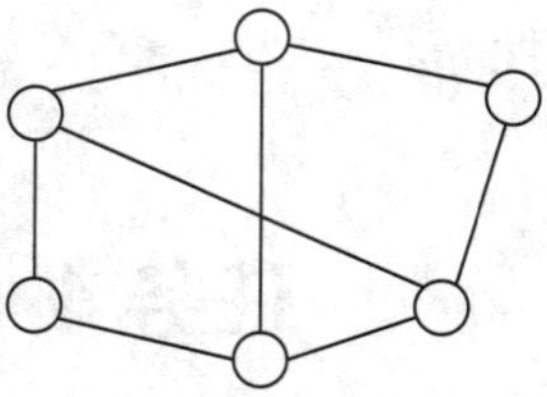

图 1-7　图状结构

（2）数据的存储结构

数据的逻辑结构是独立于计算机的，与数据在计算机中的存储无关。但是，要使用计算机对数据进行处理，就必须将数据存储在计算机中。数据的逻辑结构在计算机中的表示称为数据的**存储结构**，也称为物理结构。那么，数据在存储器中是如何存放的？试想，如果英汉词典中的单词没有任何规律地随意罗列，那么，用这样的词典查词将犹如大海捞针。同样，如果数据在计算机中无规律地存储，则进行数据处理也会非常困难。

数据的存储结构包括顺序存储结构、链式存储结构、索引存储结构和散列存储结构 4 种。顺序存储结构通常用于存储线性结构的数据，逻辑上相邻的节点在存储器中也是相邻的。在链式存储结构中，节点在存储器中随意存放，逻辑上相邻的节点在存储器中不一定是相邻的，也就是说，节点之间的物理关系与逻辑关系无关。链式存储结构的特点是每个节点是由数据域和指针域组成的；插入、删除节点灵活，不必移动节点，只要改变节点中的指针即可；查找节点时链式存储要比顺序存储慢。索引存储结构中每个节点仅含一个数据元素，所有节点连续存放。此外，在索引存储结构中增设了一个索引表，索引表中的索引号指示各存储节点的存储位置，换句话说，根据节点的索引号可以确定该节点的存储地址。散列存储结构的思想是构造一个从集合 K 到存储区域 M 的函数 h，该函数的定义域为 K，值域为 M，K 中的每个节点 k_i 在计算机中的存储地址由 $h(k_i)$ 确定。

在程序设计中，选择合适的数据结构是非常重要的。许多大型系统的开发经验表明，系统实现的难易程度、系统的质量和执行效率很大程度上取决于是否选择了最优的数据结构。选择合适的数据结构，可以使算法的设计更加容易。当然，也可以根据特定算法来选择数据结构与之适应。但不论哪种情况，选择合适的数据结构都是非常重要的，它可以带来更高的运行效率和存储效率。

（3）线性结构与非线性结构

根据数据结构中各元素之间的前驱与后继关系的不同，一般将数据结构分为线性结构和非线性结构两大类。

如果在一个数据结构中，数据元素之间为一对一的线性关系，第一个元素没有直接前驱，最后一个元素没有直接后继，其余元素都有且只有唯一一个直接前驱和直接后继，则称这种数据结构为**线性结构**。如果一个数据结构不是线性结构，则称之为**非线性结构**。

（4）常用的几种数据结构

①线性表:线性表中的数据元素是一对一关系，即除了第一个和最后一个数据元素之外，其他数据元素都是首尾相接的。线性表是最基本、最简单的一种数据结构，便于实现和操作，因此，线性表在实际应用中被广泛采用。

线性表的存储结构有两种：顺序存储结构和链式存储结构。

如果线性表采用顺序存储方式存储，则称之为**顺序表**。顺序表是将表中的节点依次存放在计算机内存中一组地址连续的存储单元中。由于一维数组采用顺序存储结构，因此，可以用数组来实现线性表的顺序存储。线性链表是具有链式存储结构的线性表。

线性表可以进行插入、删除、排序、查找、计数等操作。

②栈：是只能在一端进行插入和删除操作的特殊线性表。栈按照“后进先出”的原则存储数据，先进入的数据被压入栈底，最后进入的数据在栈顶，需要读数据的时候从栈顶开始弹出数据（最后进入的数据被第一个读出）。

③队列：是只允许在表的前端（front）进行删除操作，在表的后端（rear）进行插入操作的线性表。进行插入操作的端称为队尾，进行删除操作的端称为队首。队列是“先进先出”的线性表。当队列中没有元素时，这种队列称为空队列。

④链表：是一种物理存储单元上非连续、非顺序的存储结构，数据元素的逻辑顺序是

通过链表中的指针链接次序实现的。链表由一系列节点（链表中每一个元素称为节点）组成，节点可以在运行时动态生成。每个节点包括两部分：一部分是存储数据元素的数据域；另一部分是存储下一个节点地址的指针域。

⑤树：是包含不少于一个节点的有穷集合。例如，有 n（$n>0$）个节点的集合 K，且在集合 K 中定义了一个关系 N，关系 N 满足以下条件：有且仅有一个节点 k_0，它对于关系 N 来说没有前驱，称节点 k_0 为树的根节点。除节点 k_0 外，集合 K 中的每个节点对于关系 N 来说，有且仅有一个前驱，可以有 m 个后继（$m\geqslant0$）。树是一种简单的非线性结构，所有元素之间都具有明显的层次特性。

⑥图：是由节点的有穷集合 V 和边的集合 E 组成的。其中，为了与树形结构加以区别，在图状结构中常常将节点称为顶点。若有两个顶点 v_i 和 v_j，v_i 和 v_j 之间存在一条边，则用偶对（v_i，v_j）表示无向边，用 $<v_i, v_j>$ 表示从顶点 v_i 到顶点 v_j 的有向边。

任务 5　了解算法设计

1. 算法的概念

算法是解决问题所采取的步骤和方法。在人们的生产活动和日常生活中，算法无处不在。例如，超市购物中存在算法：确定购买的商品清单；确定采购要去的超市；到达超市；购买商品；返回。还有经典的“5 位哲学家就餐”问题：5 位哲学家围坐一圆桌，每人面前有一盘面条，每人左手侧和右手侧各有一把叉子。吃面条时必须左手和右手各拿一把叉子。如果 5 位哲学家同时拿起左手侧的叉子，则谁也吃不成面条。这里有一个并行算法问题。可以设计一个程序，保证在任何时候有两位哲学家在吃面条。在现实中，很多资源分配和并行算法问题都与该问题类似。

计算机算法分为数值运算算法和非数值运算算法两类。数值运算算法的目的是求数值解，例如，函数的定积分，多项式与线性代数方程组，矩阵与非线性方程等问题的求解。非数值运算算法的范围很广，最常见的是事务管理领域，如考勤管理、职工信息管理、超市商品管理等。目前，计算机在非数值运算方面的应用远远超过在数值运算方面的应用。

下面通过一个简单例子说明如何设计一个算法。

【案例 1-1】 计算 1+2+3+…+100。

〖分析〗

设计顺序算法如下。

第一步：计算 1 加 2 得 3；

第二步：将 3 与 3 相加得 6；

第三步：将 6 与 4 相加得 10；

……

最终算法描述中需要写 99 个步骤，显然此方法十分烦琐，不是最佳算法。

改进算法如下：设 s 存放第一个加数，i 存放第二个加数，相加后将和重新放在 s 中作为新的第一个加数，修改第二个加数 i（i 值加 1），重复 $s+i \rightarrow s$ 及 $i+1 \rightarrow i$，直到加完。描述如下。

第一步：使 s=1；

第二步：使 i=2；

第三步：$s+i$ 的和仍放在 s 中，即 $s+i \rightarrow s$；

第四步：使 i 的值加 1，即 $i+1 \rightarrow i$；

第五步：如果 i 不大于 100，重复第三、第四、第五步；否则，输出 s 的值后结束算法。

〖思考〗 如何描述 1+3+5+…+99 的算法?

〖方案〗 只要将算法的第四步改为 $i+2 \rightarrow i$ 即可。

由此可见，改进的算法具有一定的灵活性和通用性。

【案例 1-2】 从键盘输入任意两个不等的整数，输出较大数。

〖算法〗

第一步：从键盘输入两个不等的整数 x 和 y；

第二步：比较 x 和 y 的大小，如果 $x>y$，则执行第三步；否则执行第四步；

第三步：输出 x，算法结束；

第四步：输出 y，算法结束。

〖思考〗 如何输出较小数?

〖方案〗 将算法的第二步中的“$x>y$”改为“$x<y$”即可。

2. 算法的特性

算法应具有以下特性。

（1）有穷性

算法应包含有限的操作步骤，在执行有穷步后能够结束。对于包含循环结构的算法，应避免出现死循环，否则循环就会无限制地执行下去。当然，有穷性应该是在合理的限度之内，如果一个算法执行 100 年才结束，这个算法虽然也具备有穷性，但明显超过了合理的限度，因此，也不能称之为有效的算法。这个“合理的限度”是多少，其实并没有严格的标准，应该由人们的常识和需要而定。

（2）确定性

算法中的每个步骤必须有确切的含义，不会产生歧义，并且在任何条件下，算法只有唯一一条执行路径，对于相同的输入，只能得到相同的结果。

（3）有效性

算法的每个步骤都应当能有效地执行，并得到确定的结果。例如，若 b=0，那么 a/b 就不能有效地执行。

（4）有零个或多个输入

输入是指在执行算法时需要从外界取得必要的信息，例如，在执行案例 1-2 的算法时，需要输入两个不等的整数，然后才能比较大小并输出。如果一个算法在程序中已经给出原始数据，那么此算法可以没有输入，即在执行算法时不需要输入任何信息。

（5）有一个或多个输出

算法的目的是为了求解问题，没有输出结果的算法是没有意义的。

3. 算法的描述

描述算法的方法有多种，常用的有自然语言、专用工具等。

1）自然语言

案例 1-1 和案例 1-2 就是用自然语言描述的。自然语言是人们日常交流所用的语言。使用自然语言描述算法通俗易懂，但是当算法复杂时，用自然语言描述算法过于烦琐且不直观，在描述选择或循环算法时很不方便。另外，自然语言也容易产生歧义。例如，甲对乙说他的朋友去上海了。那么是甲的朋友去上海了，还是乙的朋友去上海了呢？从这句话本身是难以判断的。

2）专用工具

这种方法是借助图形工具或代码符号描述算法，常用的工具有流程图、N-S 图等。

（1）流程图

流程图兴起于 20 世纪五六十年代，流程图一出现便成为程序设计及算法描述的必用工具。这种方法的特点是使用一些图框表示各种类型的操作，用流程线表示这些操作的执行顺序。图 1-8 所示的符号是国家标准《信息处理　数据流程图、程序流程图、系统流程图、程序网络图和系统资源图的文件编制符号及约定》（GB/T 1526—1989）中推荐的流程图标准化符号的一部分。

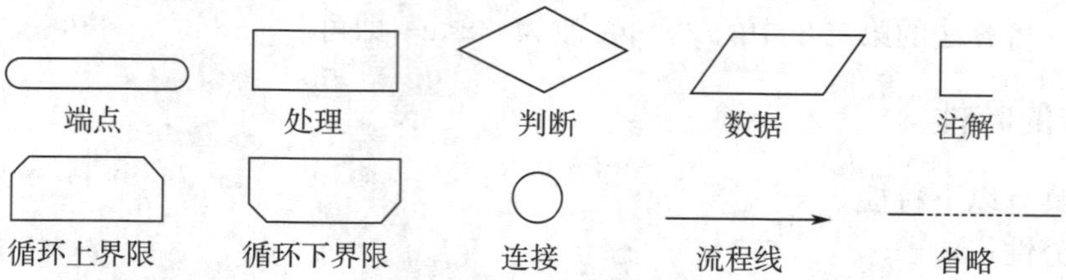

图 1-8　流程图标准化符号

案例 1-1 的算法用流程图来描述，如图 1-9 所示。

案例 1-2 的算法用流程图来描述，如图 1-10 所示。

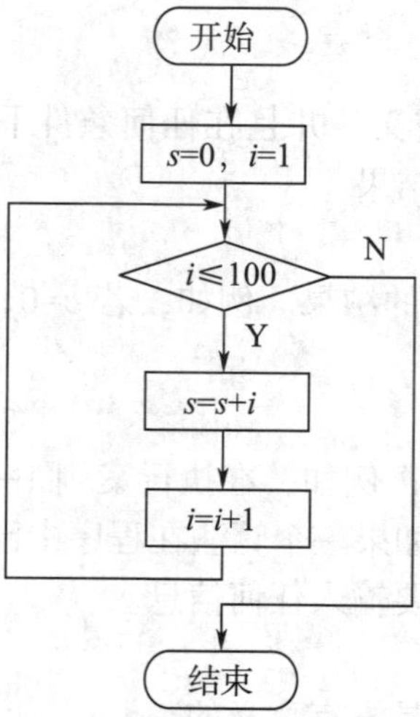

图 1-9　案例 1-1 的流程图

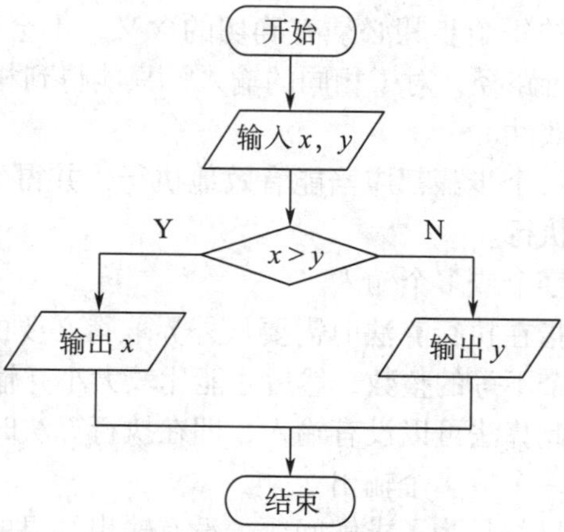

图 1-10　案例 1-2 的流程图

流程图采用简单规范的符号，直观形象，不会产生歧义，便于理解。其缺点是占用篇幅过大，不如自然语言灵活。另外，由于流程图中流程线的使用没有严格限制，因此流程可以随意跳转，使流程图变得毫无规律，阅读时难以理解算法的逻辑结构，从而降低了算法的可靠性和可维护性。

（2）N-S 图

N-S 图是由美国学者 I.Nassi（纳西）和 B.Shneiderman（施奈德曼）于 1973 年提出的，它去掉了流程图中带箭头的流程线，把全部算法写在一个矩形框内，在该框内可以包含顺序结构、选择结构和循环结构，适用于结构化程序设计。N-S 图简洁直观，例如循环的范围、条件语句的范围一目了然，容易理解设计意图，为编程、阅读、测试和维护都带来了便利。N-S 图自提出以来深受软件开发人员的欢迎。各种程序结构的 N-S 图的表示方法如图 1-11 ～图 1-14 所示。

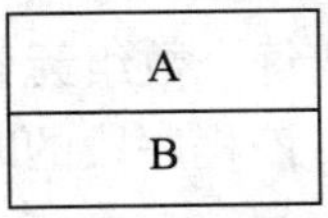

图 1-11　顺序结构

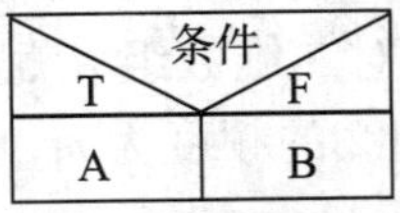

图 1-12　选择结构

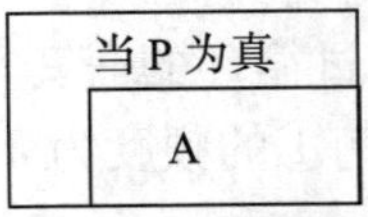

图 1-13　当型循环

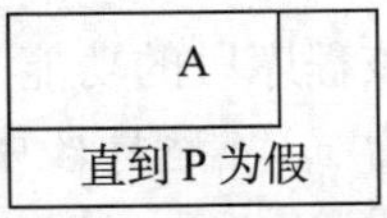

图 1-14　直到型循环

案例 1-1 和案例 1-2 的算法使用 N-S 图来描述，分别如图 1-15 和图 1-16 所示。

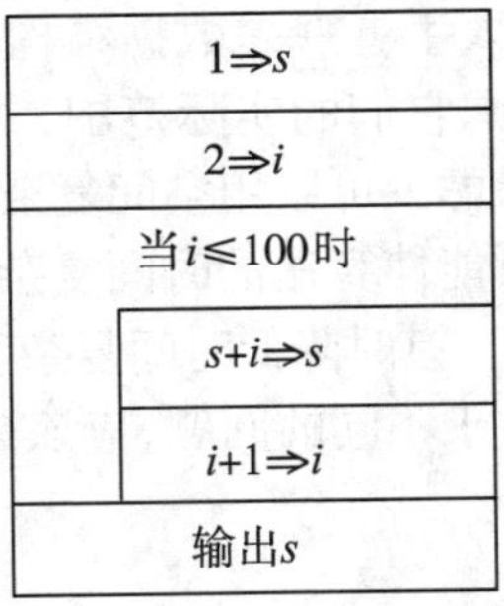

图 1-15　案例 1-1 的 N-S 图

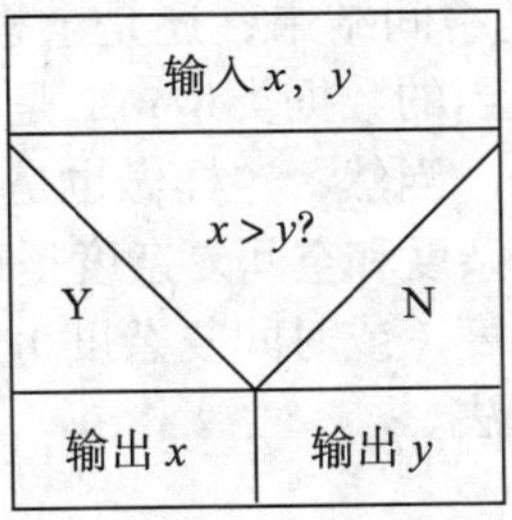

图 1-16　案例 1-2 的 N-S 图

4. 算法的复杂度

解决某个问题或完成某件事情可以有不同的方法，正所谓“条条大路通罗马”，但是这些解决方法的效率有所不同，一定会存在某条路是最快捷的。选择一种最有效的算法是解决问题的关键，那么应该如何选择呢？这时往往需要根据算法的复杂度做出决定。

算法的复杂度是算法效率的度量，是评价算法优劣的重要依据，包括算法执行时所耗费的时间和所占用的资源。花费的时间越长，需要的计算机资源越多，该算法的复杂度越高；反之，耗费的时间越短，占用的资源越少，该算法的复杂度越低。计算机最重要的资源是时间和空间（存储器）。因而，算法的复杂度包括时间复杂度和空间复杂度。

（1）算法的时间复杂度

时间复杂度是指执行算法所耗费的时间。一个算法花费的具体时间，理论上是无法计算的，只有通过上机测试才能确定。但是，由于不可能也没有必要对每个算法都上机测试，所以只要知道哪个算法花费的时间多，哪个算法花费的时间少就可以了。算法执行所花费的时间和算法中语句执行的次数成正比，语句执行的次数多，它花费的时间就多。一个算法中语句执行的次数称为语句频度或时间频度，一个算法中所有语句的频度之和构成了该算法的运算时间。语句频度或时间频度记为 $T(n)$，其中 n 为问题的规模，当 n 不断变化时，$T(n)$ 也会不断变化。为了呈现出这种变化的规律，引入了时间复杂度的概念。

设 $T(n)$ 的一个辅助函数为 $g(n)$，定义当 n 大于或等于某一足够大的正整数 n_0 时，存在两个正常数 A 和 B（其中 $A \leqslant B$），使得 $A \leqslant T(n) \leqslant B$ 和 $A \leqslant g(n) \leqslant B$ 成立，则称 $g(n)$ 是 $T(n)$ 的同数量级函数。把 $T(n)$ 表示成数量级的形式为 $T(n) = O(g(n))$。（字母 O 为 order of magnitude（数量级）的第一个字母）。

例如，计算下面程序段的时间复杂度。

```
for(i=0;i<n;i++)                ①
    for(j=0;j<m;j++)            ②
        A[i][j]=1;
```

该程序段的功能是，通过循环的嵌套来实现对二维数组 A 赋值，把每个数组元素的值都赋为 1。本程序段中，语句①的频度为 n，语句②的频度为 m，那么，该程序段的时间复杂度 $T(n)=n \times m=O(n \times m)$。

（2）算法的空间复杂度

空间复杂度是指算法在计算机内执行时所占用内存的规模。

降低算法的空间复杂度，可以从以下两个方面入手：一是数据结构，即算法中用到的所有数据，不论是中间结果，还是全程数据，应考虑它们的实际范围，根据它们的实际范围，给它们定义适当的数据类型；二是从算法方面考虑，可以用空间复杂度低的算法代替空间复杂度高的算法。当然，这样做也是有代价的，可能使算法的时间复杂度提升了。

算法的时间复杂度和空间复杂度是一个有机整体，有时降低时间复杂度（或空间复杂度）是以牺牲空间复杂度（或时间复杂度）为代价的。对于不同的问题,应该具体问题具体分析，找出问题的最佳算法。

任务 6　本章要点汇总

1. 软件工程基础知识

①软件：是程序、数据及其相关文档的完整集合。

②软件工程：是用工程化方法指导计算机软件开发和维护的一门学科，它采用工程的概念、原理、技术和方法来开发、维护及管理软件。

③软件工程的 3 个要素：方法、工具和过程。

④软件生命周期：是指从提出开发软件的概念开始，直到该软件的使用、失去使用价值而被废弃为止的整个过程。其包括 6 个阶段：可行性研究与计划制订、需求分析、软件设计、软件实现、软件测试、运行与维护。

⑤软件开发模型：是软件开发的过程、活动和任务的结构框架。它能直观表达软件开发的全过程，明确规定要完成的主要活动、任务和开发策略。

2. 数据结构基础知识

①数据结构：是指相互之间存在一种或多种特定关系的数据元素的集合，是计算机存储、

组织数据的方式。数据结构主要研究和讨论数据的逻辑结构、存储结构和数据的运算。

②数据的逻辑结构：是对数据元素之间的逻辑关系的描述，是数据的组织形式。其包括集合、线性结构、树形结构和图状结构 4 种。

③数据的存储结构：是数据的逻辑结构在计算机中的表示。其包括顺序存储结构、链式存储结构、索引存储结构和散列存储结构 4 种。

3. 算法设计基础知识

①算法：是解决问题所采取的步骤和方法。

②算法的特性：有穷性、确定性、有效性、有零个或多个输入、有一个或多个输出。

③算法的描述：自然语言、专用工具——流程图、N-S 图等。

④算法的复杂度：是算法效率的度量，是评价算法优劣的重要依据，包括时间复杂度和空间复杂度。

任务 7　实 力 检 验

1. 什么是软件？软件有哪些特点？

2. 什么是软件工程？

3. 什么是软件生命周期？软件生命周期包括哪些阶段？

4. 什么是软件开发模型？

5. 写出数据结构的概念。

6. 填空。

（1）数据结构包括________、________和数据的运算 3 个方面。

（2）数据结构的逻辑结构包括________结构和________结构两大类。

（3）数据的存储结构包括顺序存储结构、________存储结构、________存储结构和________存储结构 4 种。

（4）链表是一种采用________存储结构的线性表。

7. 什么是算法？算法有哪些特性？

8. 什么是算法的时间复杂度？什么是算法的空间复杂度？

9. 在软件开发中，需求分析阶段产生的主要文档是（　　）。

A. 可行性分析报告　　B. 软件需求规格说明书

C. 概要设计说明书　　D. 集成测试计划

10. 数据的存储结构是指（　　）。

A. 存储在外存中的数据　　B. 数据所占的存储空间量

C. 数据在计算机中的顺序存储方式　　D. 数据的逻辑结构在计算机中的表示

11. 下列对软件测试目的的描述中正确的是（　　）。

A. 证明程序是否正确　　B. 使程序运行结果正确

C. 尽可能多地发现程序中的错误　　D. 使程序符合结构化原则

12. 下列选项中不属于结构化程序设计方法的是（　　）。

A. 自顶向下　　B. 逐步求精

C. 模块化　　D. 可复用

13. 算法的有穷性是指（　　）。

A. 算法的运行时间是有限的　　B. 算法所处理的数据量是有限的

C. 算法的长度是有限的　　D. 算法只能被有限的用户使用

14. 分别用流程图、N−S 图描述以下问题的算法。

（1）输入一个年份，判断该年是不是闰年。

〖提示〗 闰年的判断条件为：①能被 4 整除，但不能被 100 整除；②能被 400 整除。满足上述两个条件之一，该年即为闰年。

（2）从键盘输入 3 个不相等的整数，输出最大值。

（3）计算并输出 5!。

第2章

C语言程序设计概述

任务1 学习目标

了解程序与程序设计的概念；了解计算机程序设计语言及C语言的特点；理解简单的C程序结构；巩固结构化程序设计方法；重点掌握和熟悉VS开发环境；掌握创建项目、编辑源程序的流程；掌握编译、连接、运行的概念及方法。

任务2 了解程序与程序设计

1. 程序的概念

计算机系统是在事先设计好的程序的控制下有条不紊地工作。人们也可以按照需要将由计算机完成的任务编制成计算机程序，然后将程序输入计算机并执行。程序执行时，计算机的控制器从程序的第一条指令开始，逐条地读取指令并翻译，然后按照指令执行，直到所有指令执行完毕，才能完成交给计算机的任务。

程序是为实现特定目标或解决特定问题而用计算机语言编写的命令序列的集合。生活中也会碰到类似程序的概念，如厨师做一道菜的步骤、运动会的秩序册等。程序设计是指编制程序的过程。

著名的计算机科学家尼古拉斯·沃斯（Niklaus Wirth）对程序给出如下定义：

```
程序 = 算法 + 数据结构
```

这是著名的Wirth公式。该公式表示，一个程序由算法和数据结构两部分组成。其中，算法是对特定问题求解步骤的描述，即对操作的描述；数据结构是对数据的描述。

2. 程序设计过程

概括地说，程序设计包括以下 3 个部分。

（1）原始数据

多数程序都需要原始数据，在程序设计时需要确定数据的结构和类型。例如，编程实现“输入 10 个不等的整数，按从大到小的顺序输出”，初始数据就是从键盘输入的 10 个整数。当然，并不是所有的程序都需要原始数据，例如，编程实现“计算并输出 5!”，对于这类零输入的算法不需要原始数据。

（2）计算方法

计算方法是程序设计的核心，负责如何解决问题。例如，上述排序问题中，如何对 10 个整数进行降序排列，采用“选择法”还是“冒泡法”，以及如何实现，这就是计算方法的内容，是程序设计中最关键的部分。

（3）输出结果

所有程序都应该有输出，只是表达方式不同，有的需要在屏幕上显示，有的需要从打印机上输出，有的只是控制计算机的运行。最常见的输出方式是在显示器的屏幕上输出，C 语言是通过标准输入 / 输出函数中的输出函数实现这一操作的。

在学习 C 语言的过程中，应该牢记这 3 个部分。

3. 程序设计语言

自然语言是人与人之间的交流工具，程序设计语言是人与计算机之间的交流工具。程序设计语言是用于编写计算机程序的语言，分为低级语言和高级语言。

1）低级语言

低级语言使用 CPU 的指令集直接操作处理器、寄存器和内存地址。由于不同的 CPU 提供的指令集有所不同，因此低级语言依赖于计算机。低级语言非常灵活，执行效率高，但编写程序需要对操作系统和硬件有深入的了解，一般只有专业的程序员才会使用低级语言。低级语言包括机器语言和汇编语言。

（1）机器语言

机器语言以二进制形式存在，计算机可以直接执行用机器语言编写的程序。在计算机发展的初级阶段，人们用机器语言编写程序来指挥计算机工作。机器语言难学难掌握，不便于阅读和理解。另外，在一台计算机上执行的机器语言程序，在其他不同指令系统的计算机上执行时必须重新编写，可移植性较差，造成了重复工作。但由于机器语言程序是针对某机型开发的，因此运算效率是最高的。

（2）汇编语言

汇编语言采用一些助记符来表示机器语言中的指令和数据，使机器语言符号化，这样能更容易地读懂并理解程序，纠错及维护也更方便，如用 ADD 代表加法、用 MOV 代表数据传递等。汇编语言程序占用的内存空间少，运行速度快，汇编语言有着高级语言不可替代的用途。汇编语言程序仍然是面向机器的，使用起来还是比较烦琐，通用性较差。

2）高级语言

低级语言对机器过分依赖，要求使用者必须对硬件结构及其工作原理都十分熟悉，这对非计算机专业人员来说是难以做到的，不利于计算机的应用和推广。计算机行业的发展促使人们设计出与自然语言接近、通用易学的计算机语言。高级语言接近自然语言，编写的程序与机器无关，移植性好，易学、易用、易维护。例如，C++、Delphi、Visual Basic、Java 等都属于高级语言的范畴。

计算机并不能直接识别和执行高级语言编写的源程序，需要通过翻译程序将其翻译成由 0、1 组成的目标程序。这种翻译通常有两种方式：编译方式和解释方式。

编译方式是指在源程序执行之前，将程序的源代码翻译成目标代码（机器语言），因此目标程序可以脱离其语言环境独立执行，使用方便、效率较高。但应用程序一旦需要修改，必须先修改源代码，再重新编译生成新的目标文件（*.obj）才能执行。现在大多数语言采用这种编译方式，C 语言就是其中之一。

解释方式是源程序一边由相应语言的解释器翻译成目标代码（机器语言），一边执行，因此效率比较低，而且不生成可独立执行的文件，应用程序不能脱离其解释器，但这种方式比较灵活，可以动态地调整、修改应用程序。HTML 就是采用解释方式进行翻译的。

4. 结构化程序设计方法

由于软件危机的出现，人们开始研究程序设计方法，其中最受关注的是结构化程序设计方法。E.W.Dijkstra（迪杰斯特拉）在 1965 年提出了结构化程序设计方法，该方法以模块化设计为中心，将待开发的软件系统划分为相互独立的若干模块，每个模块的功能简单而明确。采用结构化程序设计方法编写程序，可使程序结构良好、易读、易理解、易维护。Pascal、C、FORTRAN 等语言都是结构化程序设计语言。结构化程序设计的基本结构为顺序结构、选择结构和循环结构。

（1）顺序结构

顺序结构是按照程序语句出现的先后顺序执行的，如图 2-1 所示。生活中顺序执行的例子非常多，如一天的学习生活、晚会的演出清单、厨师做菜的过程等。还有很多类似的例子，请读者思考。

（2）选择结构

选择结构又称为分支结构，根据设定的条件选择其中一个分支执行。图 2-2 所示为双分支选择结构，当条件成立时，执行分支 A，否则执行分支 B。生活中也有类似选择结构的例子，比如，按天气情况决定是否举行运动会，如果下雨，运动会延期，如果不下雨，运动会按时举行。类似的例子还有很多。

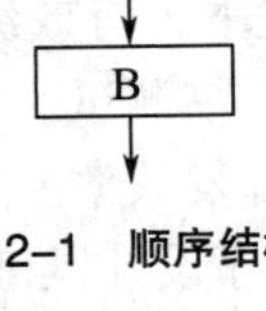

图 2-1　顺序结构

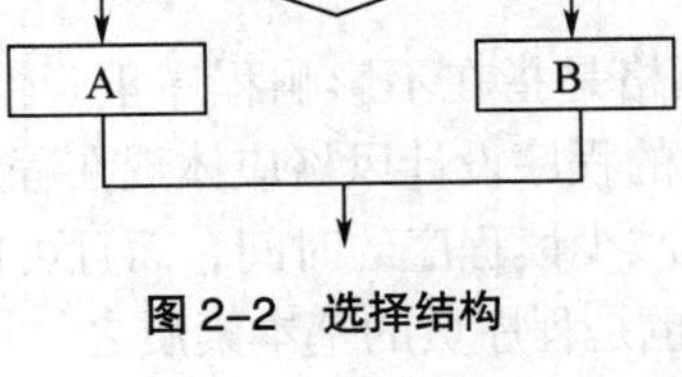

图 2-2　选择结构

（3）循环结构

循环结构是根据给定的条件，判断是否重复执行某一程序段。利用循环结构，可以简化大量的程序语句。C 语言中有两种用 while 语句实现的循环：while 循环（执行流程如图 2-3 所示）和 do-while 循环（执行流程如图 2-4 所示）。案例 1-1 中计算 1+2+3+…+100 时，可以使用循环结构实现。

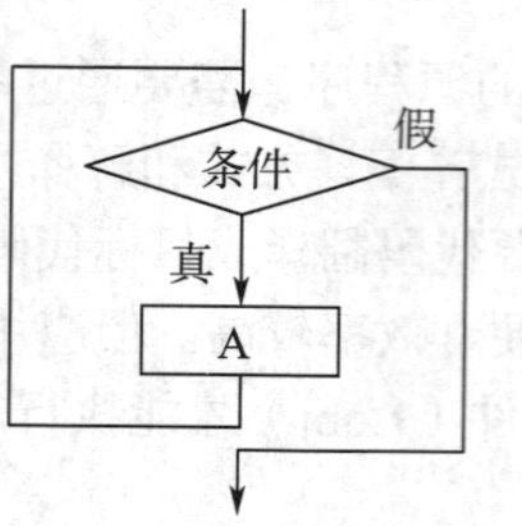

图 2-3　while 循环

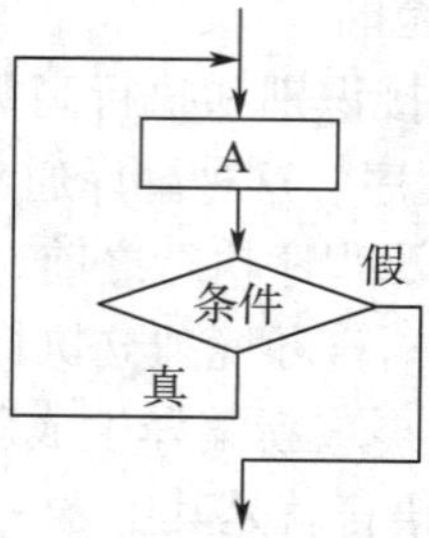

图 2-4　do-while 循环

用结构化程序设计方法设计的程序具有明显的优点。其一，程序易于理解、使用和维护。采用结构化程序设计方法，便于控制、降低程序的复杂性，因此容易编写程序。其二，便于验证程序的正确性，结构化程序清晰易读，程序员能够进行逐步求精、程序证明和测试，以确保程序的正确性。其三，提高了编程工作的效率，降低了软件开发的成本。由于结构化程序设计方法能够把错误控制到较低水平，因此能够减少调试和纠错的时间。

那么，结构化程序设计方法的原则是什么呢？

结构化程序设计方法的主要原则可以概括为自顶向下、逐步求精、模块化和避免使用 goto 语句。

①自顶向下。程序设计时，应先考虑总体，后考虑细节；先考虑全局目标，后考虑局部目标。从最上层的总目标开始设计，逐步使问题具体化，不要一开始就追求实现众多的细节。

②逐步求精。对复杂的问题，应设计一些子目标作为过渡，逐步细化，也就是把复杂的问题分解成一系列简单的子问题，这些子问题相对容易实现一些。

③模块化。一个复杂问题肯定是由若干简单的问题构成的。模块化是把复杂的程序要解决的总目标分解为分目标，还可以进一步分解为小目标，把实现每个小目标的部分称为一个模块。

④避免使用 goto 语句。goto 语句也称为无条件转移语句，功能是改变程序流向，转去执行语句标号所标识的语句。goto 语句通常与 if 语句配合使用，实现循环或跳出循环体等功能。在某些情况下，有控制地使用一些 goto 语句能提高程序的效率。但是，如果不加限制地使用 goto 语句，会破坏程序的结构，使程序难以理解。因此，应尽量避免使用 goto 语句。

5. 程序设计风格

程序设计风格是指在不影响程序正确性和效率的前提下，有效编排和合理组织程序的基本原则。良好的程序设计风格应体现在程序的可读性好、易测试、易维护，这样不仅可以减少编码错误，减少读程序的时间，而且可以提高软件的开发效率。养成良好的编程习惯和程序设计风格，也是程序员的基本素质之一。具体来讲，程序设计风格应体现在以下几方面。

（1）源程序文档化

①对于符号名（如变量名、数组名、函数名等）应做到见名知义，即符号名能够反映

它所代表的实际内容，应具有一定的实际含义，以便理解程序的功能。如用 age 存放年龄数据，用 score 存放分数数据等。

②程序应加注释，用自然语言或伪代码描述程序段或相关语句的功能，增加程序的可读性。注释分为序言性注释和功能性注释。序言性注释通常置于每个程序模块的开头部分，它应当给出程序的整体说明，对于理解程序本身具有引导作用。功能性注释嵌在源程序中，用于描述语句或程序段的功能。

③编辑或书写程序时，采用锯齿形书写格式，使程序的逻辑结构更加清楚，层次更加分明。

（2）数据说明

数据说明是指对程序中数据结构的组织和描述。应注意规范数据说明的次序，使数据属性容易查找，也利于测试、排错和维护。原则上，数据说明的次序可以任意设置，与语法无关，但为了便于阅读、理解和维护，最好将其规范化，使说明的先后次序固定。另外，如果设计了一个复杂的数据结构，应当使用注释来说明该数据结构的内容。

（3）语句结构

语句是程序的基本单位，语句的构造力求简单、直接。编程时要保持清晰第一、效率第二的原则。构造语句时主要注意：复杂的表达式应加上必要的括号使其更加清晰；不要书写过于复杂的条件，嵌套的层数不宜过多；尽量避免使用 goto 语句；当程序比较复杂时，建议使用函数来实现程序的模块化设计。

（4）输入 / 输出

对于用户来说，输入 / 输出就是操作界面，与用户密切相关。所以，输入 / 输出方式和风格应当尽可能地方便用户的操作和使用，主要注意以下几点。

①输入方式尽可能简单，避免给用户带来不必要的麻烦。

②以交互方式进行输入时，应有必要的提示信息，同时，在数据输入过程中和输入结束时，应在屏幕上给出状态信息。

③程序应对输入的合法性进行检查，对不合法的输入能够进行处理。同时，对于用户输入的可能产生严重后果的数据，应该给出必要的提示。

④输出格式应清晰、简洁。

6. 程序设计能力的培养

一名优秀的软件开发人员在学习程序设计语言的过程中，应该注意培养 3 个方面的能力，分别是阅读程序的能力、编写程序的能力和调试程序的能力，三者缺一不可。

（1）阅读程序的能力

阅读程序是初学者学习程序开发的第一个阶段。学会阅读他人的程序很重要，一方面可以巩固所学的语法知识；另一方面可以学习或借鉴他人程序的架构设计，拓宽自己的思路，也就是我们常说的见多识广。所以，在学习 C 语言之初，应多花些时间阅读程序，可以从简到难地做一些习题或者选择教材中的例题来阅读。

阅读程序要选择有价值的程序，阅读时一般以模块、函数为单位。有时需要站在程序开发人员的立场，通过他的思考方式来阅读、追踪他所写的代码，可能会感到更加流畅。同时，可以进一步思考程序开发人员为什么这样处理，他的设计思路是怎样得来的，如果不是高效的算法，还有哪些内容需要改进。

（2）编写程序的能力

①多看书。看书是为了加强语法的学习。程序设计语言也是语言，有自身的语法规定，只有牢固掌握了语法，才能编写出正确、高效的程序。

②多动手，多实践。在掌握语法的基础上，通过编写程序来培养算法设计思想，提高编程能力。

只是一味地学习语法而不动手动脑地编写程序，是没有任何意义的。编程应该是独立完成的，编程的同时也能进一步巩固语法知识。

③多总结。无论是阅读程序，还是编写程序，都要在学习过程中不断地总结算法设计方法和经常出现的错误，通过总结经验可以提高认识，对今后的学习有非常大的指导意义。另外，也可以上网浏览一些专业的编程论坛，当有疑难问题时可以在论坛里咨询，有好的经验或其他技术问题也可以在论坛里和其他编程爱好者共同交流。

"一分耕耘，一分收获"，只要付出足够的时间和精力去学习和实践，充满信心、坚持不懈，就可以体会到学习 C 语言的乐趣和益处。

（3）调试程序的能力

在程序开发中，除了具有良好的编程能力外，还应注意培养调试程序的能力。软件开发人员具备坚实的调试程序的能力可以加快软件开发的速度，节约开发成本。在调试 C 程序时，一般会遇到两种错误——语法错误和算法错误。前者一般很容易查找出来，后者由于没有错误提示而很难一眼找出，这时就需要使用跟踪调试来定位错误。利用 Visual Studio 2010 提供的条件断点、数据断点等功能，通过单步调试跟踪和查看变量，有利于快速找到错误所在。

当有错误出现时，也可以尝试采取以下两种方法解决。

①对可能导致错误的段落进行注释，在需要取得数据值的地方提供一个合理值，然后查看程序是否能正确运行，如此重复，逐步缩小范围，最终找出错误。

②如果错误被定位在一个小的功能、程序段或者函数中，可以新建一个文件或工程，在一个新环境下对此函数进行测试，找出错误。

学习过程中要多动手编程、多上机调试、多积累经验，这样可以不断加快调试程序的速度。不能只局限于在纸上编写程序，因为程序是通过计算机运行来实现功能、完成任务的，写在纸上并不算完成了程序设计，必须通过运行得到正确的结果，整个程序设计过程才算真正结束了。如果对错误提示感到十分困惑而无从下手，也可以利用网络资源，使用搜索引擎也许会找到答案或相关的提示信息。

任务 3　了解 C 语言

1. C 语言简介

C 语言既具有高级语言的特点——移植性好，又具有低级语言的特点——可以直接对硬件进行操作。C 语言可以作为系统设计语言，编写系统应用程序，也可以作为应用程序设计语言，编写不依赖计算机硬件的应用程序。例如，利用 C 语言开发各种硬件驱动程序、嵌入式程序（如车载导航系统、微型手持设备的程序）等。

2. C 语言的发展历史

计算机语言经历了从低级语言到高级语言，从面向过程到面向对象的发展历程。

C 语言的原型 ALGOL 60 语言出现于 20 世纪 60 年代，ALGOL 60 是一种面向问题的高级语言，它离硬件比较远，不适合用于编写系统程序。1963 年，剑桥大学将 ALGOL 60 语言发展成为 CPL（combined programming language，组合编程语言），CPL 更接近硬件，但规模比较大，难以实现。1967 年，剑桥大学的 Martin Richards（马丁·理查兹）对 CPL 进行了简化，产生了 BCPL。1970 年，美国贝尔实验室的 Ken Thompson（肯·汤普森）对 BCPL 进行了修改，设计出 B 语言（使用 BCPL 的第一个字母），并且用 B 语言写了第一个 UNIX 操作系统。1972 年，美国贝尔实验室的 Dennis M.Ritchie（丹尼斯·M. 里奇）在 B 语言的基础上最终设计出一种新的语言，他取了 BCPL 的第二个字母作为这种语言的名字，这就是 C 语言。

为了推广 UNIX 操作系统，1977 年，Dennis M.Ritchie 发表了不依赖于具体机器系统的 C 语言编译文本《可移植的 C 语言编译程序》。1978 年，美国电话电报公司（AT&T）贝尔实验室正式发表了 C 语言。同时 Brian W.Kernighan（布赖恩·W. 克尼汉）和 Dennis M.Ritchie 合著了影响深远的 *The C Programming Language* 一书，该书介绍的 C 语言成为后来广泛使用的 C 语言版本的基础，称为标准 C。1983 年，美国国家标准化协会（American National Standards Institute，ANSI）在此基础上制定了新的 C 语言标准——ANSI C。1989 年，ANSI 又公布了新标准——89 ANSI C。

1990 年，国际标准化组织（International Standard Organization，ISO）接受 89 ANSI C 为 ISO C 的标准（ISO/IEC 9899：1990）。目前流行的 C 语言编译系统大多是以 ANSI C 为基础进行开发的，但不同版本的 C 编译系统所实现的语言功能和语法规则略有差别。

3. C 语言的特点

C 语言之所以生命力强，是因为它有不同于其他语言的特点。C 语言的主要特点如下。

①简洁紧凑、灵活方便。C 语言只有 32 个关键字，9 种控制语句，程序书写形式自由，主要用小写字母表示，压缩了一些不必要的成分。

②运算符丰富。运算符是告诉编译程序执行特定算术或逻辑操作的符号。C 语言有算术运算符、关系与逻辑运算符、位操作运算符及一些特殊的运算符，运算符丰富使得表达式类型多样，灵活使用各种运算符可以实现在其他高级语言中难以实现的运算。

③数据类型丰富。C 语言的数据类型有整型、实型、字符型、数组、指针、结构体、共用体等，能用来实现各种复杂的数据结构的运算。特别是 C 语言中引入了指针的概念，使程序的执行效率更高。指针是 C 语言的一大特色，可以说它是 C 语言优于其他高级语言的一个重要原因。

④ C 语言是结构式语言。结构式语言的显著特点是代码及数据的分隔化，即除了必要的信息交流外，程序的各个部分彼此独立。这种结构化方式可使程序层次清晰，便于使用、

维护及调试。

⑤C 语言提供了丰富的库函数，方便用户调用。库函数包括常用的数学函数、字符串处理函数、输入 / 输出函数、日期和时间函数、动态存储分配函数、图形函数等。

⑥C 语言的语法限制不太严格，程序设计的自由度大，允许编程人员有较大的自由度。

⑦C 语言既具有高级语言的功能，又具有低级语言的许多功能，它允许直接访问物理地址，可以直接对硬件进行操作，能够像汇编语言一样对位、字节和地址进行操作，而这三者是计算机最基本的工作单元。因此，C 语言既可用来编写系统软件，又可用来编写应用软件。

⑧生成目标代码的质量高，程序的执行效率高。一般 C 程序只比汇编程序生成的目标代码的执行效率低 10% ~ 20%。

⑨C 语言的适用范围大，可移植性好。另外，C 语言具有强大的图形功能，支持多种显示器和驱动器，且计算功能、逻辑判断功能强大。

当然，C 语言也有不足之处。例如，C 语言的语法限制不太严格；对变量的类型约束不严格，影响程序的安全性；对数组下标越界不作语法检查等。从应用角度来说，C 语言比其他高级语言较难掌握。

4. C 程序的结构特点

下面先来看两个简单的 C 程序，通过例子来了解 C 程序的结构特点。

【案例 2-1】 求给定的两个数的乘积。

```
#include <stdio.h>         /* 将 stdio.h 文件包含到本程序中 */
main( )                    /* 主函数 */
{                          /* 函数体开始 */
    short x,y,z;           /* 定义变量 x、y 存放初始数据，变量 z 存放 x、y 两个数的乘积 */
    x=15;y=18;             /* 给变量赋初值 */
    z=x*y;                 /* 将变量 x 与 y 的乘积赋给变量 z*/
    printf("%d\n",z);      /* 调用标准输出函数，按十进制整数形式输出变量 z*/
}                          /* 函数体结束 */
```

该程序实现的是求出整型数据 x 与 y 的积并输出，其中 x 的初值是 15，y 的初值是 18，将 x 与 y 的积赋给变量 z，然后输出变量 z 的值。程序运行结果如图 2-5 所示。

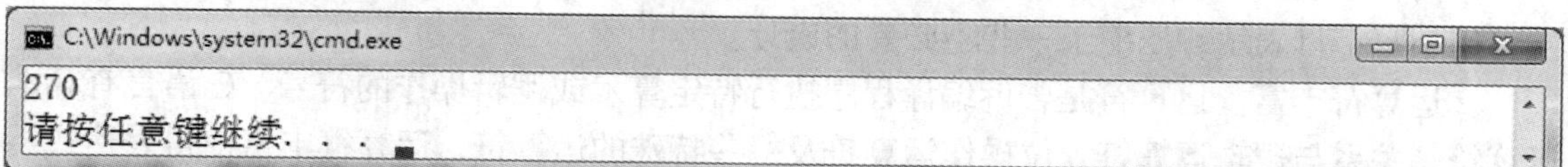

图 2-5　案例 2-1 运行结果

代码中的“#include <stdio.h>”为预处理命令，因为主函数中使用了标准输出函数 printf( )，所以要将包含该函数相关信息的头文件 stdio.h 包含到本程序中；x、y、z 为短（short）整型变量，取值范围是 −32 768 ～ 32 767；“/*……*/”为注释，可以注释多行信息，另一种注释符号“//”可以注释单行信息。注释是给阅读程序的人看的，在编译和运行阶段不起作用，注释信息可以添加在程序的任何位置。

【案例 2–2】 从键盘输入圆的半径的值，计算圆的面积。

```
#include <stdio.h>                /* 将 stdio.h 文件包含到本程序中 */
main( )
{
    int r;                        /* 定义变量 r 的类型为整型，用来存放半径 */
    float area;                   /* 定义变量 area 的类型为单精度型，用来存放面积 */
    printf(" 输入半径 r:\n");     /* 提示用户输入半径值 */
    scanf("%d",&r);               /* 调用键盘输入函数，输入半径的值 */
    area=3.14159*r*r;             /* 计算圆的面积，并将值赋给变量 area*/
    printf(" 半径为 %d 的圆的面积为 :%f\n",r,area);     /* 输出变量 r、area 的值 */
}                                 /* 主函数结束 */
```

程序运行时提示输入半径的值，运行窗口如图 2–6 所示。

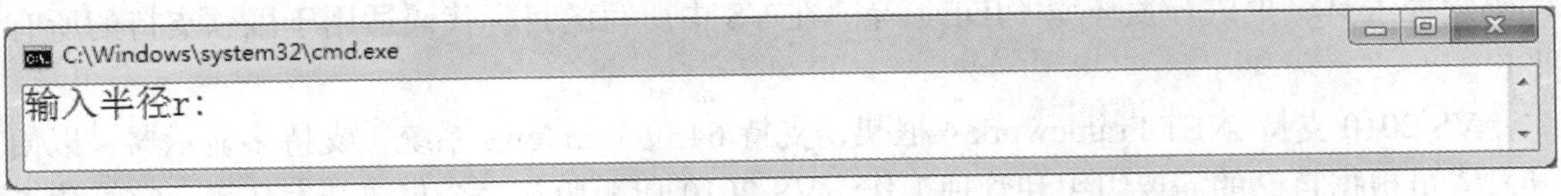

图 2–6　案例 2–2 运行窗口

从键盘输入 5< 回车 >，程序运行结果如图 2–7 所示。

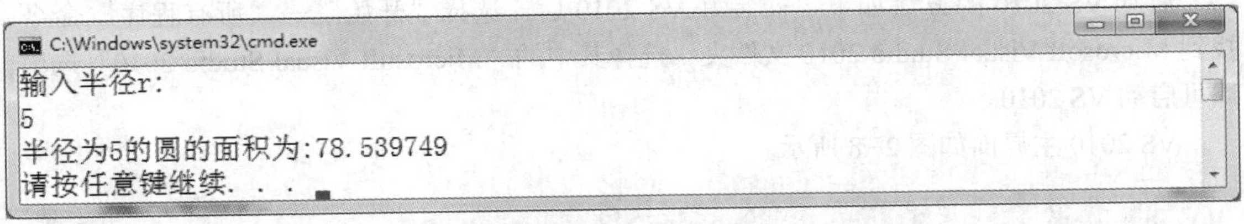

图 2–7　案例 2–2 运行结果

通过以上例子，可以看出 C 程序具有以下特点。

① C 程序都是由若干函数组成的，其中必须有且只有一个主函数 main( )，程序的执行从主函数 main( ) 开始，在主函数 main( ) 中结束。在主函数 main( ) 中可以调用的函数包括标准库函数和自定义函数。

②在 C 语言中，输入 / 输出操作是由函数 scanf( ) 和 printf( ) 等 C 语言标准库函数完成的。在调用这类库函数的时候，需要通过 #include 命令把库函数所在的头文件 stdio.h 包含到本程序中。#include 等预处理命令放在函数体外，一般放在程序开头，也可以放在函数之间。

在调用库函数时，如果不使用 #include 命令，编译时会出现错误。

调用不同类别的库函数需要包含不同的头文件，如调用数学函数，需要包含 math.h 头文件；调用字符串处理函数，需要包含 string.h 头文件。

③ C 语言中除复合语句外，其他语句以分号结尾。但预处理命令、函数头和大括号“}”之后不能加分号。

④注释既方便编程者自己查看，也方便他人阅读。注释分为单行注释和多行注释，单

行注释以“//”开头；多行注释包含在“/*……*/”中。注释一定要格式正确、字句清晰，否则会弄巧成拙，影响正常地阅读和理解程序。

⑤ C 语言区分大小写，main 和 MAIN 是不同的，这一点在使用 C 语言时需要特别注意。

任务 4　了解 Microsoft Visual Studio 2010 集成开发环境

Microsoft Visual Studio 简称 VS，是美国微软公司的开发工具包的系列产品。VS 是一个基本完整的开发工具集，它包括整个软件生命周期中所需要的大部分工具，如 UML 工具、代码管控工具、集成开发环境（IDE）等。在 VS 中所写的目标代码适用于微软支持的所有平台。

VS 2010 支持 .NET Framework 4 框架，支持 64 位 Windows 系统，支持多显示器，以便开发人员根据自己的需要组织和管理工作。VS 2010 旗舰版是一个集成开发环境，它简化了有关创建、调试和部署应用程序的基本任务。借助 VS 2010，使用者可以尽情发挥自己的想象力并轻松地实现目标。

启动 VS 2010 的方法如下：安装好 VS 2010 后，选择“开始”→“所有程序”命令，找到 Microsoft Visual Studio 2010 文件夹，选择其中的“Microsoft Visual Studio 2010”选项，即可启动 VS 2010。

VS 2010 主界面如图 2-8 所示。

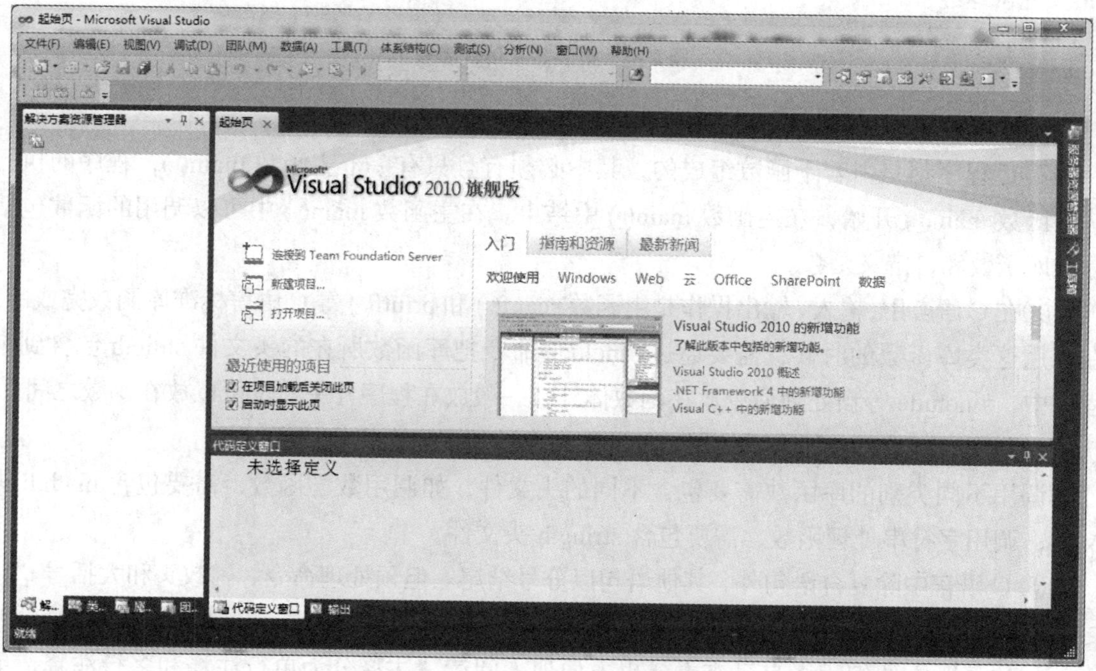

图 2-8　VS 2010 主界面

任务 5　创建、编辑源程序

目前，绝大多数的计算机编程语言都是面向对象的，而面向对象的软件开发的工作量一般都比较大，涉及的内容（如资源等）比较多，并非单独的一个程序所能承载的，所以，软件开发通过项目（project）对多种资源进行管理。VS 2010 是面向对象的开发环境，它不仅用于软件的开发工作，还支持软件开发中的测试用例、解决方案规划、架构描述文件等，这些内容都以项目的形式出现，而这些项目都属于解决方案（solution）。同时，一个解决方案中的程序项目，可以是用不同的计算机语言编写的，因而，对于大型软件的开发，组织擅长不同计算机语言的程序开发人员就显得尤为重要。

VS 中的解决方案就好比我国设计开发的高速铁路，解决方案就是建成的高速铁路，其中包含许多项目，如“高速机车”“高铁车厢”“高速轨道”“高速控制系统”“高速接触网”“高速测试方案”等。

由于本部分的操作步骤较多，因此此处仅做简要介绍，不熟悉这部分内容的读者可以参考与本教材配套的《C 语言程序设计项目化实训教程》（第 3 版）中的实训一。

1. 创建项目

创建项目的步骤如下。

（1）打开新建项目

选择“文件”→“新建”→“项目…”命令，打开“新建项目”对话框。

（2）新建项目设计

①在打开的“新建项目”对话框中，如果左侧窗格“已安装的模板”下默认选项是“Visual C++”，那么进入下一步。如果默认选项不是 Visual C++，就单击“其他语言”选项，其下拉列表中列出了本机支持的各种语言，选择“Visual C++”，进入下一步。

②在中间窗格中选择“Win32 控制台应用程序”。

③在下方“名称 (N):”右侧的编辑框的“< 输入名称 >”处输入需要的文件名，本例输入 hello。在本处输入信息的同时，在下方“解决方案名称 (M):”右侧的编辑框中同时显示相同的信息，不必修改，默认系统的这一行为即可。

④在“位置 (L):”所在行的最右侧，可以通过单击“浏览 (B)…”按钮选择项目的存放位置，本教材为 D:\cDemo（需事先在 D 盘创建一个文件夹，命名为 cDemo）。此处也可以选择默认的系统位置，但建议为每个项目创建一个文件夹，以方便管理。

⑤单击“确定”按钮，系统弹出“向导”对话框。

（3）Win32 应用程序向导

按提示单击“下一步”按钮，在弹出的“应用程序设置”界面中，选择“控制台应用程序”单选按钮和“空项目”复选框，然后单击“完成”按钮，返回主窗口。

（4）添加新建项

①右击左侧窗格中的“源文件”，或在左侧窗格的空白处右击，在快捷菜单中选择“添加”→“新建项…”命令。

②在打开的“添加新项”对话框中，在中间窗格中选择“C++ 文件 (.cpp)”，在下端“名称 (N):”处输入文件名，本例输入 hello.c。

③单击“添加”按钮，进入编辑状态。源文件编辑界面如图 2-9 所示。

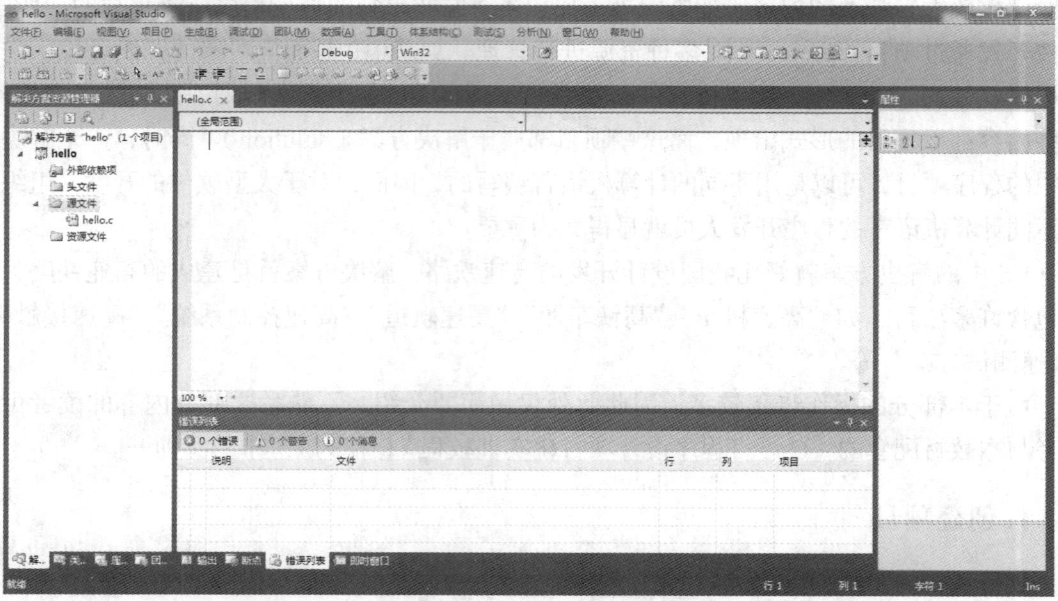

图 2-9　源文件编辑界面

此时，VS 已经创建好一系列的文件夹和文件，如图 2-10 所示。

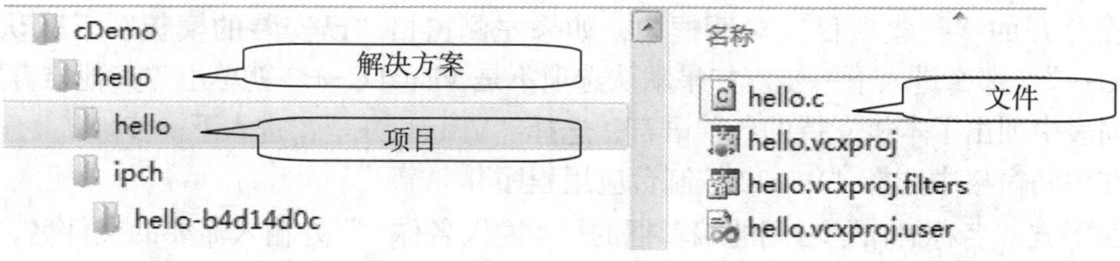

图 2-10　文件夹和文件

至此，我们完成了创建项目的所有工作，其中包含解决方案和源文件等概念。其中更为重要的是源文件，因为后续编程时所写的代码都保存在源文件中。

小贴士：

在第（4）步的②中，如果输入的文件名未注明扩展名，系统会自动以 .cpp 为扩展名，同时，系统会对该代码文件以 C++ 方式进行处理，包括编译、连接等。如果需要的是 C 程序，扩展名 .c 是不可缺少的。

本部分涉及的名词和概念解释如下。

解决方案，是对所有要完成工作的统称，英文为solution。

项目，也叫作工程，是将解决方案分成若干模块进行处理，英文为project。添加项目就是添加工程。

解决方案是所有项目的总和，换句话说，解决方案可以包含多个项目。

一个项目中有各种文件，如图片资源、音频资源、视频资源、图标（ICON）、菜单（MENU）、滚动条（SCROLLBAR）等。项目是一个独立的包罗各种资源的集合。

2. 编辑源程序

在编辑窗口内可以进行一些类似于Word中的编辑操作，如复制、粘贴、剪切、撤销与恢复、删除、查找与替换等，这些功能为代码的编辑操作带来极大的便利。实现方法有两种：一是使用“编辑”菜单；二是使用“标准”工具栏或快捷键。

VS还提供了强大的环境设置功能。比如，可以通过选择“工具”菜单中的“选项…”命令进行设置，当然，一般情况下不需要设置，保持系统默认设置即可。

接下来，可以试着在源文件编辑界面（见图2-9）录入以下代码。

```
#include <stdio.h>
main( )
{
   printf("Hello!Everyone!");
}
```

小贴士：

在编辑窗口内，掌握一些快捷操作是很有必要的，而且许多操作与Word中的操作是一样的，如按“Ctrl+A”快捷键实现全选，按“Ctrl+C”快捷键实现复制，按“Ctrl+V”快捷键实现粘贴，按“Ctrl+S”快捷键实现保存文件。

任务6 编译、连接、运行程序

计算机语言是人与计算机之间交流的媒介，计算机不能直接“理解”高级语言，只能直接“理解”机器语言，因此，必须将高级语言翻译成机器语言，翻译方式分为两种：一种是解释方式；另一种是编译方式。

使用C语言编制的程序是高级语言，需要经过编译、连接才能转化成可以在计算机上执行的程序（扩展名是 .exe）。

C 程序的开发过程如图 2-11 所示。

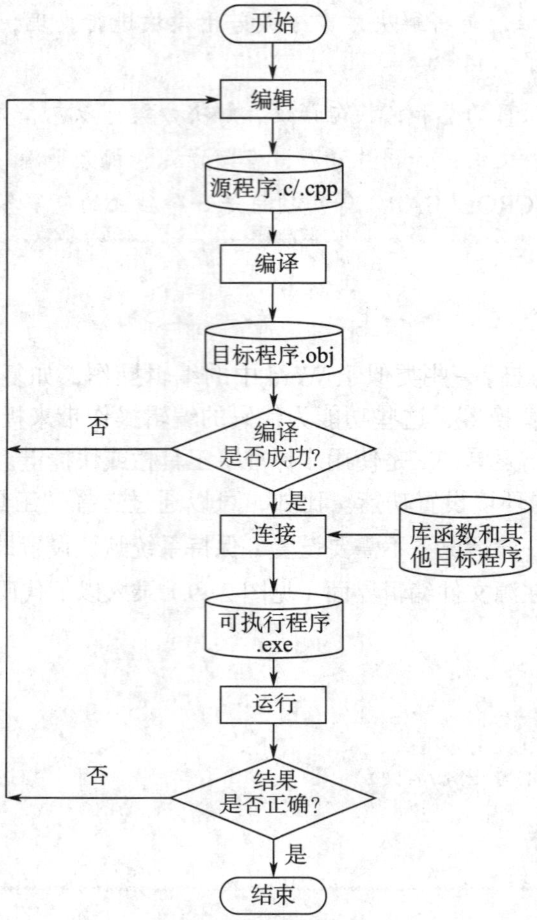

图 2-11　C 程序的开发过程

1. 编译

编译是将高级语言程序翻译成计算机可以识别的机器语言程序，并生成目标文件，其扩展名为 .obj。编译系统在此阶段检查语法，如果程序有语法错误，则需要修改，直至程序没有语法错误，才能通过编译。

在 VS 环境下，可以选择“生成”→“编译”命令实现编译，如图 2-12 所示。

编译成功后，可以在“输出”窗格中看到成功与否的信息，如图 2-13 所示。

对于初学者，基本上不可能第一次编译源文件就能成功，即使程序非常简单、短小。编译失败后，应该返回编辑环境，对照教材上的源程序进行修改，然后再次编译，直至成功为止。

编译完成后，打开项目所在目录（本教程中是 D:\cDemo\hello\hello）下的 Debug 文件夹，会看到一个名为 hello.obj 的文件，这就是编译产生的目标文件。

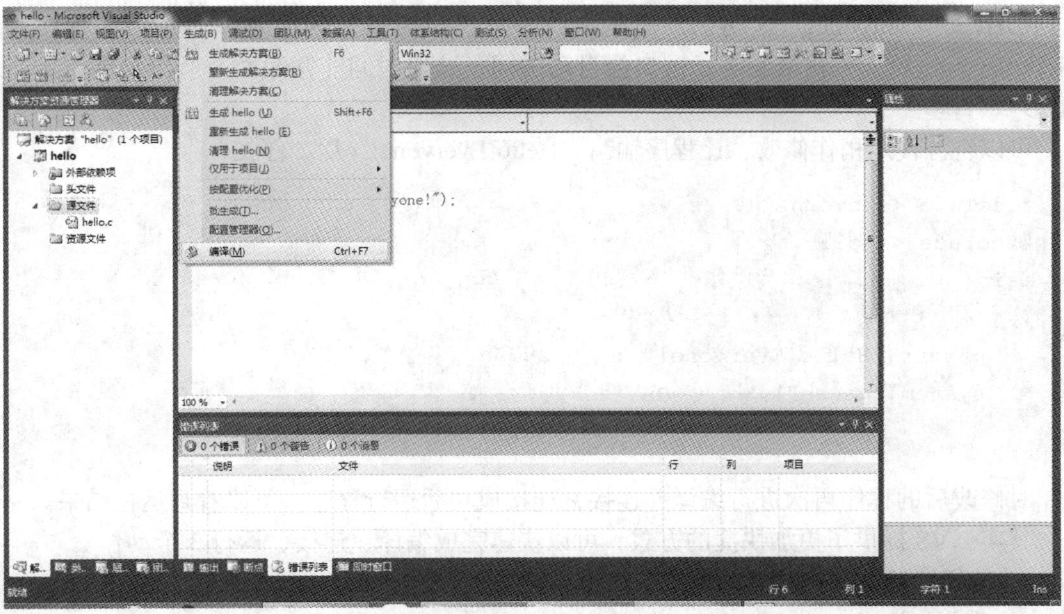

图 2–12　编译操作界面

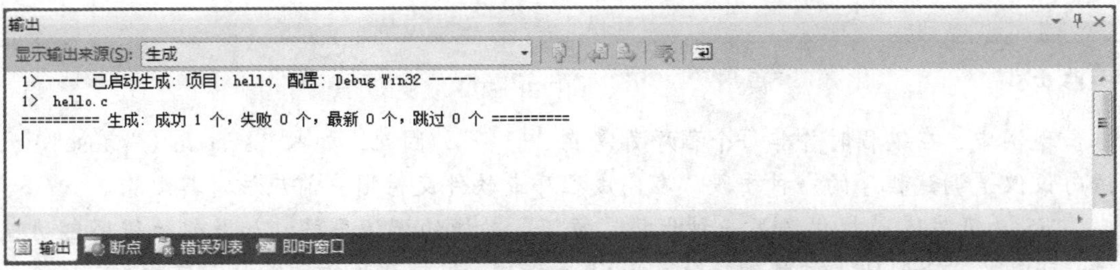

图 2–13　输出编译信息

2. 连接

编译生成的目标文件是不能直接执行的，需要把目标文件与系统的库函数和与该目标文件有关的其他目标文件连接起来，生成可执行文件，计算机才能执行。可执行文件的扩展名是 .exe。

在源文件编译成功，产生目标文件后，就可以进行连接工作了。

选择“生成”→“仅用于项目”→“仅连接 hello”命令，连接成功与否可以通过“输出”窗格的提示信息查看。如果有错误，可以进一步查看“错误列表”窗格的提示信息，以确定错误位置和性质。

连接完成后，打开解决方案所在目录（本教程中是 D:\cDemo\hello）下的 Debug 文件夹，会看到一个名为 hello.exe 的文件，这就是编译程序将目标文件 hello.obj 与系统库等文件连接成的可执行文件，简称 EXE 文件。

3. 运行

编译和连接成功后，双击 hello.exe 文件就可以运行了，但是，双击该文件后并没有看到“Hello! Everyone!”这句话，而是看到一个黑色窗口一闪而过。这是因为程序输出“Hello!Everyone!”后就结束了，窗口会自动关闭，这段时间非常短暂，所以只能看到一个“黑影”。

可以将源代码稍作修改，让程序输出“Hello!Everyone!”后“停住”。

```
#include <stdio.h>
#include <stdlib.h>
main( )
{
    printf("Hello!Everyone!");
    system("pause");
}
```

对修改后的程序再次进行编译并连接，连接成功后运行程序，可以看到运行结果。

其实，VS 提供了更加快捷的方式，可以快速完成编译、连接、运行 3 个动作。

- 选择“调试”→“启动调试”命令。
- 单击菜单栏中的“启动调试”按钮▶。
- 按 F5 功能键。

小贴士：

现实中，在编程时并非每个程序都需要“暂停”，因此，加入“system（"pause"）;”语句仅仅是调试程序的一种手段，在完成程序或软件交付用户前应该将其删除。

VS 为开发人员提供了另一种代替“暂停”功能的调试手段，如果想让程序自动暂停，可以按“Ctrl+F5”快捷键，而不是 F5 功能键，这样程序的运行结果与加入“system（"pause"）;”语句一样，但程序中并不包括这条语句。

程序运行结果的输出窗口默认为灰色字体和黑色背景。为了使输出窗口中的文字及背景颜色或字体大小等更加符合个人喜好，可以对输出窗口的属性进行设置。实现方法：在输出窗口的标题栏处右击，在弹出的快捷菜单中选择“属性”命令，打开“属性”对话框，对其中相应项进行设置并对设置结果进行保存。之后，在调试程序或运行程序时，输出窗口就会以希望的方式呈现，详细操作可以参考与本教材配套的《C 语言程序设计项目化实训教程》（第 3 版）。

小贴士：

把上面的步骤总结一下，可以发现一个完整的编程过程。

编写源文件：这是编程的主要工作，要保证代码的语法 100% 正确，不能有任何差错。

编译：将源文件转换为目标文件。

连接：将目标文件和系统库组合在一起，转换为可执行文件。

运行：检验代码的正确性。

任务 7　了解 VS 的一些常用功能

1. 保存文件

当担心所写程序意外丢失时，可以随时选择“文件”→“保存”命令保存当前编辑的文件，或按快捷键“Ctrl+S”，或单击工具栏中的“保存”按钮。

2. 退出 VS

当不再使用 VS 时，可以选择“文件”→“退出”命令，或按快捷键“Alt+F4”，退出 VS 开发环境。

3. 关闭解决方案

当我们不希望退出 VS，却准备编辑另一个新的项目时，先关闭当前所有内容但保留 VS 窗口，然后新建一个项目就可以了。这个操作可以选择“文件”→“关闭解决方案”命令实现，这样 VS 窗口未发生改变，而当前所有解决方案、项目、文件等都关闭而退出了。然后，选择“文件”→“新建”→“项目”命令，就可以编辑新项目了。

4. 打开解决方案或项目

开发一个软件甚至编制一个程序时，不可能一蹴而就。需要继续上一次未尽的工作时，可以选择“文件”→“打开”→“项目 / 解决方案”命令，在打开的对话框中选择需要的解决方案或项目。

另外，与其他软件一样，VS 的“文件”菜单的最下端提供了“最近的文件”和“最近使用的项目或解决方案”两个选项，选择这两个选项可以大大节省打开最近的文件、项目或解决方案的时间。

> **小贴士：**
>
> 当对编辑好的程序进行编译、连接或调试时，整个解决方案会被系统自动保存，不用担心。

任务 8　本章要点汇总

1. 程序、程序设计的相关概念和知识

（1）程序与程序设计

程序是为实现特定目标或解决特定问题而用计算机语言编写的命令序列的集合。程序设计是指编制程序的过程。

（2）程序设计语言

程序设计语言是用于编写计算机程序的语言，经历机器语言、汇编语言、高级语言和面向对象的高级语言几个阶段。

（3）结构化程序设计方法

①结构化程序设计的基本结构：顺序结构、选择结构和循环结构。

②结构化程序设计的主要原则：自顶向下、逐步求精、模块化和避免使用 goto 语句。

（4）程序设计风格

良好的程序设计风格主要从源程序文档化、数据说明的方法、语句结构以及输入和输出几个方面培养。

（5）程序设计能力的培养

学习 C 语言的过程中要注重培养和锻炼阅读程序的能力、编写程序的能力和调试程序的能力。

2. C 语言的发展历史、特点及 C 程序的结构特点

这部分要求重点掌握 C 程序的结构特点。C 程序的主要结构特点如下。

① C 程序由若干函数组成。

②函数由两部分组成：函数首部和函数体。

③在 C 语言中，输入 / 输出操作是由 scanf( ) 和 printf( ) 等库函数完成的。在调用标准库函数的时候，需要通过 #include 命令把库函数所在的头文件包含到本程序中。

④ C 语言中除复合语句外，其他语句以分号结尾。但预处理命令、函数头和大括号“}”之后不能加分号。

⑤可以添加注释，单行注释以“//”开头，多行注释包含在“/*……*/”中。

⑥ C 语言区分大小写。

掌握 VS 集成开发环境及基本的 C 程序编辑与调试方法，包括创建项目、编辑源程序、编译、连接、运行、调试、保存、打开、关闭、退出等基本操作。

任务 9　实 力 检 验

1. 什么是程序？什么是程序设计？

2. 程序设计包括哪 3 个部分？

3. 结构化程序设计的原则有哪些？

4. 一个 C 程序是由（　　）组成的。

A. 一个主程序和若干子程序　　B. 函数

C. 若干过程　　D. 若干子程序

5. 以下叙述中错误的是（　　）。

A. C 语言中的每条可执行语句和非执行语句最终都将被转换成二进制的机器指令

B. C 程序经过编译、连接后才能形成一个真正可执行的二进制的机器指令文件

C. 用 C 语言编写的程序称为源程序，它以 ASCII 代码形式存放在一个文本文件中
D. C 语言的源程序经编译后生成扩展名为 .obj 的目标程序

6. 一个 C 程序有（　　）个 main( ) 函数。
A. 0 个　　B. 1 个　　C. 2 个　　D. 3 个

7. main( ) 函数在源程序中的位置（　　）。
A. 必须在开始处　　B. 必须在最后
C. 必须在自定义函数的后面　　D. 可以任意

8. 一个 C 程序总是从（　　）开始执行。
A. 主过程　　B.main( ) 函数　　C. 子程序　　D. 主程序

9. 以下叙述中不正确的是（　　）。
A. 一个 C 程序可以由一个或多个函数组成　　B. 一个源程序必须包含一个主函数
C. C 程序的基本组成单位是函数　　D. 在 C 程序中无法添加注释

10. 在 VS 开发环境中，编辑并运行以下代码，查看结果。

（1）输出字符串。

```
#include <stdio.h>
main( )
{
    printf("******\n");
    printf("Hello c!\n");
    printf("******\n");
}
```

（2）输出 3 个数中的最大数。

```
#include <stdio.h>
main( )
{
    int x,y,z,max;
    printf("请输入三个整数x,y,z:\n");
    scanf("%d,%d,%d",&x,&y,&z);
    if(x>y)
        max=x;
    else
        max=y;
    if(max>z)
        printf("max=%d\n",max);
    else
        printf("The max of the three numbers is=%d\n",z);
}
```

〖提示〗 运行时需要从键盘输入 3 个不相等的整数，以逗号隔开，如 12,76,65< 回车 >。

（3）判断输入的年份是不是闰年。

```
#include <stdio.h>
main( )
{
    int year,leap;
    scanf("%d",&year);
    if(year%400==0)
        leap=1;
    else
    {
        if(year%4==0&&year%100!=0)
            leap=1;
        else
            leap=0;
    }
    if(leap==1)
        printf("%d: 是闰年 .",year);
    else
        printf("%d: 不是闰年 .",year);
}
```

〖提示〗 闰年的判断条件为：①能被 4 整除，但不能被 100 整除；②能被 400 整除。满足上述两个条件之一，该年份即为闰年。

第3章

结构化程序的三大结构——工资管理系统之主菜单设计

任务1 学 习 目 标

了解C语言的数据类型；理解常量、变量的概念；深刻理解表达式的概念和意义。

掌握C语言的3个基本概念：字符集、标识符和关键字；掌握赋值运算符、数学运算符、关系运算符、逻辑运算符、逗号运算符和求字节运算符及其表达式；掌握变量的定义形式；掌握表达式中数据类型的自动转换和强制转换；掌握C语言常用的输入/输出函数。

重点掌握基本数据类型的概念、常量表达形式及值域的范围；重点掌握结构化程序的特点及语句表达形式。

任务2 引　　言

如同学习外语一样，掌握语法是学好一门语言的关键，学习C语言也不例外。从本章开始学习C语言的各种语法及结构化程序设计方法。下面通过案例3-1了解编程前对问题的分析及编制代码的步骤。

【案例3-1】 计算并输出两个整数的和。

〖分析〗 问题涉及的数据有三个整数。

具体算法描述如下。

①给定两个整数。

②对两个整数做加法运算，得到两个数的和。

③输出结果。

```
#include <stdio.h>                          /* 包含系统的输入 / 输出头文件 */
main( )
{
    int x=1,y=2,z;                          /* 定义三个整型变量并对 x 和 y 赋初值 */
    z=x+y;                                  /* 求和并将其值存储在变量 z 中 */
    printf("x=%d,y=%d \n",x,y);             /* 输出原始数据 */
    printf("x+y=%d\n",z);                   /* 输出运行结果 */
}
```

程序运行结果如图 3-1 所示。

图 3-1　案例 3-1 运行结果

程序的主要功能是完成各种信息的处理，这些信息对计算机而言就是数据，数据是程序处理的对象，程序的主要任务就是对数据进行计算、加工、处理。用 C 语言解决问题时，首先应该确定要处理的是什么类型的数据并获取数据；其次选择合适的算法完成数据处理；最后输出数据处理的结果。

本章首先介绍在解决实际问题时要处理的数据有哪些类型，以及如何用 C 语言表示这些数据类型。例如，案例 3-1 的程序代码中第 4 行出现的“int”即表示数据为整数类型。其次，对数据处理中各种运算符的使用规则进行详细解释，例如，案例 3-1 的程序代码中第 5 行出现的“+”与数学里的加号意义相同，表示对两个数做加法运算。最后，介绍用于实现各种算法的流程控制语句。任何简单或复杂的算法都可以由顺序结构、选择结构和循环结构这 3 种基本结构组合而成。

任务 3　掌握 C 语言的词法

案例 3-1 的程序代码中出现了英文字母、数字、=、+、% 等符号，那么，C 语言中可以使用哪些符号呢？这就需要了解 C 语言词法中的 3 个重要概念。

1. C 语言的字符集

C 语言的字符集包括英文字母、阿拉伯数字和一些特殊符号。很多特殊符号具有多重含义，在后面的章节中将会学习。下面分类列出 C 语言的字符集。

①英文字母（52 个）：大、小写各 26 个，共计 52 个。

②阿拉伯数字（10 个）：0 ～ 9，共计 10 个。

③其他特殊符号，如下所列。

✧ 下画线（1 个）：_

✧ 括号（6 个）：( ) [ ] { }

✧ 算术运算符（7 个）：+ - * / % ++ --

✧ 关系运算符（6 个）：< > >= <= == !=

✧ 逻辑运算符（7 个）：! && || ~ & | ^

✧ 移位符号（2 个）：>> <<

✧ 条件运算符（1 个）：? :

✧ 赋值运算符（1 个）：=

✧ 转义符（1 个）：\

✧ 界定符号（4 个）：' " , ;

✧ 成员运算符（2 个）：. ->

2. 标识符

C 语言可以定义标识符，标识符是指变量、函数、标号、文件及用户定义的对象的名称，标识符的有效长度为 1 ～ 32 个字符。C 语言规定：标识符只能由字母、数字和下画线 3 种字符组成，且第一个字符必须为字母或下画线。C 语言区分字母的大、小写，认为同一个字母的大、小写是不同的字符。

标识符举例如下。

合法标识符：x，year，average，x_8，_123m。

不合法标识符：*ab，z.name，m+n，5th，Bei Jing。

3. 关键字

关键字是 C 语言中规定的具有特定含义的标识符，用户不能将其作为普通标识符使用。关键字类似于自然语言中有特定意义的单词、词汇。

根据 ANSI C 标准，C 语言共有 32 个关键字，如表 3-1 所示。

表 3-1　ANSI C 标准的关键字

auto	break	char	case	const	continue	do	double
default	enum	extern	float	for	goto	if	else
int	long	register	return	short	signed	sizeof	static
struct	switch	typedef	unsigned	union	void	volatile	while

任务 4　理解 C 语言的数据类型

二进制介绍

在计算机中存储与处理的数据可以分为数值型数据和非数值型数据两大类。数学计算中的整数、实数都是数值型数据，除数值型数据外的文字、声音、图形、图像等其他数据都是非数值型数据。

1. 数据类型

C 语言中的数据类型非常丰富，如图 3-2 所示。丰富的数据类型使得 C 语言具有很强的数据处理功能。

- 数据类型
  - 基本类型
    - 字符类型（char）
    - 数值类型
      - 整数类型
        - 一般整型（int）
        - 短整型（short）
        - 长整型（long）
        - 无符号整型（unsigned）
          - 无符号短整型（unsigned short）
          - 无符号一般整型（unsigned [int]）
          - 无符号长整型（unsigned long）
      - 实数类型
        - 单精度实型（float）
        - 双精度实型（double）
  - 构造类型
    - 数组类型（[ ]）
    - 结构体类型（struct）
    - 共用体类型（union）
    - 枚举类型（enum）
  - 指针类型（*）
  - 空类型（void）

图 3-2　C 语言中的数据类型

2. 基本数据类型

（1）字符类型

字符类型的数据简称为字符型数据，用关键字 char 表示，一个字符型数据在内存中占 1 个字节（8 个二进制位）的存储空间。字符的 ASCII 码的取值范围为 0 ～ 127，其中 0 ～ 31 是控制字符，32 ～ 127 是可显示字符（详见附录 4　ASCII 字符编码一览表）。

（2）整数类型

整数类型的数据简称为整型数据，是没有小数部分的数据。

整型数据又可分为一般整型、短整型、长整型和无符号整型 4 种。

①一般整型：用关键字 int 进行声明。

②短整型：用关键字 short int 或 short 进行声明。

③长整型：用关键字 long int 或 long 进行声明。

④无符号整型：用关键字 unsigned 进行声明。

无符号整型又可以分为无符号短整型（unsigned short）、无符号一般整型（unsigned [int]）和无符号长整型（unsigned long）。

C 语言标准没有具体规定以上各类数据所占内存的字节数，某种类型数据所占内存的字节数随开发环境不同而有差异。在 VS 与 TC 环境下，整型数据的字节数和取值范围不完全相同，如表 3-2 所示。

表 3-2　整型数据的字节数和取值范围

关键字	VS 环境下的字节数及取值范围	TC 环境下的字节数及取值范围
short	2 个字节（-32 768 ～ 32 767）	2 个字节（-32 768 ～ 32 767）
unsigned short	2 个字节（0 ～ 65 535）	2 个字节（0 ～ 65 535）
int	4 个字节（-2 147 483 648 ～ 2 147 483 647）	2 个字节（-32 768 ～ 32 767）
unsigned int	4 个字节（0 ～ 4 294 967 295）	2 个字节（0 ～ 65 535）
long	4 个字节（-2 147 483 648 ～ 2 147 483 647）	4 个字节（-2 147 483 648 ～ 2 147 483 647）
unsigned long	4 个字节（0 ～ 4 294 967 295）	4 个字节（0 ～ 4 294 967 295）

小贴士：

如果不清楚某种数据类型占有多少个字节的内存空间，可以使用 sizeof(数据类型) 让系统给出答案，比如 sizeof(int)，在 VS 环境下结果为 4，在 TC 环境下结果为 2。本书后续内容均为在 VS 2010 环境下进行数据存储和程序调试。

（3）实数类型

在 C 语言中，实数类型的数据简称为实型数据，又称为浮点型数据。实数类型分为单精度实型和双精度实型两种。其中，单精度实型用 float 表示，双精度实型用 double 表示。

在 VS 与 TC 环境下，实型数据所占内存的字节数没有区别，如表 3-3 所示。

表 3-3　实型数据的字节数、取值范围与精度

关键字	字节数	取值范围	精度 / 位
float	4 个字节	约 $\pm 3.4 \times 10^{\pm 38}$	7
double	8 个字节	约 $\pm 1.7 \times 10^{\pm 308}$	15

C 语言提供的其他数据类型，包括数组、指针、结构体、共用体（联合）和枚举等，将在后续章节中讨论。

任务 5　理解变量与常量

C 语言中，数据可以分为常量与变量两类，划分依据是其值是否可以被修改。

1. 常量

常量是在程序运行过程中其值不发生变化的量。按照使用方式不同，常量可以分为直接常量和符号常量，如图 3-3 所示。

- C语言中的常量
  - 直接常量
    - 数值常量
      - 整型常量
      - 实型常量
    - 字符型常量
      - 字符常量
      - 字符串常量
  - 符号常量（标识符定义）

图 3–3　C 语言中的常量

1）直接常量

直接常量包括整型常量、实型常量、字符常量和字符串常量。

（1）整型常量

在 C 语言中，整型常量有十进制、八进制和十六进制 3 种表示形式。

①十进制整型常量。十进制整型常量的表示方法与数学上整数的表示方法相同，数值前没有前缀，由数字 0 ～ 9 组成，最高位不能是 0。

以下是合法的十进制整型常量。

–12　　0　　132　　12345

以下是不合法的十进制整型常量。

026（最高位为 0）　　12D（含有非十进制数码）　　4.（含有小数点）

②八进制整型常量。八进制整型常量必须以数字 0 开头，即以 0 作为八进制数的前缀，由数字 0 ～ 7 组成。

以下是合法的八进制整型常量。

017（对应十进制数 15）　　–0123（对应十进制数 –83）　　0177777（对应十进制数 65535）

以下是不合法的八进制整型常量。

137（无前缀 0）　　0188（含有非八进制符号）

③十六进制整型常量。十六进制整型常量必须以数字符号 0 和英文字母 x（大、小写均可）的组合开头，即前缀为 0x 或 0X，后跟 0 ～ 9，A ～ F（大、小写均可）的组合。

以下是合法的十六进制整型常量。

0x41（对应十进制数 65）　　0xFFFF（对应十进制数 65535）　　0xFFFFFFFF（对应十进制数 –1）

以下是不合法的十六进制整型常量。

03A（前缀不是 0x）　　0xXF（含有非十六进制符号）

C 程序中根据前缀来区分不同的进制数，因此在书写常量时要严格遵守以上规定，不要把前缀弄错，导致得到错误的结果。在不同的开发环境下，整型常量表示的数值的范围也不尽相同，详见表 3–2。编程时应该根据要处理的数值的范围或精度选择合适的数据类型。

长整型常量要在数据后面加后缀“L”或“l”，例如，1L 表示此数据 1 为长整型数据。

无符号数也可用后缀表示，整型常量的无符号数的后缀为“U”或“u”。

例如，123u、0x24u、0345u 均为无符号数。

前缀、后缀同时使用可以表示各种类型的数据。

例如，0x24FLu 表示十六进制无符号长整型数 24F，对应的十进制数为 591；0345Lu 表示八进制无符号长整型数 345，对应的十进制数为 229。

（2）实型常量

在 C 语言中，实型常量也称为浮点型常量，只能用十进制形式表示，不能用八进制和十六进制形式表示。实型常量又可以用一般形式或指数形式表示。

①一般形式。实型常量的一般形式与数学中的写法几乎一样，由数字符号 0 ～ 9 和小数点组合而成。例如，3.，3.14，56.78，.04，0.00536，1234.0，−1.560000 等均为合法的实数。当整数部分或小数部分为 0 时，可以省略整数或小数部分，但是不能省略小数点。实数 0 可以表示为 0. 或者 .0 或者 0.0。

②指数形式。实型常量的指数形式是由十进制数加上阶码标志“e”或“E”及阶码组成的。其一般形式为 *x*E*n*。其中，*x* 为十进制数，*n* 为十进制整数，其值为 $x \times 10^n$。实型常量的指数形式与数学写法不一样。例如，数学中的数据 2.34×10^3，在 C 语言中表示为 2.34e+3；数学中的数据 0.345×10^{-3}，在 C 语言中表示为 0.345e−3；数学中的数据 10^8，在 C 语言中表示为 1e+8。

以下是合法的实数。

5.67e3（即 5.67×10^3）　8.556e−4（即 8.556×10^{-4}）　1e3（即 1000）　−8e−2（即 -8×10^{-2}）

以下是不合法的实数。

12（无小数点）　E5（E 前无数字）　−8（无阶码标志）　12.−E3（负号位置不对）　1.5E（无阶码）

在 C 语言中，实型常量默认为 double 型，若有后缀“f”或“F”，则为 float 类型。

（3）字符常量

字符常量是用单引号括起来的一个字符。例如，'2'、'D'、'f'、'='、'+'、'\' 和 '"' 都是合法的字符常量。注意，'f' 和 'F' 是不同的字符常量，因为它们的 ASCII 码值不同。普通字符常量详见附录 4。

在 C 语言中，除了普通字符外，还有一类用反斜杠“\”引导，后跟一个或几个字符表示一个字符的常量。由反斜杠引导的字符称为转义字符，转义字符是一种特殊的字符常量，具有特定的含义。常用的转义字符如表 3−4 所示。

表 3−4　常用的转义字符

代码	ASCII 码值	记号	说　　明
\0	0	NULL	空，表示字符串结束
\a	7	BEL	鸣铃
\b	8	BS	退格
\t	9	HT	横向跳格（Tab 键）
\n	10	LF	换行
\r	13	CR	回车
\"	34	"	双引号
\'	39	'	单引号
\\	92	\	反斜杠
\ddd			ddd 为八进制形式的 ASCII 码值
\xhh			hh 为十六进制形式的 ASCII 码值

小贴士：

字符常量只能用单引号括起来，不能用双引号或其他括号括起来；字符常量只能是单个字符，不能是多个字符；字符常量可以用普通字符或转义字符的形式表示。

注意：被定义为字符型的数字符号，在参与数值运算时，只能以其ASCII码值参与运算。例如，'2'和2是不同的，'2'是字符常量，它的ASCII码值是50，而2是整型常量，其值就是数字本身。

（4）字符串常量

字符串常量是由一对双引号括起来的字符序列。例如，"China"、"C语言程序设计"和"$12.3"都是合法的字符串常量。

注意：字符常量'2'和字符串常量"2"虽然都只有一个字符，但在内存中的存储情况是不同的，'2'在内存中占1个字节，而"2"在内存中占2个字节，第一个字节存储'2'，第二个字节存储'\0'，'\0'是字符串的结束标志。

小贴士：

使用字符常量或字符串常量时，一定要加以区分。

①字符常量由单引号括起来，字符串常量由双引号括起来。

②字符常量只能是单个普通字符或者转义字符，字符串常量可以包含一个或多个字符。

③可以把一个字符常量赋予一个字符变量，但不能把一个字符串常量赋予一个字符变量。

④在C语言中没有相应的字符串变量，但可以用一个字符数组来存放一个字符串常量（关于数组请参阅第4章）。

⑤一个字符常量占用1个字节的内存空间，字符串常量占用内存空间的字节数等于字符串中包含的字符个数加1，增加的1个字节中存放字符'\0'（ASCII码值为0）。

2）符号常量

在C语言中如果用标识符表示一个直接常量，则该常量称为符号常量。符号常量在使用之前必须先定义，定义的一般格式如下。

```
#define 标识符 常量
```

例如：

```
#define COUNT 5
#define PI 3.1415926
```

其中，#define是一条编译预处理命令，称为宏定义命令（将在第9章中详细介绍），其功能是把该标识符定义为其后的常量值。一经定义，在程序中除字符串之外，以后所有出现该标识符的地方均以该常量值代替。

小贴士：

符号常量在使用之前一定要先定义。作为符号常量使用的标识符一般用大写字母，作为变量使用的标识符一般用小写字母。符号常量的使用简化了复杂表达式的重复输入，而且在调试复杂程序时更加有效，随着学习的深入，读者会逐渐体会到。

2. 变量

变量是指在程序运行过程中其值可以变化的量。按定义的类型，可以将变量分为整型变量、实型变量、字符型变量等。

每个变量都必须有一个名字，称为变量名，变量名必须是合法的 C 语言标识符。变量名代表内存中某个存储空间及其中所存储的数据，所存储的数据称为变量的值。

在 C 程序中，常量是可以不经声明而直接引用的，而变量必须先定义后使用。案例 3-1 中的语句“int x,y;”就是定义了两个整型变量，变量名分别为 x 和 y。

（1）变量的定义

定义变量的一般格式如下。

```
[存储类型] 类型标识符 变量名1[,变量名2,变量名3,…];
```

说明如下。

①类型标识符：用于指定变量的类型，如 short、int、long、float、double 或 char。

②变量名：必须是合法的 C 语言标识符。

③ [ ] 里面的为可选项，可有可无。

④“;”是不可省略的，表示程序中一条语句的结束。

⑤存储类型有 static、auto 等，将在后续章节中详细介绍。

例如：

```
int x,y,z;              /*定义3个整型变量x、y、z*/
long a,b,c;             /*定义3个长整型变量a、b、c*/
double sum;             /*定义1个双精度实型变量sum*/
float x1,x2;            /*定义2个单精度实型变量x1、x2*/
unsigned a1,a2;         /*定义2个无符号整型变量a1、a2*/
char c1,c2;             /*定义2个字符型变量c1、c2*/
```

小贴士：

变量的定义，意味着在后续的程序代码中可以使用该变量名对变量进行运算处理，在程序运行时，向操作系统申请分配内存空间，用以存放数据。

在编写程序时为使程序精练，允许在一个类型标识符后定义多个相同类型的变量，各变量名之间用逗号隔开，类型标识符与变量名之间至少用一个空格隔开。变量的定义必须放在变量的使用之前，原则上应该放在程序的起始位置（复合语句内定义的变量除外）。同一个变量名不允许用不同类型的标识符定义。

（2）变量的初始化

像案例 3-1 中的“int x=1,y=2,z;”一样，在定义变量 x 和 y 时为其赋初值，叫作变量的初始化。

初始化变量的一般格式如下。

```
<类型标识符> <变量名1=初始数据1>[,变量名2=初始数据2,变量名3=初始数据3,…];
```

例如：

```
char c1='a',c2='3';
int a=1,b=5,c=7;
long x=1234567,y=7894532;
float x1=0,x2=123.45;
unsigned a1=23,a2=520;
```

小贴士：

①在初始化变量时，不允许对多个未定义的同类型变量连续初始化。

例如，“int a=b=c=0;”是不合法的，应写成“int a=0,b=0,c=0;”。

②变量使用“=”赋初值，一般情况下应保证“=”右侧的常量表达式与“=”左侧的变量类型一致（类型不一致时，系统会自动进行类型转换）。

任务 6　掌握运算符与表达式的使用方法

在解决实际问题时不仅要考虑需要哪些数据，还要考虑对数据进行什么操作，以达到求解问题的目的。对数据执行的各种操作是通过运算符实现的，常量、变量和运算符连接而成的式子称为表达式。C 语言的运算符非常丰富，如表 3-5 所示。

表 3-5　C 语言的运算符

<table>
<tr><th>运算符名称</th><th>符　号</th></tr>
<tr><td>算术运算符</td><td>+ – * / % ++ --</td></tr>
<tr><td>赋值运算符</td><td>= += –= *= /= %= &= |= ^= <<= >>=</td></tr>
<tr><td>关系运算符</td><td>> < == >= <= !=</td></tr>
<tr><td>逻辑运算符</td><td>! && ||</td></tr>
<tr><td>条件运算符</td><td>? :</td></tr>
<tr><td>逗号运算符</td><td>,</td></tr>
<tr><td>求字节数运算符</td><td>sizeof</td></tr>
<tr><td>按位运算符</td><td><< >> ～ | ^ &</td></tr>
</table>

续表

运算符名称	符　　号
指针运算符	*　&
强制类型转换运算符	(类型)
成员运算符	.　->
下标运算符	[ ]

1. 算术运算符和算术表达式

（1）基本算术运算符

基本算术运算符如表 3–6 所示，大都是双目运算符，即要求有两个操作数参与运算。单目运算符只要求有一个操作数参与运算。

表 3–6　基本算术运算符

运算符	作　用	示　例	结　果
+	加 / 取正	$x+y$，$+x$	x 与 y 的和，以及取 x 的正数
–	减 / 取负	$x-y$，$-x$	x 与 y 的差，以及取 x 的负数
*	乘	$x*y$	x 与 y 的积
/	除	x/y	x 除以 y 的商
%	取余数	$x\%y$	x 除以 y 的余数

基本算术运算符的优先级和数学中的计算顺序是一致的，“先乘除，后加减”。*、/、% 为同一优先级，+、– 为同一优先级，*、/、% 的优先级高于 +、–（此处的 +、– 指加法和减法运算）。例如，3+5*2 的运算顺序为先计算 5*2 等于 10，再计算 3+10 等于 13。

当优先级相同的几个运算符同时出现在一个表达式中时，算术运算符的结合方向为“自左至右”，即从左向右依次计算，例如，3+5–2 的运算顺序为先计算 3+5，结果为 8，再计算 8–2，结果为 6。

说明：

①在进行 +、–、*、/ 运算时，参与运算的两个操作数中如有一个为实数，则结果为 double 类型的实数。在 VS 中，所有实数都要按 double 类型进行运算。

例如，3.0+5 结果为 8.0，9.5–1 结果为 8.5，2*4.0 结果为 8.0，5/2.0 结果为 2.5，以上结果都是 double 类型的实数。

②在进行 /（除法）运算时，参与运算的两个操作数均为整数时，结果也为整数，舍去小数部分。例如，9/2 结果为 4，–9/2 结果为 –4；如果参与运算的两个操作数中有一个为实数，则结果为 double 类型。例如，9.0/2 和 9/2.0 结果都为实数 4.5。

③在进行 %（取余）运算时，要求参与运算的两个操作数必须都是整型，取余运算的结果等于两数相除后的余数。例如，7%3 结果为 1，–7%3 结果为 –1，4%6 结果为 4，6%2 结果为 0，这些都是正确的；而 7.0%2 和 7%2.0 是非法的。

④字符型数据可以和数值型数据做混合运算。因为字符型数据在计算机内部是用 ASCII 码表示的。例如，c1='a'，c2='3'，做 2+c1 运算，实际上是 2 与 'a' 的 ASCII 码值 97 做加法，即 2+97 结果为 99，做 3+c2 运算，是 3 与 '3' 的 ASCII 码值 51 做加法，即 3+51 结果为 54。

（2）加 1、减 1 运算符

C 语言的加 1 运算符为 ++，其功能是使变量的值自增 1。减 1 运算符为 --，其功能是使变量的值自减 1。加 1、减 1 运算符均为单目运算符，都具有右结合性，一般读作“加加”和“减减”。

加 1、减 1 运算符有两种形式。

①后置形式：“i++”和“i--”，先使用 i 的值，再执行 i+1 或 i-1，运算 i+1 或 i-1 的结果存入为 i 分配的内存单元中。

②前置形式：“++i”和“--i”，先执行 i+1 或 i-1，结果作为新的 i 值存入为 i 分配的内存单元中，再使用 i 的值。

例如：

```
int i=1,j,k;      /*定义i、j、k是整型变量，给i赋初值1*/
j=i++;            /*等价于“j=i;i=i+1;”语句，执行后变量j的值为1，变量i的值为2*/
k=++j;            /*等价于“j=j+1;k=j;”语句，执行后变量j的值为2，变量k的值为2*/
```

小贴士：

①如果单独由“++”或“--”构成一条语句，如“i++;”或“++i;”，“i--;”或“--i;”，运算是一样的，即 i=i+1 或 i=i-1，结果是变量在原来数值的基础上增加 1 或减少 1，也称为“自加 1”或“自减 1”。这种用法可以形成计数功能，在后续循环结构中经常用到。

②此运算仅适用于变量。

【案例 3-2】 加 1、减 1 运算举例。

〖分析〗

①定义整型变量 x、y，用于存放原始数据。

②调用输出函数 printf( )，依次输出“x++”和“++y”，“x--”和“--y”及 x 和 y 的值。

③注意 ++、-- 运算符前置与后置的区别。

```
#include <stdio.h>
main( )
{
    int x=3,y=3;                    /*x与y的初值都是3*/
    printf("%d %d\n",x++,++y);      /*先输出x的值3后，x加1变为4；而y先加1
                                      变为4，再输出4*/
    printf("%d %d\n",x--,--y);      /*先输出x的值4后，x减1变为3；而y先减1
                                      变为3，再输出3*/
    printf("%d %d\n",x,y);          /*输出x与y的终值*/
}
```

程序运行结果如图 3-4 所示。

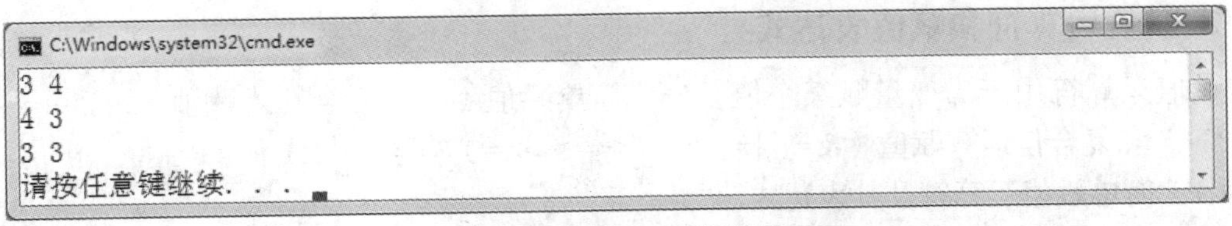

图 3–4 案例 3–2 运行结果

（3）取正、取负运算符

取正运算符“+”和取负运算符“–”都是单目运算符，如 –x 和 +y，–3 和 +2。它们的优先级高于基本算术运算符 *、/、% 的优先级，与 ++、-- 运算符的优先级相同，结合方向是自右至左。

例如：

```
int i=1,k;
k=-++i;
```

由于 ++ 和 – 的优先级相同，按自右至左的结合方向，表达式“–++i”相当于“–(++i)”，计算顺序如下。

①计算表达式“++i”，即 i=i+1，i 的值变为 2，结果存入 i 所占的内存空间。

②做取负值运算，表达式的值为 –i，即 –2。

③将 –i 的值即 –2 赋给变量 k，存入 k 所占的内存空间。结果 i 的值为 2，k 的值为 –2。

如果改为“k=–i++;”，结果 k 的值为 –1，i 的值为 2。读者可以自行分析。

（4）算术表达式

算术表达式的一般形式如下。

```
< 操作数 >< 算术运算符 >< 操作数 >
```

说明：

①< 操作数 > 可以是常量、变量或函数。

②< 算术运算符 > 包括 +、–、*、/、%。

③如果一个运算符两侧的数据类型不同，系统会先自动进行类型转换，使两者具有相同的类型，再进行运算。

以下是算术表达式的示例。

```
3.5-3+'a'
a*2/b
(a+b)*3-(a-b)/2
sin(60*3.14159/180)+sin(x)
(x++)-(y--)+(++z)
```

小贴士：

算术表达式是由算术运算符和括号将常量、变量、函数等连接起来的式子；表达式求值是按运算符的优先级和结合性规定的顺序进行的；单个常量、变量、函数可以看作表达式的特例。

2. 赋值运算符和赋值表达式

赋值运算符用于为变量赋某个值，分为简单赋值（=）、复合算术赋值（+=、−=、*=、/=、%=）和复合位运算赋值（&=、|=、^=、<<=、>>=）3 类，共 11 种。

（1）简单赋值运算符及其表达式

简单赋值运算符的一般形式如下。

```
<变量>=<表达式>
```

功能：先计算 <表达式> 的值，再将值存入 <变量> 所占的内存空间。

例如：

```
int x,y,z;
float a;
x=3;y=2;z=x+y;a=x*2.0;
```

赋值表达式的功能是先计算表达式的值然后将值赋予左侧的变量。赋值表达式的值就是赋值运算符左侧变量的值，也就是赋值符号右侧表达式的值。赋值运算符具有右结合性。因此“x=y=z=0”应理解为“x=(y=(z=0))”。

这样的式子“x=(a=1)+(b=2)”也是合法的。它的意义是把 1 赋给 a，2 赋给 b，再把 a 与 b 的和赋给 x，故 x 的值为 3。

在 C 语言中，赋值表达式加分号可以组成赋值语句。按照 C 语言的规定，任何表达式在其末尾加上分号（即语句结束符）就构成语句。例如：

```
x=3.14;
a=2;
c=a+b;
w=a*2.0;
```

以上每行都是 C 语言的一条赋值语句。

如果赋值运算符两侧的数据类型不相同，系统将自动进行类型转换，把赋值符号右侧的类型转换成左侧的类型。

具体的类型转换规则如下。

①实型赋给整型，舍去小数部分。

②整型赋给实型，数值不变，增加小数部分（小数部分的值为 0）。

③字符型赋给整型，VS 环境下，字符型占 1 个字节，而一般整型占 4 个字节，赋值时将字符的 ASCII 码值放到整型变量的低 8 位中，高 24 位补 0，凑足 4 个字节。

④整型赋给字符型，只把低 8 位赋给字符型变量，高位丢弃。

【案例 3–3】 简单赋值运算符的应用举例。

〖分析〗

①分别定义不同类型的若干变量，并对部分变量进行初始化。

②数据处理部分，完成不同类型变量的相互赋值。

③输出结果。

```
#include <stdio.h>
main( )
```

```
{
    int a,b=321;        /* 定义 a、b 为整型变量，并给 b 赋初值 321*/
    float x,y=2.3456;/* 定义 x、y 为实型变量，并给 y 赋初值 2.3456*/
    char c1='j',c2; /* 定义 c1、c2 为字符型变量，并给 c1 赋初值 'j'*/

    x=b;                /* 将 b 的值赋给 x, x 的值为 321.000000*/
    c2=b;               /* 将 b 的低字节赋给 c2, c2 的值为 01000001(65), 对应大写字母 A*/
    b=y;                /* 将 y 的值赋给 b, b 的值为 2*/
    a=c1;               /* 将 c1 的值 ( 即 'j' 的 ASCII 码值 106) 赋给 a, a 的值为 106*/

    printf("%d,%d,%f,%c\n",a,b,x,c2);          /* 按格式要求输出变量的值 */
}
```

程序运行结果如图 3–5 所示。

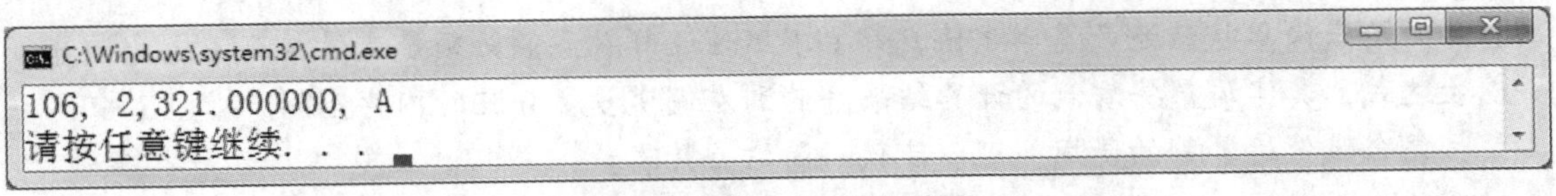

图 3–5　案例 3–3 运行结果

当赋值运算符左右两侧的类型不同时，以运算符左侧数据类型为准。案例 3–3 表明了赋值运算中类型转换的规则。x 为实型变量，将整型变量 b 的值 321 赋给 x，增加了小数部分。整型变量 b 的值赋给字符型变量 c2 时，只取其低 8 位（b 的低 8 位为 01000001，即十进制数 65，其 ASCII 码对应字符 A）。把实型变量 y 的值 2.3456 赋给整型变量 b 时，只取整数部分 2 赋给 b，字符型变量 c1 的值赋给整型变量 a 时，高位补 0 变为整型。

（2）复合赋值运算符及表达式

复合赋值运算符的一般形式如下。

```
< 变量 >< 复合赋值运算符 >< 表达式 >
```

等价形式如下。

```
< 变量 >=< 变量 >< 运算符 >< 表达式 >
```

功能：先计算 < 表达式 > 的值，再将 < 变量 > 与 < 表达式 > 的值进行 < 运算符 > 表示的运算，之后存入 < 变量 > 所占的内存空间中。

复合赋值运算符的应用如表 3–7 所示。

表 3–7　复合赋值运算符的应用

复合赋值运算符	示例（设 x 的初值为 5）	等价形式	运算结果
+=	x+=3	x=x+3	x 的值为 8
–=	x–=3	x=x–3	x 的值为 2
*=	x*=3	x=x*3	x 的值为 15
/=	x/=3	x=x/3	x 的值为 1
%=	x%=3	x=x%3	x 的值为 2

注意：在“<变量><复合赋值运算符><表达式>”中，复合赋值运算符后面的表达式是一个整体，应先算出表达式的值，再进行复合赋值运算。

例如：

```
r%=x/y;                          /* 等价于“r=r%(x/y);” */
s*=a/2+b*5-sqrt(x);              /* 等价于“s=s*(a/2+b*5-sqrt(x));” */
```

若“int x=6,a;”，则表达式 x*=x−=x+x、a+=a*=a−=a*(a=2) 的计算结果各是多少？

分析：x*=x−=x+x 等价于“x=x−(x+x);x=x*x;”，结果是 36。

a+=a*=a−=a*(a=2) 等价于“a=2; a=a−a*a; a= a*a; a= a+a;”，结果是 8。

初学者可能不习惯复合赋值符这种写法，但这种写法对编译处理十分有利，能提高编译效率并产生质量较高的目标代码。

小贴士：

无论是简单赋值还是复合赋值，都要求赋值运算符左侧必须是变量，而不能是常量或表达式，其实质是将右侧的计算结果存储到左侧变量所分配的内存空间。

复合赋值运算符的使用，可以使代码简洁、紧凑。

3. 逗号运算符及其表达式

C 语言中，逗号“,”也是一种运算符，称为逗号运算符。其功能是把两个表达式连接起来组成一个新的表达式，称为逗号表达式，该表达式的值是逗号右侧表达式的计算结果。

逗号表达式的一般形式如下。

```
<表达式 1，表达式 2>[,…，表达式 n]
```

其求解过程是：先求解表达式 1，再求解表达式 2……整个逗号表达式的值是表达式 n 的值。

例如：

```
x=2+5,x*3;
```

首先计算 2+5，结果为 7，赋给 x，然后执行 x*3 的运算，表达式的值为 21。

```
y=(a=6,a*2);
```

首先将 6 赋给 a，然后执行 a*2 的运算，括号内表达式的值为 12，再将逗号表达式的值 12 赋给 y。此例表明，如要将逗号右侧表达式的值赋给 y，就要用括号将逗号表达式括起来，因为逗号运算符的优先级低于赋值运算符。

注意：逗号运算符的结合性是自左向右，其优先级在所有运算符中是最低的（见表 3−8）。

例如：

```
x=2+5,x*3,x+8;                /* 逗号表达式，x=7，表达式的值为 15*/
x=(a=2,a*3,a+8);              /* 赋值表达式，a=2，表达式的值为 10，x=10*/
x=(a=2,3*3);                  /* 赋值表达式，表达式的值为 9，x=9*/
x=a=2,a*3;                    /* 逗号表达式，表达式的值为 6，x=2，a=2*/
```

再如：

```
int a=2,b=4,x,y;
x=a+b,y=b*2+x,x+y;                    /* 逗号表达式，表达式的值为 20，x=6，y=14*/
```

4. 求字节运算符 sizeof

C 语言中的 sizeof 是一个单目运算符，用于测试一个数据或一种数据类型在内存中所占的字节数。其一般形式如下。

① sizeof (变量)　或　sizeof　变量

② sizeof (常量)　或　sizeof　常量

③ sizeof (表达式)　或　sizeof　表达式

④ sizeof (数据类型关键字)

其运算结果是计算对象所占内存的字节数。当对一个表达式进行测试时，并不对表达式进行计算，仅对表达式的最终结果进行类型判断，并返回该类型数据在内存中存储时所占的字节数。

例如：

```
short a=356,x,y,z,m;
x=sizeof(a);                  /* 将系统为变量 a 分配的内存字节数 2 赋给 x*/
z=sizeof(double);             /* 将一个 double 类型的数据所占的字节数 8 赋给 z*/
y=sizeof(int);                /* 在 VS 环境中 y=4，在 TC 环境中 y=2*/
m=sizeof("abcde");            /* 将字符串的字节长度 6 赋给 m，注意字符串的结束标志
                                 也占用 1 个字节 */
```

5. 优先级和结合性

在 C 语言中，运算符的优先级非常重要。在表达式中，优先级较高的先于优先级较低的进行运算。当一个操作数两侧的运算符的优先级相同时，按运算符的结合性规定的结合方向处理。这种结合性是其他高级语言的运算符所没有的，因此也增加了 C 语言的复杂性。运算符的优先级和结合性如表 3-8 所示。

表 3-8　运算符的优先级和结合性

优先级	运　算　符	操作数的个数	结合性
1	() [] . ->		左结合
2	! ~ ++ -- - (类型) sizeof * &	1 (单目运算符)	右结合
3	* / %	2 (双目运算符)	左结合
4	+ -	2 (双目运算符)	左结合
5	<< >>	2 (双目运算符)	左结合
6	> < >= <=	2 (双目运算符)	左结合
7	== !=	2 (双目运算符)	左结合

续表

优先级	运　算　符	操作数的个数	结合性
8	&	2（双目运算符）	左结合
9	^	2（双目运算符）	左结合
10	|	2（双目运算符）	左结合
11	&&	2（双目运算符）	左结合
12	||	2（双目运算符）	左结合
13	? :	3（三目运算符）	
14	= += -= *= /= %= <<= >>= &= ^= |=	2（双目运算符）	右结合
15	,		左结合

C语言中各运算符的结合性分为两种，即左结合性（自左至右）和右结合性（自右至左）。例如，算术运算符的结合性是自左至右，即运算时先左后右。如有表达式 x−y+z，则 y 应先与“−”结合，执行“x−y”的运算，再执行“+z”的运算。最典型的右结合性运算符是赋值运算符。例如，“x=y=z”，由于“=”的右结合性，应先执行“y=z”，再执行“x=y”。

6. 数据类型转换

在C语言中，整型、单精度实型、双精度实型和字符型数据可以进行混合运算。字符型数据可以与整型数据通用。

例如，6+'a'+6.35−2.5*'A' 是一个合法的算术表达式，在进行运算时，不同类型的数据要先转换成同一类型，再进行运算。在C语言中，有自动类型转换和强制类型转换两种。

（1）自动类型转换

自动类型转换发生在不同数据类型的运算量混合运算时，由编译系统自动完成。自动类型转换遵循以下规则。

①若参与运算的运算量的类型不同，则先转换成同一类型，再进行运算。

②除赋值运算外，转换都是向数据长度增加的方向进行，以保证精度不降低。例如，short int 型数据与 long int 型数据进行运算时，系统自动将 short int 型数据转换成 long int 型数据；int 型数据与 double 型数据进行运算时，系统自动将 int 型数据转换成 double 型数据。

③所有的浮点运算都是以双精度形式进行的，即 float 型数据参与运算时，系统自动将 float 型数据转换成 double 型数据，再进行运算。

④ char 型数据与 short 型数据参与运算时，必须先自动转换成 int 型数据。

⑤在赋值运算中，赋值号两侧运算量的数据类型不同时，赋值号右侧运算量的类型将转换为左侧运算量的类型。如果右侧运算量的数据类型的长度大于左侧时，将丢失一部分数据，精度降低。

数据类型的自动转换规则示意图如图 3−6 所示。

例如：

```
6+'a'+6.35-2.5*'A'
```

在计算机中运算时，表达式的类型转换过程如下。

①将 'a' 和 'A' 转换成 int 型数据 97 和 65。

②将 65 转换成 double 型数据，计算表达式 2.5*65.000000，再从左向右进行加减运算，最后表达式的值为 −53.150000（结果为 double 型数据）。

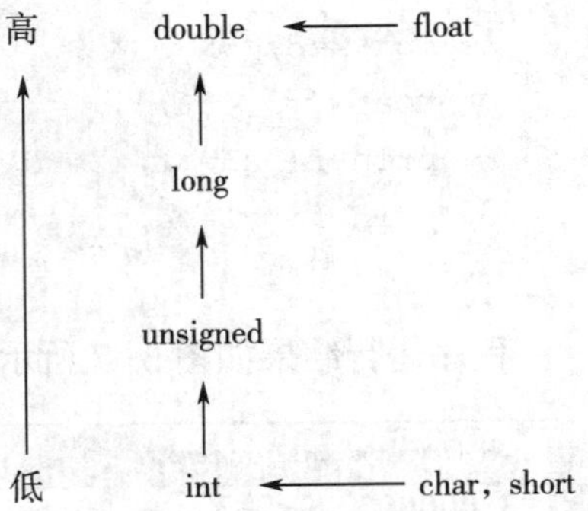

图 3–6　数据类型的自动转换规则示意图

（2）强制类型转换

强制类型转换通过类型转换运算实现，利用强制类型转换运算可以将一个表达式的值转换成所需的类型。

强制类型转换运算的一般形式如下。

```
（类型关键字）（表达式）
```

功能：将表达式的值强制地转换成类型关键字所表示的类型。

例如：

```
(float)(x)/y                  /* 把 x 转换成 float 型 */
(double)(x*y)                 /* 把 x*y 的值转换成 double 型 */
(int) (12.0/5)                /* 把 12.0/5 的值转换成 int 型 */
int x=6,y=4;float a;
a= (float)(x)/y;              /* 强制将 x 转换成 float 型 6.000000，再除以 4，结果
                                 为 1.500000，将该结果赋给 a*/
```

小贴士：

在进行强制类型转换时，一定注意书写格式，类型关键字和表达式都必须加括号（单个变量可以不加括号）。例如，(float) (x)/y 和 (float)(x/y) 强制类型转换的对象是不同的，(float)(x)/y 是只对 x 进行强制类型转换，而 (float)(x/y) 对 x/y 的值进行强制类型转换，因此将 (float)(x)/y 写成 (float)(x/y)，也就是在 x/y 整除之后将值转换成 float 型，可能导致结果与预期不同。

无论是自动类型转换还是强制类型转换，都只是为了本次运算的需要而对变量的值的长度进行了临时性转换，变量本身的类型不受影响，仍保持变量定义时的类型，在内存中的状态也未改变。

【案例 3–4】 强制类型转换举例。

〖分析〗 原始数据存放在整型变量 x 和实型变量 y 中，程序先输出将 x 强制转换为实型后的值及 x 的值，再输出将 y 强制转换为整型后的值及 y 的值。

```
#include <stdio.h>
main( )
{
```

```
    int x=3;
    float y=3.456;
    printf("x1=%f,x2=%d\n",(float)x,x);
    printf("y1=%d,y2=%f\n",(int)y,y);
}
```

程序运行结果如图 3-7 所示。

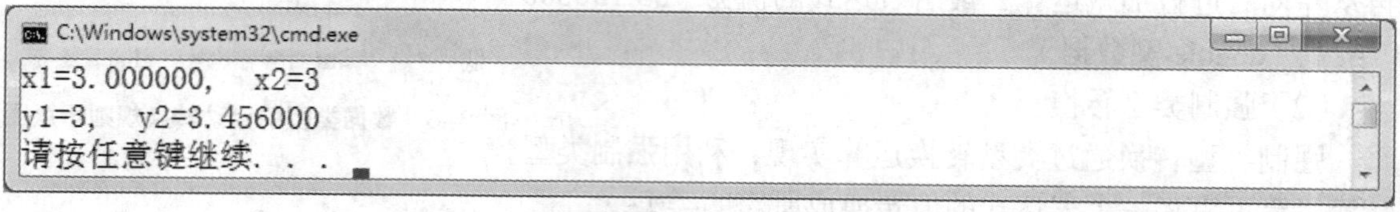

图 3-7　案例 3-4 运行结果

〖说明〗 在案例 3-4 中，x 为 int 型，"(float)x"强制将 x 的值 3 转换成 float 型，结果为 3.0，因此输出 "x1=3.000000"；y 为 float 型，"(int)y" 强制将 y 的值 3.456 转换成 int 型，结果为 3，因此输出 "y1=3"。虽然 x 和 y 被强制转换了类型，但只在运算中起作用，是临时的，而 x 和 y 本身的类型并不改变。因此，x 的值仍为 3，y 的值仍为 3.456。

任务 7　掌握输入 / 输出数据的方法

任何程序的执行都可以粗略地分为 3 步：输入数据、数据处理和输出结果。由此可见掌握数据输入与输出方法的重要性。

想将计算结果输出，就要进行输出操作，没有输出的程序是没有价值的，所以对数据的一种重要操作是输出操作。C 语言本身没有提供输出语句，所有数据的输出都是由函数来实现的。C 语言提供了多种输出函数，使输出操作灵活多样，且功能强大。

【案例 3-5】 输出工资管理系统的主菜单，如图 3-8 所示。

```
#include <stdio.h>
#include <conio.h>
main( )
{
    char ch;
    printf("\n\n\t\t  ☆★ 欢迎使用事业单位职工工资管理系统 ★☆ \n\n\n");
    printf("\t\t请选择 (1-7) :\n");
    printf("\t\t~~~~~~~~~~~~~~~~~~~~~~~~~~~~~~~~~~~~~~~~~~~~~~~~~~~~~~~~~~~\n");
    printf("\t\t\t      1.查询职工工资信息 \n");
    printf("\t\t\t      2.修改职工工资信息 \n");
    printf("\t\t\t      3.添加职工工资信息 \n");
    printf("\t\t\t      4.删除职工工资信息 \n");
    printf("\t\t\t      5.保存数据到文件 \n");
```

```
    printf("\t\t\t      6. 浏览职工记录信息 \n");
    printf("\t\t\t      7. 退出 \n");
    printf("\t\t*******************************************\n");
    printf("\n\t\t 你的选择是: ");
    ch=getche( );
}
```

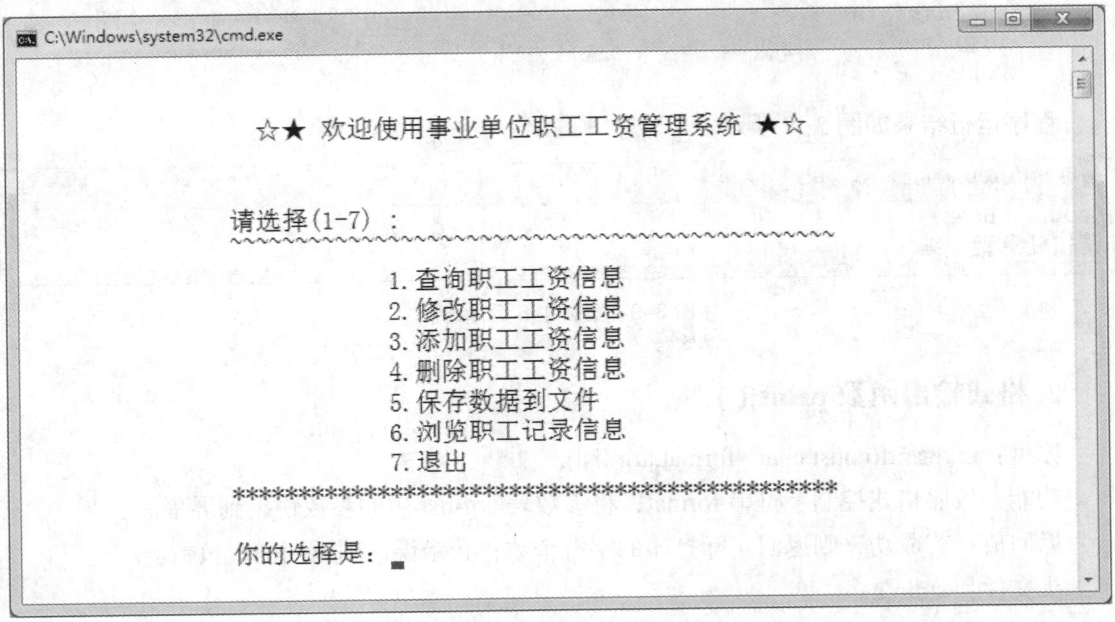

图 3-8　案例 3-5 运行结果

〖分析〗 代码中出现的 12 个 printf("…") 语句，就是完成 12 次输出数据的操作。printf( ) 函数是 C 语言提供的输出函数之一。

本任务主要介绍两个输出函数 putchar( ) 和 printf( ) 及两个输入函数 getchar( ) 和 scanf( ) 的用法。调用这 4 个标准库函数完成输入 / 输出操作时，需要在程序开头先写上编译预处理命令 “#include <stdio.h>”，函数调用和编译预处理命令的详细内容将在后续章节中介绍。

1. 字符输出函数 putchar( )

原型：int putchar (int ch);

功能：将 ch（一个字符）输出到屏幕。

返回值：成功，则返回所输出的字符（即 ch）；错误，则返回 EOF（C 语言中定义的宏，其代表 −1）。

头文件：stdio.h。

【案例 3-6】 调用 putchar( ) 函数输出字符的各种应用形式。

〖分析〗 定义 3 个字符变量，并进行初始化，调用 putchar( ) 函数输出字符型变量、字符型常量及转义字符。

```
#include <stdio.h>
main( )
{
    char c1='G',c2='o',c3='d';
    putchar(c1);putchar(c2);putchar(c2);putchar(c3);putchar('\t');
    putchar('B');putchar(c2);putchar(111);putchar('k');
    putchar('\n');
}
```

程序运行结果如图 3-9 所示。

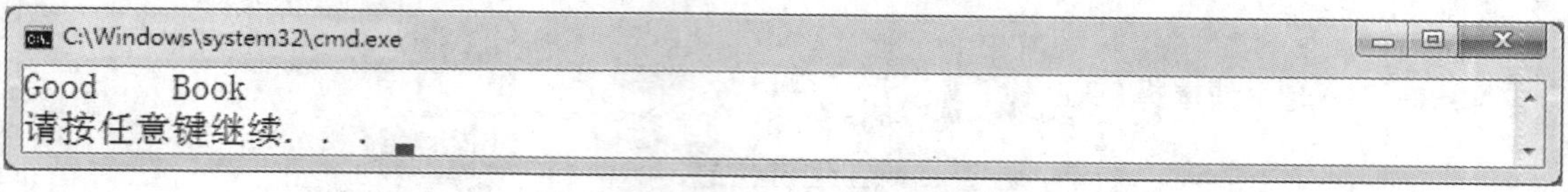

图 3-9　案例 3-6 运行结果

2. 格式输出函数 printf( )

原型：int printf(const char *format,arg-list);

功能：按照格式控制字符串 format，将参数表 arg-list 中的参数输出到屏幕。

返回值：若成功，则返回实际打印的字符个数；若错误，则返回一个负数。

头文件：stdio.h。

说明：

①格式控制字符串 format：必须用英文的双引号括起来，作用是控制输出项的格式和输出一些提示信息。格式控制字符串包含两部分。

a）格式说明部分，一般形式为 % [修饰符] 格式字符，其作用是指定输出数据的格式。

b）控制部分，由普通字符或转义字符组成，普通字符按原样输出，转义字符表示特定的含义，如 "\n" 表示换行（见表 3-4 的转义字符）。

②参数列表 arg-list：列出要输出的表达式，如常量、变量、运算符、表达式、函数返回值等，即要输出的数据，该项可有可无。如果有多个参数，则每个参数之间用逗号分隔。输出的数据可以是整数、实数、字符和字符串等。

案例 3-5 中 12 个 printf("…") 语句中都只出现了普通字符和转义字符，没有格式说明符与输出参数列表，这种情况就只输出双引号中的普通字符和转义字符。

下面对格式字符和修饰符进行详细说明。

（1）格式字符

printf( ) 函数中格式说明部分的格式字符如表 3-9 所示。

表 3–9　printf( ) 函数中格式说明部分的格式字符

格式字符	输出形式	示　例	输出结果
d 或 i	十进制形式输出整数	int a=65;printf("a=%3d",a);	a=　65
o	八进制形式输出无符号整数	int a=65;printf("%o",a);	101
X 或 x	十六进制形式输出无符号整数	int a=65;printf("%x",a);	41
u	无符号十进制形式输出整数	int a=65;printf("%u",a);	65
c	输出单个字符	int a=65;printf("%c\n",a);	A
s	输出字符串	printf("%s\n","abcde");	abcde
f	小数形式输出单、双精度实数	float a=65.789;printf("a=%f",a);	a= 65.789000
E 或 e	指数形式输出单、双精度实数	float a=65.789;printf("%e",a);	6.578900e+01
g	选择 %f 和 %e 中较短的格式输出	float a=65.789;printf("%g",a);	65.789
%	以百分比格式输出	int a=65;printf("%d%%",a);	65%

说明：以 %g 格式输出实数时，系统自动选择 %f 或 %e 中较短的格式输出，而且不输出无意义的 0，如 65.789 以 %f 格式输出 65.789000 时，小数部分的后 3 个 0 就是无意义的，所以 %g 格式的输出结果为 65.789。

【案例 3–7】 printf( ) 函数的格式输出举例。

〖分析〗 输出结果时，使用 printf( ) 函数指定格式输出数据。

```
#include <stdio.h>                       /* 预处理，调用标准的输入 / 输出头文件 */
main( )
{
    float x=3.5,y=4.6,s;                  /* 定义变量的数据类型并赋初值 */
    int a=8;
    s=x+a%3*(int)(x+y)%2/4;               /* 计算表达式的值并赋给变量 s*/
    printf("%d,%f,%f,s=%6.2f\n",a,x,y,s);   /* 按格式输出变量的值 */
}
```

程序运行结果如图 3–10 所示。

图 3–10　案例 3–7 运行结果

【案例 3–8】 将小写字母转换为对应的大写字母并输出。

〖分析〗

①定义两个字符型变量 a 和 b，用于存放字符数据。

②使用赋值语句完成字符变量的赋值及小写字母到大写字母的转换。

③输出转换结果。

提示： 转换时利用大、小写字母的 ASCII 码值相差 32 的规律实现，例如，'A' 的 ASCII 码值为 65，'a' 的 ASCII 码值为 97；'B' 的 ASCII 码值为 66，'b' 的 ASCII 码值为 98。

```
#include <stdio.h>
main( )
{
    char a,b;                                    /* 定义字符型变量 */
    a='x';                                       /* 给变量赋值 */
    b='y';
    printf(" 小写字母及其 ASCII 码值：%c,%d\t%c,%d\n",a,a,b,b);
    a=a-32;                                      /* 将小写字母转换为大写字母 */
    b=b-32;
    printf(" 大写字母及其 ASCII 码值：%c,%d\t%c,%d\n",a,a,b,b);
                                                 /* 输出字符及其 ASCII 码值 */
}
```

程序运行结果如图 3-11 所示。

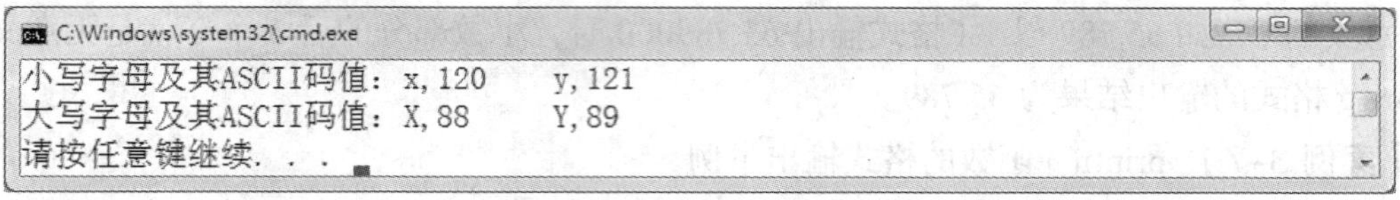

图 3-11　案例 3-8 运行结果

【案例 3-9】 输出转义字符。

〖分析〗 标准输出函数有两个，分别是 putchar( ) 函数和 printf( ) 函数。本例用 printf( ) 函数实现。

```
#include <stdio.h>
main( )
{
    char c1='a',c2='b',c3='c',c4='\101',c5='\116';   /* 定义变量的数据类型并
                                                         赋初值，即初始化 */
    printf("c1=%c c2=%c\tc3=%c\n",c1,c2,c3);          /* 按格式输出，\t 是制表符，
                                                         效果同 Tab 键 */
    printf("\tc4=%c c5=%c\n",c4,c5);
}
```

程序运行结果如图 3-12 所示。

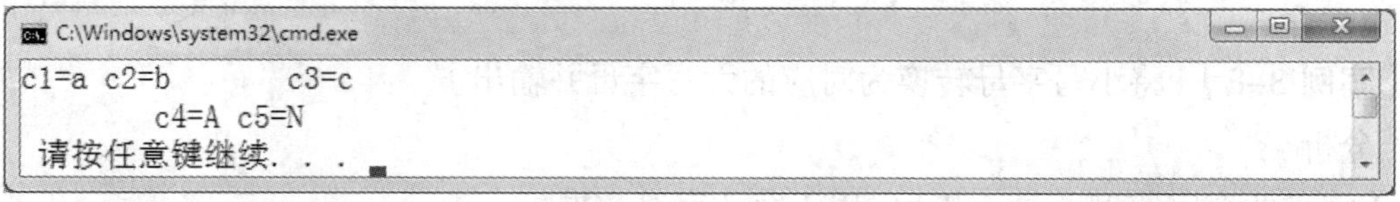

图 3-12　案例 3-9 运行结果

（2）修饰符

修饰符也称为附加格式说明符，各种修饰符的含义如表 3-10 所示。使用修饰符可以指定输出域的宽度及精度、指定输出数据的对齐方式、指定空位填充字符和进行输出长度修正等。这些修饰符与格式字符可以联合使用，其一般形式如下。

```
%[flag][m][.n][h|l] type
```

各部分的说明如下。

① [ ]：表示该项为可选项。

② flag：可选择的标志字符，常用的标志字符有 -、+、空格 3 种。

③ m：数据域的宽度，用十进制正整数表示，用来设置输出值的最少字符个数。若不足，则补空格；若超出，则按原样输出。默认按原样输出。

④ n：数据的精度指示符，用小数点加上十进制正整数表示。对整数输出，表示至少输出的数字个数，若不足，则补数字 0，若超出，则按原样输出；对实数输出，表示小数点后最多输出的数字个数，若不足，则补数字 0，若超出，则按四舍五入处理；对字符串输出，表示最多输出的字符个数，若不足，则补空格，若超出，则丢弃。

⑤ h 或 l：输出长度修饰符，h 为输出短整型数据的值；l 为输出长整型数据或双精度型数据的值。

⑥ type：格式字符。

表 3-10　各种修饰符的含义

修饰符	含　义
-	左对齐输出，默认为右对齐输出
+	使输出的正数前带正号“+”，默认不输出正号
m	输出数据的宽度，数据位数小于 m 时，左补空格，否则原样输出
n	对实数，指定小数点后的位数，若不足，则后补 0；若超出，则四舍五入
	对字符串，指定原样输出字符的个数
0	在右对齐的输出格式中左补 0，默认为左补空格
#	使八进制、十六进制输出带前导符 0 或 0x
l	在 d、o、x、u 前，指定输出精度为 long 型
	在 e、f、g 前，指定输出精度为 double 型
h	输出短整型数据的值

【案例 3-10】 修饰符的应用举例。

```
#include <stdio.h>
main( )
{
   int a=18;
```

```
    long a1=12345678;
    float b=123.456789;
    double c=12345678.123456789;
    char d='a';
    printf("1: a 的 5d 十进制形式 :%5d\n",a);          /* 输出十进制的 a*/
    printf("2: a 的八进制形式 :%o,a 的十六进制形式 :%x\n",a,a);
                                                    /* 输出 a 的八进制和十六进制值 */
    printf("3: a1 的 d,ld,8ld 输出形式 :%d,%ld,%8ld\n",a1,a1,a1);
                                                    /* 输出长整型数 */
    printf("4: b 的 f,8.2f,5.4lf 输出形式 :%f,%8.2f,%5.4lf\n",b,b,b);
                                                    /* 输出实型数 */
    printf("5: b 的指数形式: %e\n",b);                 /* 输出指数型数 */
    printf("6: c 的 f,lf,8.4lf 输出形式 :%f,%lf,%8.4lf\n",c,c,c);
                                                    /* 输出双精度型数 */
    printf("7: d 的 c,8c 输出形式 :%c,%8c\n",d,d);          /* 输出字符型数 */
    printf("8: 20s 字符串输出形式 :%20s\n","How are you!");  /* 输出字符串 */
}
```

程序运行结果如图 3-13 所示。

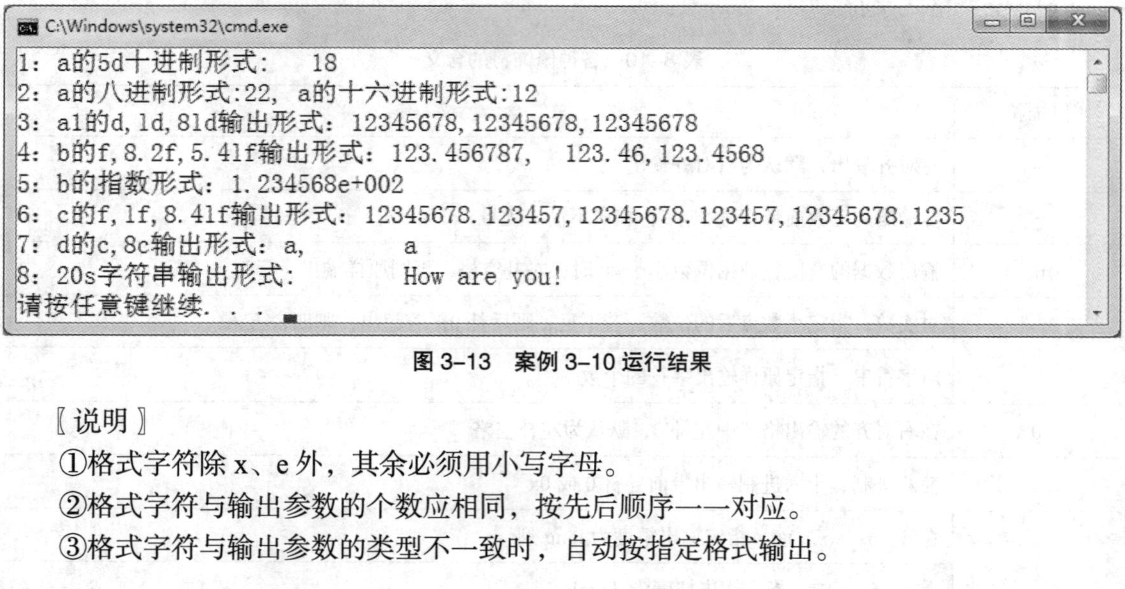

图 3-13　案例 3-10 运行结果

〖说明〗

①格式字符除 x、e 外，其余必须用小写字母。

②格式字符与输出参数的个数应相同，按先后顺序一一对应。

③格式字符与输出参数的类型不一致时，自动按指定格式输出。

3. 字符输入函数 getchar( )

原型：int getchar( );

功能：接收从键盘输入的一个字符。

返回值：若成功，则返回键盘上输入字符的 ASCII 码；若错误，则返回 EOF。

头文件：stdio.h。

每调用一次字符输入函数 getchar( )，就从标准输入设备上取一个字符。该函数的值一般赋给一个字符变量，也可以赋给一个整型变量。

【案例 3-11】 字符输入函数举例。

```
#include <stdio.h>
main( )
{
    char c1,c2;                         /* 定义两个字符型变量 */
    printf(" 第一个输入字符为: ");        /* 输出屏幕提示信息 */
    c1=getchar( );                      /* 从键盘输入一个字符存入变量 c1 中 */
    printf(" 第一个输出字符为: ");        /* 输出屏幕提示信息 */
    putchar(c1);                        /* 输出变量 c1 中的字符 */
    printf("\n");                       /* 输出回车换行符 */
    printf(" 第二个输入字符为: ");        /* 输出屏幕提示信息 */
    c2=getchar( );                      /* 从键盘输入一个字符存入变量 c2 中 */
    printf(" 第二个输出字符为: ");        /* 输出屏幕提示信息 */
    putchar(c2);                        /* 输出变量 c2 中的字符 */
    printf("\n");                       /* 输出回车换行符 */
}
```

输入 ab< 回车 >，程序运行结果如图 3-14 所示。

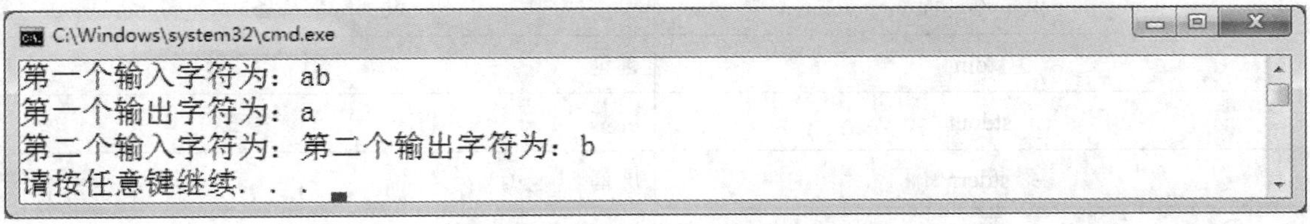

图 3-14　案例 3-11 运行结果

〖分析 1〗 程序运行时，输入 ab< 回车 >，则将 ab< 回车 > 这 3 个字符依次送入输入流缓冲区，执行“c1=getchar( );”语句时，输入流缓冲区中的字符“a”被取出，赋给变量 c1 并输出；输入流缓冲区不为空时，不需要用户再通过键盘输入，所以执行“c2=getchar( );”语句时，输入流缓冲区中的字符“b”被取出，赋给变量 c2 并输出，最后输入流缓冲区中还剩下一个字符“\n”待用。

输入 a< 回车 >，程序运行结果如图 3-15 所示。

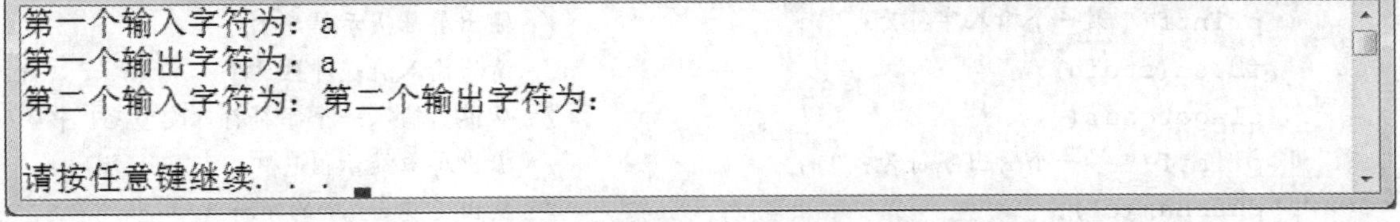

图 3-15　案例 3-11 运行结果

〖分析 2〗 程序运行时，输入 a< 回车 >，则将 a< 回车 > 这 2 个字符依次送入输入流缓冲区，执行“c1=getchar( );”语句时，输入流缓冲区中的字符“a”被取出，赋给变量 c1 并输出；同样，输入流缓冲区不为空时，不需要用户再通过键盘输入，所以执行“c2=getchar( );”语句时，输入流缓冲区中的字符“\n”被取出，赋给变量 c2 并输出。

如果第一次输入 a< 回车 >，第二次输入 b< 回车 >，期望的输出分别为“a”和“b”，则必须将第一次输入的“\n”从输入流缓冲区中清除。要清除上次从键盘输入但未使用完的字符，可以使用 fflush( ) 函数实现。

原型：int fflush(FILE *stream);

功能：如果 stream 与一个以写方式打开的文件有关，那么，调用 fflush( ) 函数使输出缓冲区的内容物理地写到该文件中。如果 stream 指向一个输入文件，那么输入缓冲区的内容被清除。

返回值：若成功，则返回 0；若错误，则返回非 0 值。

头文件：stdio.h。

C 语言将计算机中所有的数据传送形象地比喻为 stream，中文含义是“流”。每个程序开始执行时，系统都会自动打开 5 个预定义的文本流，如表 3-11 所示。其中前 3 个是由 ANSI C 标准定义的。

表 3-11　预定义的文本流

文 本 流	设　　备
stdin	键盘
stdout	屏幕
stderr	屏幕
stdaux	标准串行设备 COM1 端口
stdprn	标准打印机 LPT1 端口

stdin 文本流并不一定来自键盘，stdout 文本流也并不一定显示在屏幕上，它们都可以重定向到磁盘文件或其他设备上。重定向方法读者可查阅相关资料。

对案例 3-11 的改进如下。

```
#include <stdio.h>
main( )
{
    char c1,c2;                          /* 定义两个字符型变量 */
    printf(" 第一个输入字符为：");          /* 输出屏幕提示信息 */
    fflush(stdin);                       /* 清除输入流缓冲区 */
    c1=getchar( );                       /* 从键盘输入一个字符存入变量 c1 中 */
    printf(" 第一个输出字符为：");          /* 输出屏幕提示信息 */
    putchar(c1);                         /* 输出变量 c1 中的字符 */
    printf("\n");                        /* 输出回车换行符 */
    printf(" 第二个输入字符为：");          /* 输出屏幕提示信息 */
    fflush(stdin);                       /* 清除输入流缓冲区 */
```

```
    c2=getchar( );                         /* 从键盘输入一个字符存入变量 c2 中 */
    printf(" 第二个输出字符为: ");          /* 输出屏幕提示信息 */
    putchar(c2);                           /* 输出变量 c2 中的字符 */
    printf("\n");                          /* 输出回车换行符 */
}
```

再次运行程序，输入 a< 回车 >，输出“第一个输出字符为：a”，接着输入 b< 回车 >，输出“第二个输出字符为：b”，程序运行结果如图 3-16 所示。

图 3-16　案例 3-11 改进后的运行结果

所以，在使用 getchar( )、gets( ) 及 scanf( ) 函数向变量输入字符或字符串时，先执行一条“fflush(stdin);”语句是非常好的习惯。

〖说明〗

①调用 getchar( ) 函数输入字符时，输入字符后需要按回车键，这样程序才会响应输入，继续执行后续语句。

② getchar( ) 函数也会将回车键作为一个字符读入。因此，在调用 getchar( ) 函数连续输入多个字符时要注意。

③ getchar( ) 函数只能接收单个字符，输入的数字也按字符处理，当输入多于一个字符时，只接收第一个字符。

④在程序运行过程中遇到 getchar( ) 函数时，程序暂停执行，等待接收用户输入，输入完毕后，程序继续执行后续语句。

小贴士：

getche( ) 和 getch( ) 函数也是常用的字符输入函数，它们的头文件均为 conio.h。

① getchar( )、getche( ) 和 getch( ) 函数执行时，程序都会暂停，等待用户输入字符。

② getchar( ) 和 getche( ) 函数在接收字符的同时，在屏幕上回显该字符，getch( ) 函数不回显字符。

③ getchar( ) 函数接收用户输入时必须以回车符结束，然后取走输入的第一个字符；而 getch( ) 和 getche( ) 函数无此要求，用户输入任意字符，都可取走并执行后续语句。

④ getch( ) 函数经常用于暂停程序执行，便于用户查看屏幕信息，偶尔也用 getche( ) 函数，这也是调试程序的一个重要手段；getchar( ) 函数往往结合循环结构使用，用于处理连续输入后连续读取字符的问题。

4. 格式输入函数 scanf( )

原型：int scanf(const char *format,address-list);

功能：按格式字符串 format 从键盘读取数据，并存入地址列表 address-list 指定的存储单元。

返回值：若成功，则返回输入数据的个数；若错误，则返回 0。

头文件：stdio.h。

说明：

①格式控制字符串 format：必须用英文的双引号括起来，作用是控制输入项的格式和需要一起输入的提示信息。格式控制字符串包含如下两部分内容。

a）格式说明部分，一般形式为 %［修饰符］格式字符，其作用是指定输入数据的格式。

b）普通字符，需要按原样输入。

②地址列表 address-list：是由若干内存地址组成的列表，可以是变量的地址、字符串的首地址、指针变量，各地址间以逗号分隔。对于变量的地址，常用取地址运算符“&”，例如，&x、&y 分别表示变量 x 和变量 y 的地址。变量的地址是编译系统在内存中给变量分配的地址，从键盘输入的数据就存储到这个地址所指的存储单元中。变量的地址是 C 语言的编译系统分配的，用户不必关心变量的具体地址是多少。

格式输入函数的执行结果是将从键盘输入的数据流按格式转换成程序所需的数据，存入与格式相对应的地址所指的存储单元中。

（1）格式控制字符串

格式控制字符串由两部分构成：格式说明部分和普通字符。

格式说明部分的一般形式如下。

```
%[*][m][h][l]type
```

其中，[*]、[m]、[h]、[l] 为 scanf( ) 函数可选的修饰符，如表 3-12 所示。

表 3-12　scanf( ) 函数的修饰符

修 饰 符	功　能
h	在 d、o、x 前，指定输入为 short 型整数
l	在 d、o、x 前，指定输入为 long 型整数
	在 f、e 前，指定输入为 double 型实数
m	指定输入数据的宽度，若遇到空格或不可转换的字符，则结束，默认为右对齐
*	抑制符，指定输入项在读入后不需要存储

各部分的说明如下。

①[ ]：表示该项为可选项。

②*：输入赋值抑制符，表示该输入项在读入后不赋予相应的变量，即跳过相应的输入数据不作处理，也就是在地址列表中没有对应的地址项。

③m：宽度指示符，用十进制整数指定输入的宽度（字符数），表示该输入项最多可输入的字符个数。如果遇到空格或不可转换的字符，则读入的字符将减少。

④ h 和 l：长度格式符，h 表示输入短整型数据，l 表示输入长整型数（如 %ld）和双精度浮点数（如 %lf）。

⑤ type：表示输入数据的类型，也就是格式字符。格式字符有 d、i、o、x、u、c、s、f、e 几种，i 用于输入一个十进制、八进制或十六进制整数，系统自动分辨。例如，011 表示输入八进制整数，0x12 表示输入十六进制整数。其他格式字符的作用与 printf( ) 函数中的含义相同。

例如，有如下变量定义：

```
char c1,c2;
int a,b,c;
float x,y;
```

表 3-13 列出了输入数据的各种方法示例。

表 3-13　输入数据的各种方法示例

语　句	示　例	结　果
scanf("%c%c",&c1,&c2) ;	ac↙	c1 为 'a'，c2 为 'c'
c1=getchar( );c2=getchar( );	a↙ c↙	c1 为 'a'，c2 为 '↙'
scanf("%d%d%d",&a,&b,&c);	5 9 6↙	a 为 5，b 为 9，c 为 6
scanf("%2d%3d%3d",&a,&b,&c);	12345678↙	a 为 12，b 为 345，c 为 678
scanf("%d%*d%d",&a,&b);	12 345 678↙	a 为 12，b 为 678
scanf("%f%f ",&x,&y);	5.0 9↙	x 为 5.000000，y 为 9.000000
scanf("%8f%3f ",&x,&y);	5.7892 4.567↙	x 为 5.789200，y 为 4.500000
scanf("a=%d,b=%d",&a,&b);	a=12,b=34↙	a 为 12，b 为 34

当 scanf( ) 函数指定输入数据所占的宽度时，将自动按指定宽度来截取数据。

scanf( ) 函数的格式控制字符串中的普通字符与 printf( ) 函数的格式控制字符串中的普通字符不同。scanf( ) 函数的格式控制字符串中的普通字符是不显示的，只是规定了必须输入的字符。

（2）分隔符

输入多个数据时，数据之间需要用分隔符隔开。

①以空格、制表符或回车符作为分隔符。

例如：

```
scanf("%d%d",&a,&b);
```

可以用一个或多个空格分隔两个整数，也可以用回车符分隔。

如果输入：

```
12  34
```

或

```
12↙
34↙
```

都会使 a 的值为 12，b 的值为 34。

又如：

```
char c1,c2,c3;
scanf("%c%c%c",&c1,&c2,&c3);
```

如果输入：

```
a b c↙
```

则 c1 的值为 a，c2 的值为空格，c3 的值为 b。

如果输入：

```
abc↙
```

则 c1 的值为 a，c2 的值为 b，c3 的值为 c。

注意：用 %c 格式输入字符时，空格和转义字符都作为有效字符输入，因为 %c 只要求读入一个字符。多个 %c 连用时输入的字符之间不需要空格、回车符或制表符分隔，应该连续输入若干字符。

②其他字符作为分隔符，即普通字符作为分隔符。

例如：

```
float x,y;
scanf("%f,%f",&x,&y);            /* 两个输入数据之间用逗号分隔 */
```

输入：

```
12.345,34.0↙
```

则 x 的值为 12.345，y 的值为 34.0。

如果输入：

```
12.345 34.0↙
```

则 x 的值为 12.345，y 的值不确定。因为系统要等待读入普通字符“,”，而用户输入的是空格和数字，系统得不到“,”，因此无法继续执行，所以 y 的值不确定。

（3）使用 scanf( ) 函数的注意事项

① scanf( ) 函数中没有精度控制，如“scanf("%5.2f",&a);”语句是非法的。不能用此语句输入小数部分为两位的实数。

② scanf( ) 函数的地址列表中要求给出变量地址，如果给出的是变量名，编译时不会提示出错，但是会导致程序运行时出错。例如，“int a; scanf ("%d", a);”语句是非法的，应改为“scanf ("%d", &a);”。

③如果输入时类型不匹配，scanf( ) 函数将停止处理，其后变量的值不确定。

例如：

```
char c1;
int x,y;
scanf("%d%c%d",&x,&c1,&y);
```

若输入：

```
12  +  34↙
```

则 x 的值为 12，c1 的值为空格，因为遇到非数字字符“+”，则 y 的值不确定。

正确的输入如下：

```
12+34↙                /* 不需要用空格间隔 */
```

则 x 的值为 12，c1 的值为 +，y 的值为 34。

④输入数据时，遇到如下情况时，该输入被认为结束。

a）遇到空格、制表符或回车符时认为输入结束。

b）遇到满足域宽时认为输入结束，如“%2d”，表示只取两位数。

c）遇到非法输入时认为输入结束。例如：

```
scanf("%d%d%f",&x,&y,&z);
```

若输入：

```
12,34,5.6↙
```

因为 12 后面的逗号为非法输入，则 x 的值为 12，y 和 z 的值都不确定。

任务 8 顺序结构程序设计

鸡兔同笼问题

算法的实现过程是由一系列操作组成的，这些操作之间的执行次序就是程序的控制结构。结构化程序设计方法强调使用的基本结构是顺序结构、选择结构和循环结构 3 种。1996 年，计算机科学家 Bohm（伯姆）和 Jacopini（贾可皮尼）证明了这样的事实：任何简单或复杂的算法都可以由顺序结构、选择结构和循环结构这 3 种基本结构组合而成。

1. 顺序结构的设计思想

顺序结构是最简单的，程序从第一条语句开始按照书写顺序依次执行，直至程序结束。一般情况下，任何一个程序都是由输入数据、数据处理和输出结果 3 部分组成的。如图 3-17 所示为典型的顺序结构流程图。

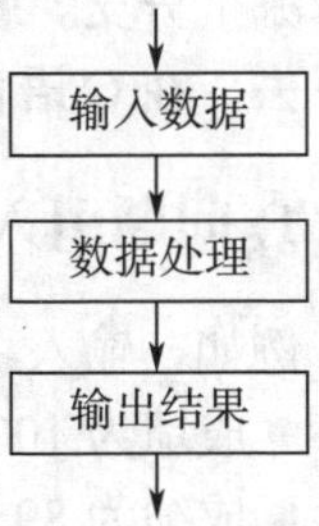

图 3-17 顺序结构流程图

2. 实例解析

案例 3-5 中显示工资管理系统主菜单的程序结构为顺序结构，程序按自上而下的顺序执行，得到如图 3-8 所示的主菜单界面。

【案例 3-12】 编程计算长方体的体积，长方体的体积 = 长 × 宽 × 高。

〖分析〗 在编程解决具体问题时，一定要注意 3 个重要环节：数据源获取、算法、结果输出。如果这 3 个环节能够用代码实现，一个完整的程序也就成功了。从本例开始，读者就要留意这 3 个环节。

①定义变量并为变量提供数据源。依题意需要定义 4 个变量。

②算法实现。本题比较简单，只是一个乘法运算。

③结果输出。

这 3 个步骤正好一步接一步地顺序执行，所以用顺序结构实现即可。

```
#include <stdio.h>
main( )
{
    float a,b,c,v;   /* 定义变量 a、b、c，分别为长方体的长、宽、高，定义变量 v 为体积 */
    printf("输入长方体的长、宽和高：");              /* 输出提示信息 */
    scanf("%f%f%f",&a,&b,&c);                      /* 从键盘输入长、宽、高的值 */
    v=a*b*c;                                       /* 计算体积的值 */
    printf("v=%8.2f\n",v);                         /* 按规定的宽度输出变量 v 的值 */
}
```

程序运行时，输入 1.5 2.5 3.5< 回车 >，结果如图 3–18 所示。

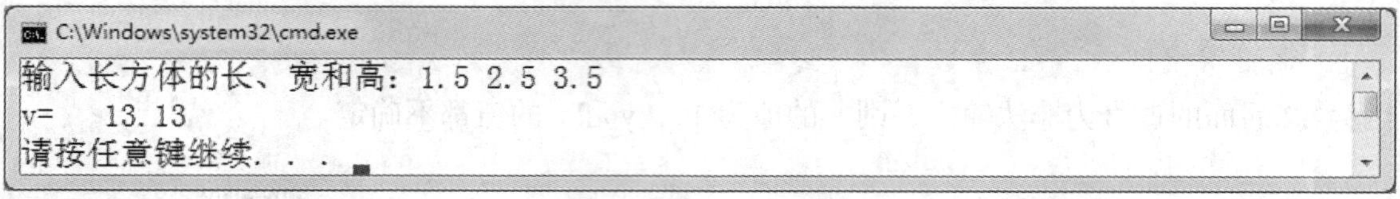

图 3–18　案例 3–12 运行结果

任务 9　选择结构程序设计

选择结构的程序中会有多个分支出现，执行时需要对给定的条件进行判断，从而决定执行哪个分支。就像走到丁字路口或十字路口时，根据要去的目的地选择其中的一条路继续走下去。在 C 语言中，实现选择结构需要借助流程控制语句中的 if 语句或 switch 语句。

1. 问题引入

选择：计算器

例如，输入百分制成绩，编程实现输出对应的等级。

- 成绩为 100 ～ 90 分，对应等级 A；
- 成绩为 89 ～ 70 分，对应等级 B；
- 成绩为 69 ～ 60 分，对应等级 C；
- 成绩小于 60 分，对应等级 D。

本例需要根据输入的百分制成绩选择字符 A、B、C 和 D 中的一个输出，此程序就是选择结构的程序。

2. switch 语句

switch 语句是多分支控制语句。其特点是根据关键字 switch 后面表达式的值，选择与表达式值一致的 case 语句继续执行，switch 语句也称为分情况语句或开关语句。

【案例 3–13】 前面用顺序结构的程序设计实现了工资管理系统主界面，在程序的最后，用户可以输入序号，如果继续向下设计程序，就可以根据用户输入的序号，输出用户选择的服务。

〖分析〗 在本程序的设计中，根据用户输入的序号，输出可以有 7 种不同的情况，此类多分支问题一般用 switch 语句实现。

switch 语句的一般形式如下。

```
switch(表达式)
{
    case 常量1: 语句块1;
    case 常量2: 语句块2;
    case 常量3: 语句块3;
    ......
    case 常量n: 语句块n;
    default: 语句块n+1;
}
```

〖说明〗

① switch 语句的执行过程：首先计算表达式的值，当表达式的值和某个 case 后面的常量表达式的值相等时，从此常量后面的语句块开始执行。若 case 后所有的常量表达式的值与表达式的值都不相等，就执行 default 后面的语句块。

② case 后面的参数必须是常量，其作用相当于一个入口地址。switch 会选择与表达式的值相等的常量作为入口，开始执行该常量后面的语句块。语句块由一条或多条语句构成，不需要加“{}”括起来。如果加了“{}”，也是允许的，此时语句块就是一条复合语句。

```
#include <stdio.h>
#include <conio.h>
main( )
{
    char ch;
    printf("\n\n\t\t  ☆★ 欢迎使用事业单位职工工资管理系统 ★☆ \n\n\n");
    printf("\t\t请选择(1-7) :\n");
    printf("\t\t~~~~~~~~~~~~~~~~~~~~~~~~~~~~~~~~~~~~~~~~~~~~~~~~~~\n");
    printf("\t\t\t    1.查询职工工资信息\n");
    printf("\t\t\t    2.修改职工工资信息\n");
    printf("\t\t\t    3.添加职工工资信息\n");
    printf("\t\t\t    4.删除职工工资信息\n");
    printf("\t\t\t    5.保存数据到文件\n");
    printf("\t\t\t    6.浏览职工记录信息\n");
    printf("\t\t\t    7.退出\n");
    printf("\t\t~~~~~~~~~~~~~~~~~~~~~~~~~~~~~~~~~~~~~~~~~~~~~~~~~~\n");
    printf("\n\t\t你的选择是: ");
    ch=getche( );
    switch(ch)
    {
```

```
        case '1':printf("\n\t\t\t    您选择的服务是查询 ");
        case '2':printf("\n\t\t\t    您选择的服务是修改 ");
        case '3':printf("\n\t\t\t    您选择的服务是添加 ");
        case '4':printf("\n\t\t\t    您选择的服务是删除 ") ;
        case '5':printf("\n\t\t\t    您选择的服务是保存 ");
        case '6':printf("\n\t\t\t    您选择的服务是浏览 ");
        case '7':printf("\n\t\t\t    您选择的服务是退出 ") ;
        default:printf("\n\t\t\t     请重新选择 (1—7)");
    }
    getche( );
}
```

程序运行时，输入 3< 回车 >，结果如图 3–19 所示。

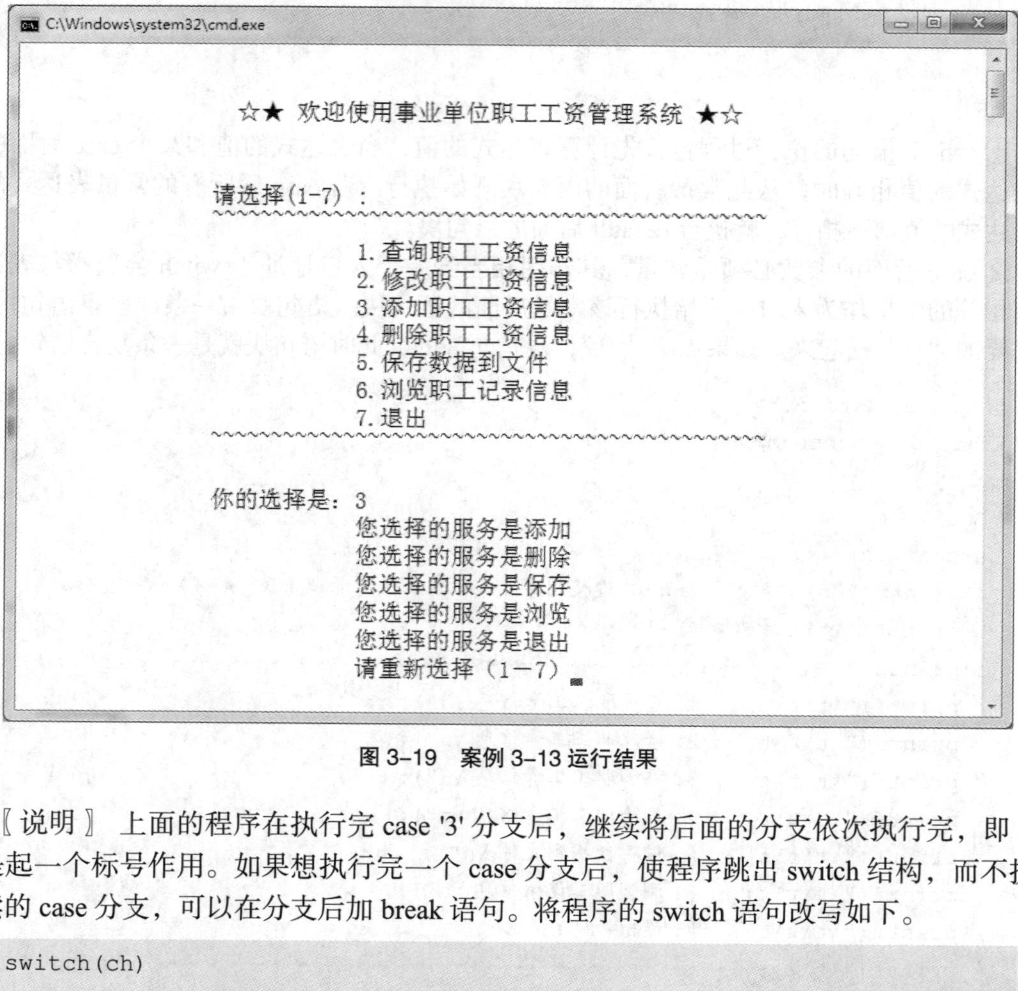

图 3–19　案例 3–13 运行结果

〖说明〗 上面的程序在执行完 case '3' 分支后，继续将后面的分支依次执行完，即 case 只是起一个标号作用。如果想执行完一个 case 分支后，使程序跳出 switch 结构，而不执行后续的 case 分支，可以在分支后加 break 语句。将程序的 switch 语句改写如下。

```
switch(ch)
{
    case '1':printf("\n\t\t\t        您选择的服务是查询 ");break;
    case '2':printf("\n\t\t\t        您选择的服务是修改 ");break;
    case '3':printf("\n\t\t\t        您选择的服务是添加 ");break;
```

```
    case '4':printf("\n\t\t\t          您选择的服务是删除");break;
    case '5':printf("\n\t\t\t          您选择的服务是保存");break;
    case '6':printf("\n\t\t\t          您选择的服务是浏览");break;
    case '7':printf("\n\t\t\t          您选择的服务是退出");break;
    default:printf("\n\t\t\t          请重新选择（1—7)");
}
```

再次运行程序，输入 3< 回车 >，结果如图 3–20 所示。

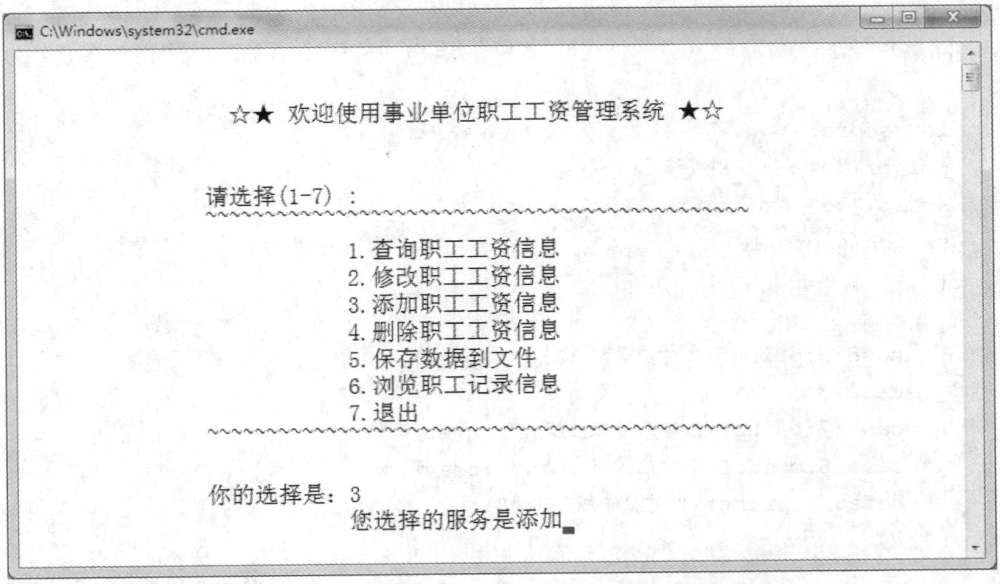

图 3–20　添加 break 语句后案例 3–13 运行结果

小贴士：

break 语句的作用是跳出其所在的结构。最后一个分支的 default 语句后面可以不加 break 语句。根据程序的需要在语句后面加或不加 break 语句，可以使多分支的处理变得灵活（可参考上机习题）。break 语句不仅可以出现在 switch 结构中，用来跳出 switch 结构，还可以用在后面将要学到的循环结构中，用来使程序流程跳出其所在的循环结构。

3. 实例解析

【案例 3–14】 根据输入的学生成绩判断等级。当成绩 score ≥ 90 分时等级为 A；当成绩 70 分≤ score ＜ 90 分时等级为 B；当成绩 60 分≤ score ＜ 70 分时等级为 C；当成绩 score ＜ 60 分时等级为 D（score 为整数）。

〖分析〗 首先定义变量并输入百分制成绩，转换为相应等级后输出结果。将百分制成绩转换为相应等级时，如果把 0 ～ 100 这 101 个整型常量列成 101 个分支，势必使程序烦琐，其实在这个问题中关心的只是百分制成绩的十位和百位上的数字，可以利用除法运算中两个整数相除的结果自动取整的特性，将程序化繁为简，score 和 score /10 有如下对应关系。

```
score             score/10
90 分及以上        10,9
70~89 分          7,8
60~69 分          6
60 分以下          5,4,3,2,1,0
```

因此，在 switch 语句中可以用 score /10 的值确定若干分支。

```
#include <stdio.h>
main( )
{
    int score;
    printf(" 输入百分制成绩 :");
    scanf("%d",&score);
    switch(score/10)
    {
        case 10:
        case 9:printf(" 对应等级 :A\n");break;
        case 8:
        case 7:printf(" 对应等级 :B\n");break;
        case 6:printf(" 对应等级 :C\n");break;
        default:printf(" 对应等级 :D\n");
    }
}
```

程序运行时，输入 98< 回车 >，结果如图 3-21 所示。

图 3-21　案例 3-14 运行结果

〖思考〗 上面案例中若成绩是实数，仍用 switch 语句实现，上面的程序能得出正确结果吗？如果不能，该怎么处理呢？（提示：强制类型转换）

〖小结〗

① switch 后面的“表达式”可以是整型、字符型和枚举型中的一种。

②每个 case 后面必须是常量或常量表达式，case 与后面的常量或常量表达式之间必须至少有一个空格，常量表达式中不能包含变量。下面的例子中“a>=3”就是常量表达式包含变量的错误用法，编译时会提示“错误 2 error C2051：case 表达式不是常量”。

```
#include <stdio.h>
main( )
{
```

```
    int a,b=4;
    scanf("%d",&a);
    switch(a)
    {
       case 1: b=b+2;break;
       case 2: b=b*2;break;
       case a>=3: b=b+2;break;
    }
    printf ("b=%d\n",b);
}
```

③当表达式的值和case后面的常量或常量表达式的值相等时，执行此常量或常量表达式后面的语句块，直到遇到第一条break语句或switch语句结束；若case分支中所有的常量或常量表达式的值都不与表达式的值匹配，就执行default后面的语句。

④每个case后面的常量值，必须各不相同。

⑤冒号后面的多条语句可以不用复合语句表达，而是使用语句块。

⑥ case分支后的多个常量可共用同一组语句。例如：

```
switch (score/10)
{
   case   10:
   case   9:printf("%d: A\n",score);break;
   case   8:
   case   7:printf("%d: B\n",score);break;
   case   6:printf("%d: C\n",score);break;
   default:   printf("%d: D\n",score);
}
```

⑦ case子句和default子句如果都带有break语句，那么它们之间的顺序变化不会影响switch语句的功能。例如，以下两个程序段的功能相同。

```
switch(ch)
{
   case 'Y':    printf ("Yes\n");break;
   default:     printf ("OK\n");break;
   case 'N':    printf ("No\n");break;
   case 'A':    printf ("All\n");break;
}
……
```

```
switch(ch)
{
   case 'Y':    printf ("Yes\n");break;
   case 'N':    printf ("No\n");break;
   case 'A':    printf ("All\n");break;
```

```
    default:     printf ("OK\n");break;
}
……
```

4. 关系运算符与逻辑运算符及其表达式

（1）关系运算符及关系表达式

关系运算符与关系表达式如表 3–14 所示。

表 3–14　关系运算符与关系表达式

关系运算符	名　称	关系表达式	表达式的值
<	小于	3<5	1
<=	小于或等于	3<=2	0
>	大于	3>5	0
>=	大于或等于	3>=2	1
==	等于	3==2	0
!=	不等于	3!=2	1

关系表达式的一般形式如下。

```
<表达式><关系运算符><表达式>
```

关系表达式的结果：如果关系成立，则结果为真（值为 1）；否则结果为假（值为 0）。关系表达式的结果是可以参与运算的，例如，表达式 (5>3)+2 的值为 3，因为式中 (5>3) 的值为 1。

（2）逻辑运算符及逻辑表达式

逻辑运算符与逻辑表达式如表 3–15 所示。

表 3–15　逻辑运算符与逻辑表达式

逻辑运算符	名　称	逻辑表达式	表达式的值
!	逻辑非	!a	与 a 的真假相反
&&	逻辑与	a&&b	a 和 b 有一个为假，结果即为假
||	逻辑或	a||b	a 和 b 有一个为真，结果即为真

逻辑表达式的一般形式如下。

```
<表达式><逻辑运算符><表达式>
```

逻辑表达式的结果：如果表达式成立，则结果为真（值为 1）；否则结果为假（值为 0）。例如，若有“int a=5, b=0;”，则 !a 的值为 0，a&&b 的值为 0，a||b 的值为 1。

注意：C 语言中所有非 0 值都看作“真”，0 值看作“假”。

5. if 语句

if 语句是根据条件的真假来决定执行哪个分支，if 语句的条件可以是常量、变量或表达式，因此 if 语句的使用范围更广，功能更强大。

【案例 3–15】 密码测试。用户输入银行卡的密码，如果输入正确，则输出“恭喜你，你是卡的主人！”（初始密码与卡号相同）。

〖分析〗

①定义一个变量，用于接收用户输入的密码。

②用关系运算符判断密码是否正确，依据判断结果输出相应的信息。

```
#include <stdio.h>
main( )
{
    long password;
    printf("本程序测试用户输入密码:\n");
    printf("请输入密码:");
    scanf("%ld",&password);
    if (password==8802667)
        printf("恭喜你,你是卡的主人!\n");
}
```

程序运行时，输入 8802667< 回车 >，结果如图 3–22 所示。

图 3–22　案例 3–15 运行结果

（1）单分支 if 语句

①基本形式：

```
if (表达式) 语句;
```

②流程图：单分支 if 语句的流程图如图 3–23 所示。

③执行过程：首先计算表达式的值，若表达式的值非 0（真），则执行语句；否则不进行任何操作，继续执行 if 语句后面的语句。

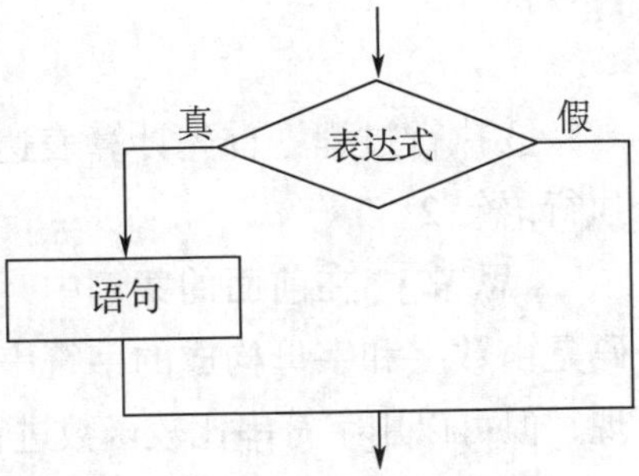

图 3–23　单分支 if 语句的流程图

运行案例 3–15 的程序，当输入的密码不正确时，程序直接结束，没有任何提示。

算法改进：输入的密码错误时，给出错误提示。

```
#include <stdio.h>
main( )
{
    long password;
    printf("请输入密码:");
    scanf("%ld",&password);
    if (password==8802667) printf("恭喜你,你是卡的主人!\n");
    else printf("您的输入密码不正确!\n");
}
```

程序运行时，输入 8802668< 回车 >，结果如图 3-24 所示。

图 3-24　修改后案例 3-15 运行结果

改进的程序中使用的是双分支 if 语句。

（2）双分支 if 语句

①基本形式：

```
if （表达式）语句 1;
else 语句 2;
```

②流程图：双分支 if 语句的流程图如图 3-25 所示。

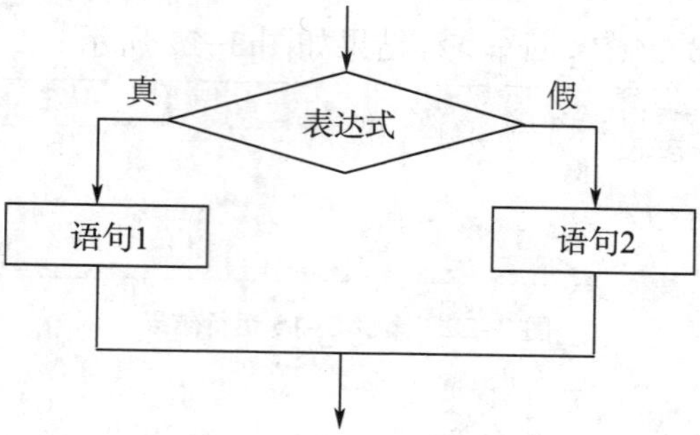

图 3-25　双分支 if 语句的流程图

③执行过程：首先计算表达式的值，若表达式的值为非 0（真），则执行语句 1；否则执行语句 2。

〖思考〗 在前面的案例中，密码均是整型量，使用关系运算进行判断没有问题。若密码是由数字和字母构成的字符串，应该如何判断密码是否匹配呢？仅用本章的知识无法实现，但可以用字符串比较函数进行判断。请读者参阅第 4 章的相关知识。

（3）多分支 if 语句

①多分支 if 语句的基本形式：

```
if(表达式 1) 语句 1;
else  if(表达式 2) 语句 2;
    else  if(表达式 3) 语句 3;
        ……
            else  if(表达式 n) 语句 n
                else 语句 n+1;
```

②流程图：多分支 if 语句的流程图如图 3-27 所示。

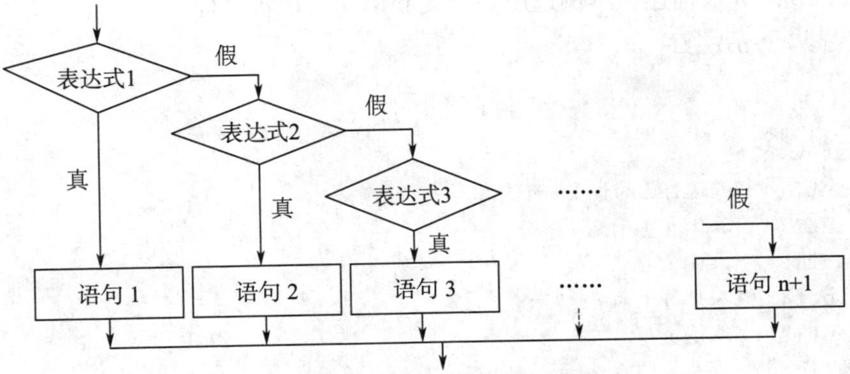

图 3–27　多分支 if 语句的流程图

使用 if 语句的注意事项如下。

① if 语句后面的表达式必须用括号括起来。

```
if x>0      printf ("x>0");     /* 错误 */
if (x>0)    printf ("x>0");     /* 正确 */
```

②关键字 if 后面表达式的类型任意，如算术表达式、赋值表达式等，甚至可以是一个变量，一般是逻辑表达式或关系表达式。只要表达式的值非 0，则表示真；否则表示假。

```
int a=0,y=10;
if (a=0) y--;              /* 赋值表达式 a=0 的值为 0，a 的值也为 0，所以不执行 y--*/
else if(a>0) y++;          /* 关系表达式 a>0 的值也为 0，所以也不执行 y++*/
   else y+=y;
```

③语法上要求各个分支应为一条语句，如果想在满足条件时执行多条语句，则必须用“{}”括起来组成一条复合语句。要注意的是，“}”之后不能再加分号。

错误用法如下。

```
if(a>b) a++;b++;
else a=0;b=1;
```

正确用法如下。

```
if(a>b) {a++;b++;}
else {a=0;b=1;}
```

【案例 3–16】 编程进行体型判断。按体重指数对肥胖程度进行划分，体重指数 $t=w/h^2$（w 为体重，单位是千克，h 为身高，单位是米）。当 $t<18$ 时，偏瘦；当 t 介于 18 和 25 之间时，正常；当 t 介于 25 和 27 之间时，超重；当 $t \geqslant 27$ 时，肥胖。

〖分析〗 本例的问题涉及 3 个变量，均设为 float 类型，较符合实际情况。算法简单描述如下。

①数据源：定义变量，由用户输入体重 w 和身高 h 的值。

②算法：依据体重指数公式，计算体重指数 t。

③如果 $t<18$，则输出偏瘦；如果 t 介于 18 和 25 之间，则输出正常；如果 t 介于 25 和 27 之间，则输出超重；如果 $t \geqslant 27$，则输出肥胖。

根据②、③的算法描述，本例选用多分支 if 语句实现较合理。

```
#include <stdio.h>
main( )
{
    float w,h,t;
    printf("想知道自己的体重是否标准吗? \n");
    printf("输入体重（千克）: ");
    scanf("%f",&w);
    printf("输入身高（米）: ");
    scanf("%f",&h);
    t=w/(h*h);
    if (t<=18) printf("偏瘦，注意增加营养! \n");
    else  if(t<=25) printf("正常，注意保持! \n");
        else  if(t<=27) printf("超重，注意饮食与锻炼! \n");
            else  printf("肥胖，赶快减肥吧! \n");
}
```

程序运行时，输入 63< 回车 > 和 1.7< 回车 >，结果如图 3–26 所示。

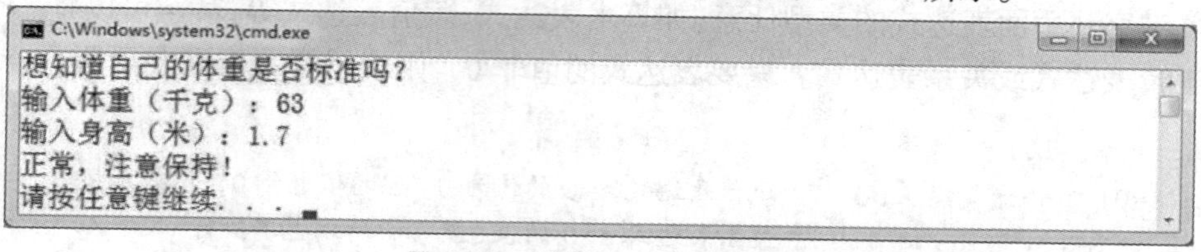

图 3–26　案例 3–16 运行结果

（4）if 语句的嵌套

双分支 if 语句的一般形式如下。

```
if （表达式） 语句 1;
    else 语句 2;
```

如果语句 1 或语句 2 是 if 语句，或者语句 1 和语句 2 都是 if 语句，就构成了 if 语句的嵌套。

①基本形式：

```
if （表达式）
    if （表达式 1) 语句 1-1
    else 语句 1-2
else
    if （表达式 2) 语句 2-1
    else 语句 2-2
```

②流程图：if 语句的嵌套的流程图如图 3–28 所示。

用嵌套的 if 语句改写案例 3–16，输入体重和身高的值，根据体重指数输出相应的建议。

```
#include <stdio.h>
main( )
```

```
{
   float w,h,t;
   printf(" 想知道自己的体重是否标准吗？ \n");
   printf(" 输入体重（千克）: ");
   scanf("%f",&w);
   printf(" 输入身高（米）: ");
   scanf("%f",&h);
   t=w/(h*h);
   if (t<=25)
       if(t<=18) printf(" 偏瘦，注意增加营养！ \n");
       else printf(" 正常，注意保持！ \n");
   else
       if(t<=27) printf(" 超重，注意饮食与锻炼！ \n");
       else printf(" 肥胖，赶快减肥吧！ \n");
}
```

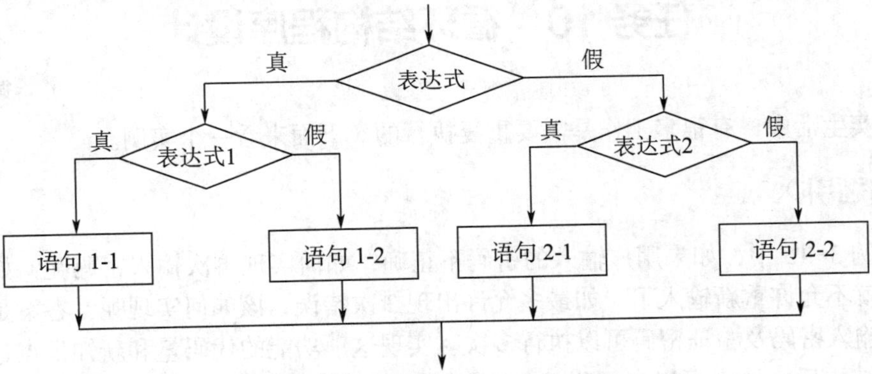

图 3–28　if 语句的嵌套的流程图

③ if 语句的嵌套的其他形式如下。

形式一:

```
if （表达式）
   if （表达式 1）语句 1
   else    语句 2
```

形式二:

```
if （表达式）
   {if （表达式 1）语句 1}
else  语句 2
```

形式三:

```
if （表达式）语句 1
else  if （表达式 1）语句 2
   else  语句 3
```

注意形式一与形式二的区别。

小贴士：

多分支选择结构的if语句的嵌套中，if与else不止出现一次，但else总是与离它最近的且尚未配对的if匹配。

养成良好的缩进书写格式显得尤为重要。层次的缩进格式直接反映了不同代码之间的呼应关系，程序的可读性好。

但在某些考试中，有些程序的格式并不规范，对此，应试者如果感到阅读和理解困难，比较好的办法是按照书写规范重写代码，清晰的层次对程序的阅读和理解有很大的帮助。当然，更为重要的是平时努力提高阅读程序的能力，这也是在程序设计能力培养中将“阅读能力”排在首位的原因。

任务10　循环结构程序设计

循环：计算器

在现实生活中，有很多工作是需要重复执行的。下面来看一个实例。

1. 问题引入

在案例3-15中，如果用户输入的密码不正确，如何实现再次输入密码呢？如果错误次数太多，就不允许重新输入了，如最多允许出现3次错误，该如何实现呢？答案是采用循环结构，使输入密码及验证密码可以执行多次。实现这项功能的代码量和新知识点过多，等学习完循环结构后，读者可以参照附录1“事业单位职工工资管理系统”的main( )函数的代码编程。

为了说明问题，可以先看一个稍微简单一些的案例。

【案例3-17】 计算一个班30名学生的C语言成绩的平均分。

〖分析〗

①数据源：定义变量score、sum、average和count，分别用来保存每次输入的成绩、成绩之和（初值为0）、平均分及已输入成绩的个数（初值为0）。

②通过键盘输入一个成绩并存入变量score中。

③将变量score的值加到sum上。

④成绩的个数count加1。

⑤如果已输入成绩的个数count<30，则转至步骤②；否则执行步骤⑥。

⑥计算average=sum/count。

⑦输出结果。

步骤②、③、④是要重复多次的操作，这种情况如果用顺序结构的程序解决，当然是可以实现的，但会发现程序中实现输入成绩与累加的语句重复出现了很多次。对于这类问题，采用循环结构可以使程序更简洁、高效。循环结构与选择结构一样，需要借助流程控制语句来实现。C 语言提供的实现循环结构的流程控制语句有 for 语句、while 语句和 do-while 语句，还有辅助的流程控制语句，如 break 语句、continue 语句和 goto 语句。

```
#include <stdio.h>
main( )
{
    int score,sum=0,count;
    for(count=0;count<=30;count++)  /* 用 count 计数，若 count<=30 成立，则执行循环体 */
    {
        printf("请输入分数(0-100):");          /* 输出提示信息 */
        scanf("%d",&score);                    /* 从键盘输入一个分数并存入变量 score*/
        sum=sum+score;                         /* 将分数累加到 sum 上 */
    }
    printf ("平均成绩:%f\n",(float)sum/count);                /* 输出平均分 */
}
```

程序运行结果如图 3-29 所示。运行程序时，需要输入 30 名学生的成绩，建议使用少量的数据进行调试，将“for(count=1;count<=30;count++)”改为“for(count=1;count<3;count++)”即可，调试通过后再改成“for(count=1;count<=30;count++)”即可处理 30 名学生的成绩。

图 3-29　案例 3-17 运行结果

小贴士：

累加器：程序中用于存放累加和的变量称为累加器，如案例 3-17 中的变量 sum。

计数器：程序中用于统计数据个数的变量称为计数器，如案例 3-17 中的变量 count。

2. for 语句

（1）for 语句的语法格式

```
for([表达式1];[表达式2];[表达式3])
    循环体语句;
```

（2）流程图

for 循环的流程图如图 3-30 所示。

（3）执行流程

for 语句中表达式 2 的值决定了是否继续执行循环体语句，表达式 2 称为循环控制条件，循环控制条件涉及的变量称为循环控制变量。一般先通过表达式 1 执行给循环控制变量赋初值的操作，然后判断表达式 2，如果表达式 2 的值非 0，就重复执行循环体语句和表达式 3，并重新判断表达式 2。表达式 3 的作用一般是修改循环控制变量的值，只有循环控制变量的值发生变化，表达式 2 的值才有可能变为 0，for 循环才能结束。

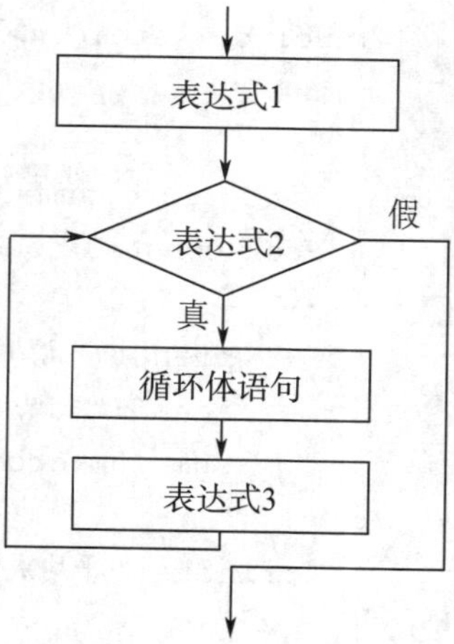

图 3-30　for 循环的流程图

说明：表达式 1 一般是一个赋值语句，用来给循环控制变量赋初值；表达式 2 是一个关系表达式，决定什么时候结束循环；表达式 3 定义循环控制变量每循环一次后按什么方式变化。这 3 部分之间用“;”分隔。

例如，用 for 语句求 1 ～ 100 之和。

```
for(i=1;i<=100;i++)
    sum+=i;
```

上例中先给 i 赋初值 1，判断 i 是否小于或等于 100，若 i 小于或等于 100，则执行循环体语句“sum+=i;”，之后 i 值增加 1。再重新判断 i 是否小于或等于 100，直到条件为假，即 i>100 时，结束循环。

（4）注意事项

① for 循环中的循环体语句如果是多条语句，必须用“{ }”括起来。

② for 循环中的表达式 1、表达式 2 和表达式 3 都是可选项，即可以省略，但“;”不能省略。省略了表达式 1，表示不对循环控制变量赋初值。省略了表达式 2，表示循环条件始终为真，循环体中如果不做退出循环的处理，则会成为死循环。省略了表达式 3，则不对循环控制变量进行操作，这时可以在循环体语句中加入修改循环控制变量的语句。

例如，以下这些 for 循环语句都是正确的。

```
for(;;) 语句 ;
for(i=1;;i+=2) 语句 ;
for(j=5;;) 语句 ;
```

③ for 循环可以有多层嵌套。

【案例 3-18】 传说西塔发明了国际象棋之后，国王十分高兴，国王决定重赏西塔。西塔说：“我不要你的重赏，陛下，只要你在我的棋盘上赏一些麦子就行了。在棋盘的第 1 个格子里放 1 粒，在第 2 个格子里放 2 粒，在第 3 个格子里放 4 粒，在第 4 个格子里放 8 粒，以此类推，每个格子里放的麦粒数都是前一个格子里放的麦粒数的 2 倍，直到放满第 64 个格子就行了。”国王能兑现自己的许诺吗？试编程计算国王要赏赐多少粒麦子给西塔。

〖分析〗 麦粒总数 $=1+2+2^2+2^3+\cdots+2^{63}$ （1 m^3 小麦约 1.42×10^8 粒）。算法描述如下。

①定义变量与初始化。
②若 i<=64 成立，则执行步骤③；否则，跳至步骤⑦。
③计算第 i 个格子里所放的麦粒数：m=m×2。
④计算 i 个格子里所放的麦粒总数：sum=sum+m。
⑤下一个格子：i=i+1。
⑥转至步骤②。
⑦输出结果。

```
#include <stdio.h>
main( )
{
    int i=1;                    /* 变量 i 存放格子数 */
    double m=1,sum=1;           /*m 存放第 i 个格的麦粒数，sum 存放前 i 个格的麦粒总数 */
    printf(" 第 %d 格麦子数：%g\n",i,m);    /* 输出第 1 个格放的麦粒数 */
    for(i=2;i<=64;i++)                   /* 从 i=2 开始，若 i<=64 成立，则执行循环体 */
    {
        m=m*2;                               /* 计算第 i 个格子放的麦粒数 */
        printf(" 第 %d 格麦子数：%g\n",i,m);    /* 输出第 i 个格子放的麦粒数 */
        sum=sum+m;                           /* 计算前 i 个格子放的麦粒总数 */
    }
    printf (" 麦子总数：%g\n",sum);             /* 输出 64 个格子放的麦粒总数 */
    printf ("%.0lf 立方米麦子 \n",sum/(1.42e+8));    /* 输出麦子的立方米数 */
}
```

程序运行结果如图 3-31 所示。

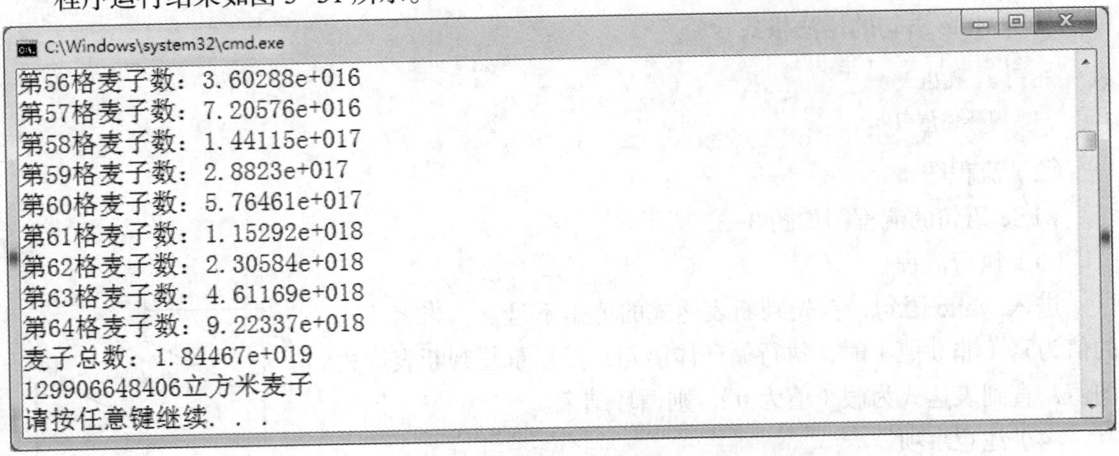

图 3-31　案例 3-18 运行结果

【案例 3-19】 鸡、兔共 30 只，脚共 90 只，编程求鸡、兔各多少只。

〖分析〗 定义变量 x 存放鸡的数量，变量 y 存放兔的数量，x、y 均设为 int 类型。采用穷举法求鸡、兔的只数：列出 x、y 所有可能的取值，判断 x、y 的取值是否满足给定的条件，如果满足，则输出 x、y 的值。

```
#include <stdio.h>
main( )
{
    int x,y;
    printf("鸡、兔共 30 只，脚共 90 只\n 鸡、兔组合数：\n");
    for(x=1;x<=30;x++)
    {
        for(y=1;y<=30;y++)
            if(x+y==30&&2*x+4*y==90)
                printf("鸡：%d 只，兔：%d 只\n",x,y);
    }
}
```

程序运行结果如图 3-32 所示。

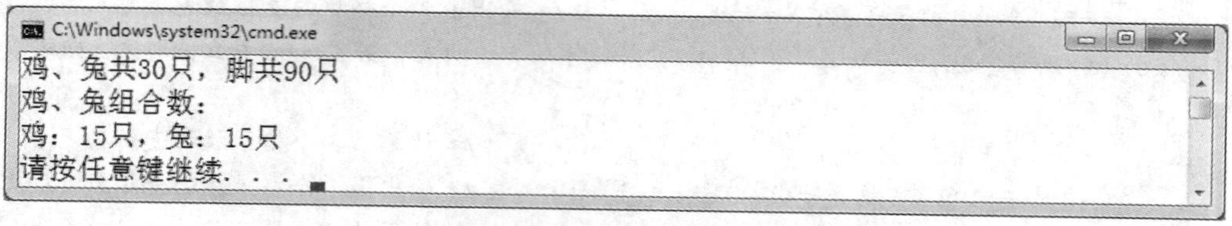

图 3-32　案例 3-19 运行结果

程序使用双重 for 循环实现了问题求解，此问题如果定义一个变量和使用单层循环，同样可以实现，读者可以自己改写程序。

3.while 语句

（1）while 语句的语法格式

```
while(表达式)
    循环体语句;
```

（2）流程图

while 语句的流程图如图 3-33 所示。

（3）执行流程

进入 while 语句，首先判断表达式的值是不是真，当表达式的值为真（非 0 值）时，执行循环体语句，然后重复判断表达式的值，直到表达式为假（值为 0），则循环结束。

（4）注意事项

①循环体语句可以是空语句。例如，“while((c=getche( ))!='\n');”，这个循环直到按回车键才结束。

②可以有多层循环嵌套。

③循环体语句可以是多条语句，此时必须用大括号将循环体部分括起来。

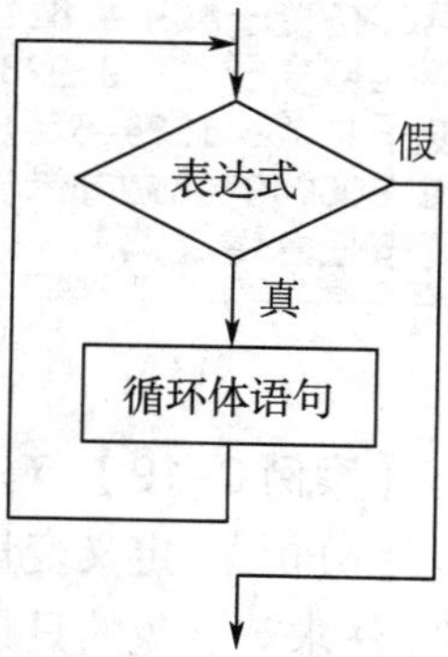

图 3-33　while 语句的流程图

用 while 语句实现求 1 ～ 100 的和的程序如下。

```
i=1;
while(i<=100)                        /* 判断 i 是否在 1 到 100 之间 */
    sum+=i;
```

【案例 3-20】 每个苹果 1 元，第一天买一个苹果，以后每天买的苹果的个数是前一天的 2 倍，直至购买的苹果的个数刚好是不超过 100 的最大数，求买苹果平均每天花多少元。

〖分析〗

①数据源：定义 3 个变量，i 为天数，j 为第 i 天购买的苹果的个数，sum 为总钱数。

②算法：循环次数未知，但 sum 决定了是否继续购买苹果的约束条件，所以使用 while 语句实现程序功能，循环结束后再计算平均值。

③输出：将算法中的计算结果输出。

```
#include <stdio.h>
main( )
{
    int i=1,j=1,sum=0;
    sum+=j;
    while(sum<100)                         /* 判断 sum 是不是小于 100 的最大数 */
    {
        i++;
        j*=2;
        sum+=j;
    }
    printf("%d 天共买苹果 %d 个。\n",i-1,sum-j);
                        /*while 结束时 sum>=100，此时 i 多加了 1，sum 多加了 j，要减去 */
    printf(" 买苹果平均每天花 %f 元。\n",(float)(sum-j)/(i-1));
}
```

程序运行结果如图 3-34 所示。

图 3-34　案例 3-20 运行结果

4. do-while 语句

（1）do-while 语句的语法格式

```
do{
    循环体语句 ;
    }while( 表达式 );
```

（2）流程图

do–while 语句的流程图如图 3–35 所示。

（3）执行流程

do–while 循环与 while 循环的不同之处在于：do–while 循环先执行循环体语句，再判断表达式的值是不是真值，如果为真，则继续循环；如果为假，则终止循环。因此，do–while 循环至少要执行一次循环体语句。

同样，当有多条语句同时作为循环体语句时，要用大括号把它们括起来。

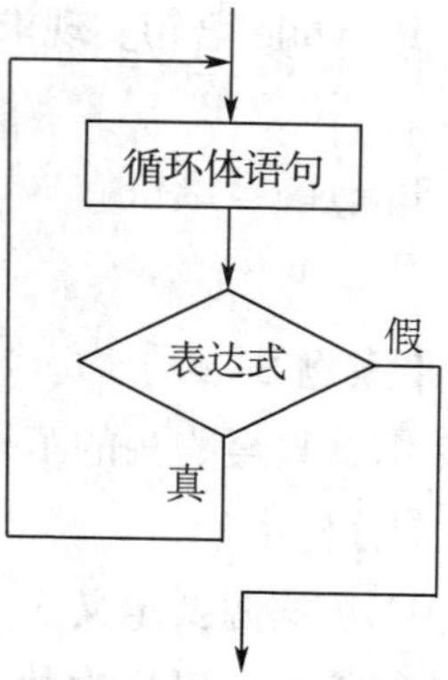

图 3–35　do–while 语句的流程图

用 do–while 语句实现求 1 ～ 100 的和的程序如下。

```
i=1;
do{ sum+=i;
   i++;}
while(i<=100)                                /* 判断 i 是否在 1 到 100 之间 */
```

【案例 3–21】 求 n 的阶乘，n 通过键盘输入。

〖分析〗

①数据源：定义变量 n，并由键盘输入 n 值。

②算法：分析 n 的阶乘 $1\times2\times\cdots\times n$ 中各乘数的规律，发现可以利用计数器实现，因此，通过循环体语句做累乘计算即可，将计算结果放入变量 product 中。

③输出：输出变量 product 的结果。

```
#include <stdio.h>
main( )
{
   int n,i=1;
   long product=1;                       /* 变量 product 用来存放阶乘值 */
   printf("input n:");
   scanf("%d",&n);
   do                                    /* 使用 do-while 语句计算 1×2×…×n*/
   {
      product*=i;
      i++;
   }while(i<=n);
   printf("%d!=%ld\n",n,product);
}
```

程序运行时，输入 5< 回车 >，结果如图 3–36 所示。

图 3–36　案例 3–21 运行结果

5. 使用 3 种循环语句的一般原则

祖冲之与历法

①如果循环次数已知，一般用 for 语句。

②如果循环次数未知，一般用 while 或 do-while 语句。

③如果循环体至少要执行一次，一般用 do-while 语句。

④ 3 种循环相互嵌套时需要注意以下几点。

a）内循环和外循环的控制变量不应同名，以免造成混乱。

b）嵌套的循环最好采用缩进格式书写，以保证层次的清晰性。

c）嵌套的循环不能交叉，即在一个循环体内必须完整地包含另一个循环。

6. break 语句

（1）语法格式

```
break;
```

（2）功能

break 语句通常用在循环语句和 switch 语句中，用于跳出所在的循环或 switch 结构。

当 break 语句用于 switch 结构中时，可使程序跳出 switch 结构，转而执行 switch 后面的语句；在循环体中 break 语句通常与 if 语句联用，即满足条件时便跳出循环结构，继续执行循环体后面的语句。break 语句的流程图如图 3-37 所示。

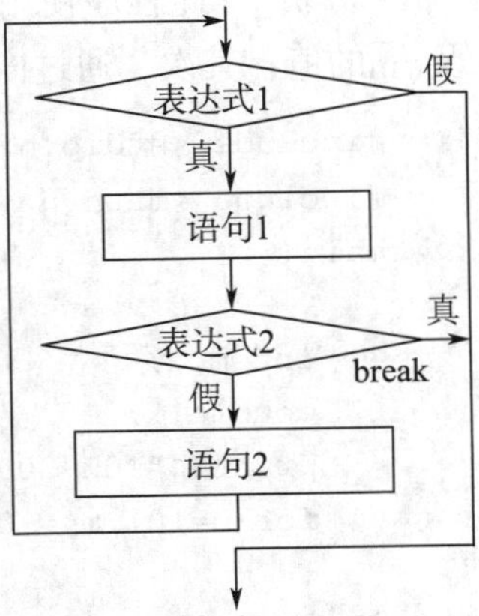

图 3-37　break 语句的流程图

【案例 3-22】 输入一个整数，判断它是不是素数。

〖分析〗 从键盘输入一个整数 m，使用循环判断整数 m 除以整数 i（i 的值为 2 ～$\sqrt{m}$）的余数是不是 0，如果某次取余运算的结果是 0，则提前退出循环并输出“不是素数”的提示；如果 m 除以 2 ～$\sqrt{m}$的所有整数的余数都不是 0，则输出“是素数”的提示。

```
#include <stdio.h>
#include <math.h>
main( )
{
    int m,i;
    double k;
    printf("Please enter a number:");
    scanf("%d",&m);
    k=sqrt(m);
    for(i=2;i<=k;i++)
        if(m%i==0) break;     /* 循环体部分：若 m 能被 i 整除，则跳出循环，此时 i<=k*/
    if(i>k) printf(" 是素数 !\n");              /* 若 i>k，则 m 是素数 */
    else printf(" 不是素数 !\n");               /* 若 i<=k，则 m 不是素数 */
}
```

程序运行时，输入 6< 回车 >，结果如图 3-38 所示。

```
C:\Windows\system32\cmd.exe
Please enter a number:6
不是素数!
请按任意键继续. . .
```

图 3-38　案例 3-22 运行结果

（3）注意事项

① break 语句只能用于 switch 结构和循环结构。

②在多层循环中，一个 break 语句只能跳出它所在的一层循环。

【案例 3-23】 输出 101 ～ 200 的素数。

〖分析〗 此程序使用双重循环实现。外循环实现的操作为：首先，确定要判断的数 m 及$\sqrt{m}$的值；其次，通过内循环判断 m 是不是素数；最后，如果 m 是素数，则输出 m 的值。

```
#include <stdio.h>
#include <math.h>
main( )
{
    int m,i;
    double k;
    printf("101~200 的素数有：\n");
    for(m=101;m<=200;m++)
    {
        k=sqrt(m);
        for(i=2;i<=k;i++)
            if (m%i==0) break;
        if(i>k) printf("%d\t",m);
    }
}
```

程序运行结果如图 3-39 所示。

```
C:\Windows\system32\cmd.exe
101~200的素数有：
101     103     107     109     113     127     131     137     139     149
151     157     163     167     173     179     181     191     193     197
199     请按任意键继续. . .
```

图 3-39　案例 3-23 运行结果

程序运行时，外循环执行 100 次，每次循环判断 m（101 ～ 200）是不是素数，判断过程由内循环完成，内循环执行时，如果 m%i 的值为 0，就执行 break 语句，跳出内循环，继续执行外循环的 if 语句，根据 i 与 k 的大小关系决定是否输出 m 的值。

7. continue 语句

（1）语法格式

```
continue;
```

（2）功能

在循环结构中，continue语句用来结束本次循环，即跳过循环体中continue语句后面的语句，进行下一次是否循环的判断。continue语句只用在for、while、do-while等循环结构中，常与if条件语句一起使用，用来加速循环。continue语句的流程图如图3-40所示。

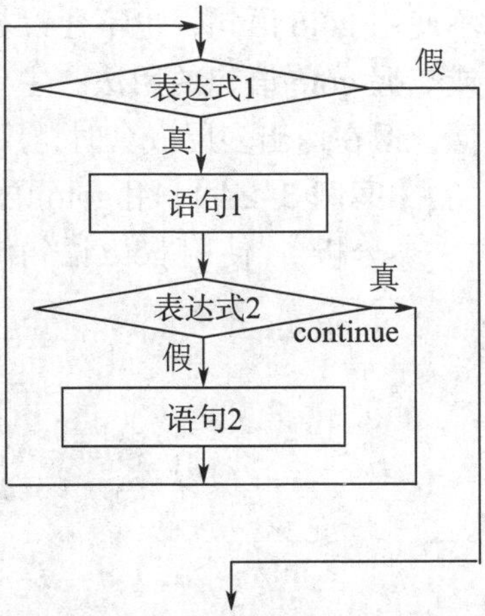

图3-40　continue语句的流程图

对案例3-23中输出101～200的素数的程序进行改进。

〖分析〗 案例3-23的程序中，对101到200之间的每个数m都是先求其平方根k，m再与i（i<=k）取余，以判断m是不是素数。其实，对于101到200之间的偶数，可以直接得出不是素数的结论，然后进入下一次循环继续判断下一个数。下面是经过改进后的程序代码，其效率更高，运行速度更快。

```
#include <stdio.h>
#include <math.h>
main( )
{
    int m,i;
    double k;
    printf("101~200的素数有：");
    for(m=101;m<=200;m++)
    {
        if(m%2==0) continue;      /*若m是偶数，则m不是素数，直接进入下一次循环*/
        k=sqrt(m);
        for(i=2;i<=k;i++)
            if(m%i==0) break;
        if(i>k) printf("%d\t",m);
    }
}
```

8. goto语句

（1）语法格式

```
goto 标号;
```

（2）功能

goto语句使程序无条件地转移到标号处继续执行。

goto语句中的标号是一个有效的标识符，这个标识符加上“:”一起出现在函数内某处。执行goto语句后，程序将跳转到该标号处并执行其后的语句。标号既然是一个标识符，就要满足标识符的命名规则。另外，标号必须与goto语句同处于一个函数中，对于多层循环结构，可以不在一层循环中，但只允许从内循环向外循环跳转，而不允许从外循环向内循环跳转。通常goto语句与if语句联用，当满足某一条件时，程序跳到标号处运行。程序员通常不使用 goto 语句，也不建议初学者使用 goto 语句。初学者最好在学完 C 语言课程后再了解或掌握 goto 语句的用法。主要原因是 goto 语句的使用会导致程序的层次不清楚，且不易读懂。但在退出多层嵌套时，用 goto 语句比较合理。

【案例 3-24】 用 goto 语句求 1 ～ n 之和。

〖分析〗 使用 goto 语句使流程不断跳至做加法的语句，从而完成累加操作。

```
main( )
{
    int n,i=1,sum=0;                    /*sum 用来存放累加和 */
    printf("input n:");
    scanf("%d",&n);
loop:    sum+=i;
    i++;
    if(i<=n) goto loop;
    printf("1~%d 之和为 %d\n",n,sum);
}
```

任务 11 精选案例

【案例 3-25】 蔬菜批发商针对批发量不同的客户有不同的批发价，如果批发量在 200 千克以上，批发价为 0.5 元 / 千克；批发量在 100 ～ 200 千克，批发价为 0.8 元 / 千克；批发量在 50 ～ 100 千克，批发价为 1.0 元 / 千克；50 千克以下不批发，按 2 元 / 千克的单价销售。设计程序，运行程序时输入批发量的千克数，输出客户应付货款。

〖分析〗

①定义一个变量，用于接收用户输入的千克数。

②用关系运算符判断数量所属范围并依据判断结果计算金额，输出相应的结果信息。

由于本例中结果的可能性较多，因此，可以通过 if 语句的多分支形式实现。

设 x 为批发量，y 为应付金额，则函数关系如下。

$$y=\begin{cases}2.0x, & x<50\\1.0x, & 50\leqslant x<100\\0.8x, & 100\leqslant x<200\\0.5x, & x\geqslant 200\end{cases}$$

```
#include <stdio.h>
main( )
{
    float x,y;              /* 定义实型变量，x 存放批发量，y 存放应付货款 */
    printf(" 本程序实现输入批发蔬菜的数量（千克数），输出应付货款（元）\n");
    printf(" 输入批发蔬菜的数量（千克数）：");
    scanf("%f",&x);
```

```
    if(x>=200) y=0.5*x;
    else if(x>=100) y=0.8*x;
        else if(x>=50) y=1.0*x;
            else y=2.0*x;
    printf("应付%.2f(元)\n",y);
}
```

程序运行时，输入 122< 回车 >，结果如图 3-41 所示。

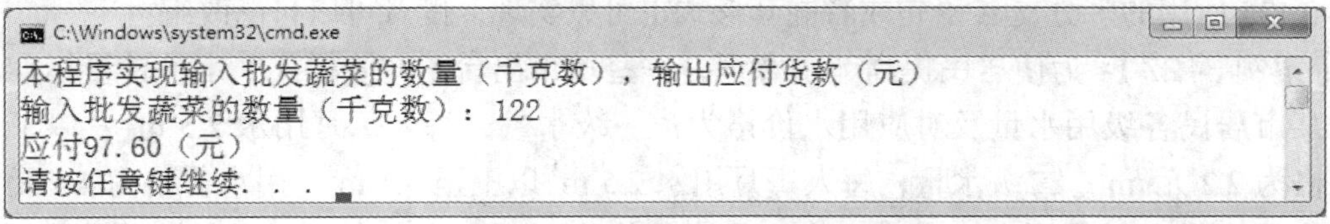

图 3-41　案例 3-25 运行结果

【案例 3-26】 查酒驾。车辆驾驶人员血液中的酒精含量大于或等于 20 mg/100 ml，小于 80 mg/100 ml，属于酒后驾车；血液中的酒精含量大于或等于 80 mg/100 ml，属于醉酒驾车。交警可使用呼吸式酒精检测仪现场检验，由检测仪打印出结果：酒后驾车，罚款 1 000 ～ 2 000 元，暂扣驾驶证 6 个月，记 12 分；醉酒驾车，吊销机动车驾驶证，依法追究刑事责任，五年内不得重新取得机动车驾驶证。编程实现检测仪的判断与输出功能（直接从键盘输入血液中的酒精含量）。

〖分析〗 本例涉及一个变量，即血液中的酒精含量 x（单位为 mg/100 ml），设为 float 类型。

算法简单描述如下。

①输入血液中的酒精含量 x。

②如果 $x < 20$，输出“不是酒后驾车，请放行！”。

③如果 $20 \leqslant x < 80$，输出“酒后驾车，罚款 1000—2000，暂扣驾驶证 6 个月，记 12 分！”。

④如果 $x \geqslant 80$，输出“醉酒驾车，吊销机动车驾驶证，依法追究刑事责任，五年内不得重新取得机动车驾驶证！”。

根据算法描述，本例选用 if 语句实现较为合理。

```
#include <stdio.h>
main( )
{
    float x;
    printf("输入血液中的酒精含量：(mg/100ml)\n");
    scanf("%f",&x);
    if (x<20) printf("不是酒后驾车，请放行！\n");
    if (x>=20&&x<80) printf("酒后驾车，罚款1000-2000，暂扣驾驶证6个月，记12分!\n");
    if (x>=80) printf("醉酒驾车，吊销机动车驾驶证，依法追究刑事责任，五年内不得重新
                        取得机动车驾驶证!\n");
}
```

程序运行时，输入 20< 回车 >，结果如图 3-42 所示。

图 3–42　案例 3–26 运行结果

案例 3–26 连续使用了 3 条单分支 if 语句，解决了多分支问题。求解案例 3–26，改用案例 3–25 所用的多分支 if 语句或者嵌套形式也可以实现，读者可以自己改编。

【案例 3–27】 为使居民提高节水意识，一些城市出台了“阶梯式”水价计量标准。例如，某市居民各级用水量及对应用水价格为：一级水量，每人每月用水 2.5 m^3 及以下，用水价格为 2.2 元 /m^3；二级水量，每人每月用水 2.5 m^3 以上至 3.5 m^3，用水价格为 4.4 元 /m^3；三级水量，每人每月用水 3.5 m^3 以上，用水价格为 6.6 元 /m^3。输入家庭人口数与用水量，编程输出应支付水费。

〖分析〗 本例涉及 3 个变量，即家庭人口数、用水量、应支付水费，其中家庭人口数设为 int 类型，用水量与应支付水费设为 float 类型。

算法简单描述如下。

①输入家庭人口数 num。

②输入用水量 water。

③按下面的分段函数计算应支付水费 pay：

$$pay=\begin{cases}2.2water, & water\leqslant 2.5num\\ 2.2\times 2.5num+4.4(water-2.5num), & 2.5num<water\leqslant 3.5num\\ 2.2\times 2.5num+4.4num+6.6(water-3.5num), & water>3.5num\end{cases}$$

其中，$2.2\times 2.5num$ 为人均用水 2.5 m^3、按 2.2 元 /m^3 计算的水费，$4.4(water-2.5num)$ 为超出人均用水 2.5 m^3 部分的水费；$6.6(water-3.5num)$ 为超出人均用水 3.5 m^3 部分的水费。

```
#include <stdio.h>
main( )
{
   int num;
   float water,pay;
   printf("输入家庭人口数(个)：");
   scanf("%d",&num);
   printf("输入本月用水量(立方米)：");
   scanf("%f",&water);
   if (water<=2.5*num) pay=2.2*water;
   else
      if (water<=3.5*num) pay=2.2*2.5*num+(water-2.5*num)*4.4;
      else   pay=2.2*2.5*num+4.4*num+(water-3.5*num)*6.6;
   printf("本月应支付水费%.2f元\n",pay);
}
```

程序运行时，输入 2< 回车 > 和 6< 回车 >，结果如图 3-43 所示。

图 3-43　案例 3-27 运行结果

【案例 3-28】 某单位规定一个月内职工脱岗、迟到、早退一次，扣发当月工资的 2%；两次，扣发当月工资的 5%；三次，扣发当月工资的 10%；四次，扣发当月工资的 20%；五次及以上，扣发当月工资的 40%。输入职工无故脱岗、迟到、早退次数及应发工资额，编程输出实发工资额。

〖分析〗 本例涉及 3 个变量，应发工资、实发工资设为 float 类型，脱岗、迟到、早退次数设为 int 类型。

算法简单描述如下。

①输入应发工资。

②输入脱岗、迟到、早退次数。

③计算实发工资。

④输出实发工资。

根据问题描述，本例选用 switch 语句实现。

```
#include <stdio.h>
main( )
{
    int qqcs;
    float yf,sf;
    printf(" 输入应发工资（元）: ");
    scanf("%f",&yf);
    printf(" 输入脱岗、迟到、早退次数: ");
    scanf("%d",&qqcs);
    switch(qqcs)
    {
        case 0:sf=yf;break;
        case 1:sf=yf*(1-0.02);break;
        case 2:sf=yf*(1-0.05);break;
        case 3:sf=yf*(1-0.1);break;
        case 4:sf=yf*(1-0.2);break;
        default:sf=yf*(1-0.4);
    }
    printf(" 实发工资: %.2f\n",sf);
}
```

程序运行时，输入 4600< 回车 > 和 5< 回车 >，结果如图 3-44 所示。

```
C:\Windows\system32\cmd.exe
输入应发工资（元）：4600
输入脱岗、迟到、早退次数：5
实发工资：2760.00
请按任意键继续. . .
```

图 3-44　案例 3-28 运行结果

【案例 3-29】 *n* 是一个四位数，它的 9 倍恰好是其反序数，求 *n*。

反序数就是将整数的数字顺序倒过来形成的整数。例如，1 234 的反序数是 4 321。

〖分析〗 本例涉及 *n* 及其反序数 *m*，设它们均为 int 类型。

算法简单描述如下。

①设定 *n* 的初值为 1 000。

②如果 *n* 小于 10 000，则求其反序数 *m* 并执行第③步；否则程序结束。

③如果 *n* 等于 *m*，输出 *n* 的值并结束；否则 *n* 值增 1，转第②步继续执行。

显然，程序需选用循环结构和 if 语句实现，程序中涉及三大结构的嵌套。

```
#include <stdio.h>
main( )
{
    int m,n;
    printf("n 是一个四位数，它的 9 倍恰好是其反序数。\n");
    printf("n 是: ");
    for(n=1000;n<10000;n++)
    {
        m=n%10*1000+n%100/10*100+n%1000/100*10+ n/1000;
        if(m==n*9) {printf("%d\n ",n);break;}
    }
}
```

程序运行结果如图 3-45 所示。

```
C:\Windows\system32\cmd.exe
n是一个四位数，它的9倍恰好是其反序数。
n是：1089
 请按任意键继续. . .
```

图 3-45　案例 3-29 运行结果

【案例 3-30】 A、B、C、D、E 五个人某天夜里合伙去捕鱼，到第二天凌晨都疲惫不堪，于是各自找地方睡觉。日上三竿，A 第一个醒来，他将鱼分为 5 份，把多余的一条鱼扔掉，拿走自己的一份。B 第二个醒来，他也将鱼分为 5 份，把多余的一条鱼扔掉，拿走自己的一份。C、D、E 依次醒来，也按同样的方法拿走鱼。问他们合伙至少捕了多少条鱼?

〖分析〗 本例涉及两个变量，即鱼的条数 x、分鱼的次数 i，均设为 int 类型。

算法简单描述如下（采用枚举法和递推法）。

①从 6 开始枚举五人合伙可能捕到鱼的条数，增量为 5。

②对于枚举到的条数 x，递推计算 A、B、C、D、E 分鱼时当前条数 n 是否满足条件 (n−1)%5!=0，若满足则提前结束递推执行第③步；否则，递推完成后执行第③步。

③如果第②步递推没有提前结束（循环次数达到了 5 次），则结束枚举执行第④步，否则继续枚举下一个，转第②步。

④输出符合条件的条数 x。

根据算法描述，程序选用双重循环结构实现，外层循环枚举，内层循环递推。

```
#include <stdio.h>
main( )
{
    int x,n,i;
    for(x=6;;x+=5)     /* 从 6 开始枚举五人合伙可能捕到鱼的条数，增量为 5 */
    {
        for(i=1,n=x;i<=5;i++)
        {
            if((n-1)%5!=0) break;   /* 如果第 i 个人分鱼时当前条数 n 减 1 后不是 5 的倍数，
                                       则对应枚举到的 x 的值不满足要求，结束递推 */
            else n=(n-1)/5*4;       /* 否则递推计算下一个人分鱼时的条数 n */
        }
        if(i>5) break;     /* 递推循环次数达到了 5 次，x 是符合条件的解，结束枚举 */
    }
    printf(" 至少捕鱼 %d 条 \n",x);
}
```

程序运行结果如图 3-46 所示。

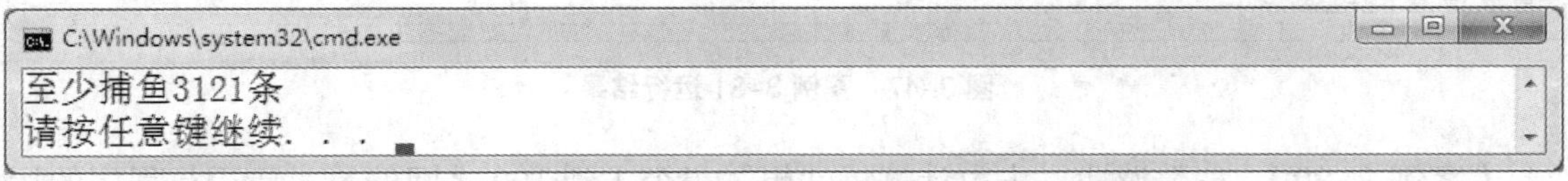

图 3-46　案例 3-30 运行结果

【案例 3-31】 百钱买百鸡：用一百元钱买一百只鸡，公鸡每只 5 元，母鸡每只 3 元，小鸡 1 元 3 只，问可以有多少种买法？

〖分析〗 本例涉及数据：公鸡、母鸡、小鸡的数量，定义整型变量 i、j、k，分别存放公鸡、母鸡、小鸡的数量，如果 i、j、k 之和为 100，并且买 i 只公鸡、j 只母鸡、k 只小鸡的钱数也是 100，就输出 i、j、k 的值。

算法简单描述如下。

①设 i 的初值为 0。

②设 j 的初值为 0。

③根据已知条件，i、j、k 之和为 100，求 k 值；如果 k 是 3 的倍数，且钱数正好为 100，则输出 i、j、k 的值。

④ j 自增 1 后，如果小于 33，则转第③步；否则，向下执行第⑤步。

⑤ i 自增 1 后，如果小于 20，则转第②步；否则，程序结束。

根据算法描述，程序选用双重循环结构实现。

```
#include <stdio.h>
main( )
{
    int i,j,k;
    printf("本程序解决百钱买百鸡问题：\n");
    printf("公鸡\t母鸡\t小鸡\n");
    for(i=0;i<=20;i++)
        for(j=0;j<=33;j++)
        {
            k=100-i-j;
            if((k%3==0)&&(i*5+j*3+k/3==100))
                printf("%d\t%d\t%d\n",i,j,k);
        }
}
```

程序运行结果如图 3-47 所示。

图 3-47 案例 3-31 运行结果

【案例 3-32】 猜数游戏：先由计算机“想”一个 1 到 100 之间的数，请运行程序的玩家猜，如果猜对了，则游戏结束；否则，计算机给出提示，告诉玩家所猜的数是太大还是太小，直到玩家猜对为止。计算机记录玩家所猜的次数，以此来反映玩家“猜”的水平。

〖分析〗 本例涉及随机生成的数据 x、玩家所猜数值 y 及所猜次数 count，均设为 int 类型。

算法简单描述如下。

①随机生成 1 到 100 之间的数 x。

②所猜次数 count 初始化为 0。

③输入所猜数值 y。

④所猜次数加 1。

⑤如果 x 不等于 y，则输出“太大还是太小”的提示后转第③步；否则，输出所猜次数等提示信息后结束。

根据算法描述，程序选用循环结构与选择结构的嵌套实现。

```
#include <stdio.h>
#include <stdlib.h>        /*rand( ) 函数的说明在头文件 stdlib.h 中，参阅附录 5*/
main( )
{
    int x,y,count;
    x=rand( )%100;
    count=0;
    printf(" 猜猜 x 是几（1~100 之间）");
    for(;;)
    {
        scanf("%d",&y);
        count++;
        if(x==y) break;
        else if(x>y) printf(" 太小了，再猜！ ");
            else printf(" 太大了，再猜！ ");
    }
    printf(" 恭喜！猜对了，共猜了 %d 次 \n",count);
}
```

程序运行结果如图 3-48 所示。

图 3-48　案例 3-32 运行结果

〖思考〗 再次运行这个程序试试看，发现了什么规律？为什么？

〖提示〗 在语句“x=rand( )%100;”之前插入一句“srand((unsigned) time(NULL));”，再试试看。

小贴士：

C 语言的 rand( ) 函数产生随机数的时候，需要一个叫作种子（seed）的值作为产生随机数的初始值。C/C++ 库中的 srand( ) 函数就是为生成这一次的随机数设置种子，s 代表 seed 的意思。“srand((unsigned) time(NULL));”是以 1970 年 1 月 1 日 00:00:00 以来到调用函数的时刻所累积的秒数，作为产生随机数的种子。

因此，每次执行 srand( ) 函数的时刻不同，rand( ) 函数产生的随机数就不相同。

任务12　应用实例——工资管理系统之主菜单设计

编写程序，设计工资管理系统的主菜单，并根据用户选择，调用各个功能模块。

```
#include "stdio.h"              /* 标准输入 / 输出函数包含在此 */
#include "conio.h"              /*getch() 及 getche() 函数包含在此 */
#include "string.h"             /* 字符串相关函数包含在此 */
#include "windows.h"            /*Sleep() 函数包含在此 */
#define TRUE 1                  /* 以下为自定义函数的声明语句 */
int read();                     /* 从数据文件中读取职工工资数据 */
void write(int n);              /* 向职工工资数据文件中写入记录 */
void find(int n);               /* 查询职工工资数据记录 */
void modify(int n);             /* 修改职工工资数据记录 */
int add(int n);                 /* 向职工工资数据文件中增加记录 */
int del(int n);                 /* 从职工工资数据文件中删除记录 */
float grsds(float m);           /* 计算个人所得税 */
void list(int n);               /* 浏览职工记录 */
void workersinfo(int i);
              /* 职工个人信息列表，在 find()、del()、modify() 函数中均有使用 */

void main()
{
   char c;
   int n;          /* 记录职工工资记录总数，n-1 即为对应结构体数组中元素下标的最大值 */
   n=read();       /* 从数据文件中读取职工工资数据并初始化职工工资结构体数组，同时将读
                      取的记录条数赋予变量 n*/
   while(TRUE)
   {
      system("cls");           /* 清屏命令 */
      printf("\n\n\t\t  ☆★ 欢迎使用事业单位职工工资管理系统 ★☆ \n\n\n");
      printf("\t\t 请选择 (1-7) :\n");
      printf("\t\t~~~~~~~~~~~~~~~~~~~~~~~~~~~~~~~~~~~~~~~~~~~~~~~~~~~~~~\n");
      printf("\t\t\t    1. 查询职工工资信息 \n");
      printf("\t\t\t    2. 修改职工工资信息 \n");
      printf("\t\t\t    3. 添加职工工资信息 \n");
      printf("\t\t\t    4. 删除职工工资信息 \n");
      printf("\t\t\t    5. 保存数据到文件 \n");
      printf("\t\t\t    6. 浏览职工记录信息 \n");
      printf("\t\t\t    7. 退出 \n");
      printf("\t\t~~~~~~~~~~~~~~~~~~~~~~~~~~~~~~~~~~~~~~~~~~~~~~~~~~~~~~\n");
      printf("\n\t\t 你的选择是：");
```

```
        c=getche();
        switch(c)
        {
            case '1':find(n);break;             /*查询*/
            case '2':modify(n);break;           /*修改*/
            case '3':n=add(n);break;            /*添加*/
            case '4':n=del(n);break;            /*删除*/
            case '5':write(n);break;            /*保存*/
            case '6':list(n);break;             /*浏览*/
            case '7':return;                    /*退出*/
            default:printf("\t\t请按任意键返回重新选择(1-7)\n");
            getch();
        }
    }
    return;
}
……                                              /*其他自定义函数的定义，略*/
```

任务13　本章要点汇总

①C语言的数据类型有基本类型、构造类型、指针类型和空类型4类。基本类型又包括整型、字符型和实型。

②常量与变量：常量是指在程序运行过程中其值不发生变化的量，包括直接常量和符号常量；变量是指在程序运行过程中其值可以发生变化的量，需要先定义后使用。

③C语言的运算符有：算术运算符、赋值运算符、逗号运算符、sizeof运算符，还有关系运算符、逻辑运算符、位运算符等。

a）运算符的优先级和结合性。一般单目运算符的优先级较高，赋值运算符的优先级较低。算术运算符的优先级较高，关系运算符和逻辑运算符的优先级较低。多数运算符具有左结合性，单目运算符、三目运算符、赋值运算符具有右结合性。

b）表达式是由常量、变量、函数等通过运算符连接而成的式子，如算术表达式、赋值表达式、逗号表达式、关系表达式、逻辑表达式等。每个表达式都有相应的值和类型，表达式求值按运算符的优先级和结合性所规定的顺序进行。

c）混合运算时，不同类型的数据需要先转换成同一类型再进行计算。在C语言中，有自动转换（也称为隐式转换）和强制转换（也称为显式转换）两种。自动转换是指在不同类型数据的混合运算中，系统自动实现由少字节类型向多字节类型的转换。不同类型的量相互赋值时，也由系统自动将赋值号右侧数据的类型转换为赋值号左侧的类型再进行赋值。强制转换是指由强制转换运算符完成转换。

④C语言中的输入、输出要调用标准库函数中的输入、输出函数实现。printf( )是格式输出函数，可以按指定格式显示任意类型的数据；putchar( )是字符输出函数，只能显示单

个字符；scanf( ) 是格式输入函数，可以按指定格式输入任意类型的数据，getchar( ) 是字符输入函数，只能接收单个字符。

⑤任何简单或复杂的算法都可以由顺序结构、选择结构和循环结构这 3 种基本结构组成。

a）顺序结构是最基本的结构，不需要借助专门的流程控制语句。

b）实现选择结构可以使用 if 语句与 switch 语句，其中 if 语句有单分支、双分支、多分支及多种嵌套形式。

c）实现循环结构可以使用 while 语句、do-while 语句及 for 语句，还有辅助的流程控制语句 break 和 continue。3 种循环语句可以相互嵌套，但不可以相互交叉，即在一个循环体内必须完整地包含着另一个循环。

任务14 知 识 扩 展

1. 数的编码

【案例 3-33】 阅读下面的程序，分析运行结果。

```
#include "stdio.h"
main( )
{
   int i=-1;
   printf("%d  %u  %o  %x\n",i,i,i,i);
}
```

程序运行结果如图 3-49 所示。

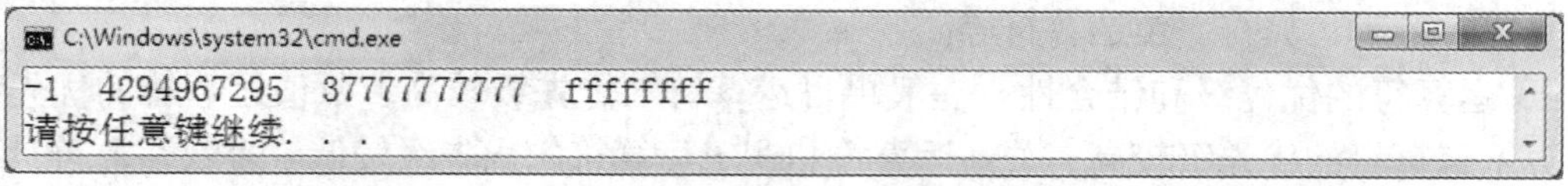

图 3-49　案例 3-33 运行结果

〖说明〗 把 -1 以有符号十进制数、无符号十进制数、八进制数和十六进制数 4 种形式输出，要判断输出结果，必须知道 -1 在计算机中的存储形式。有符号数在存储时，最高位为“1”表示负数,最高位为“0”表示正数。这种把符号数字化并与数值位一起编码的方法，很好地解决了带符号数的表示方法及其计算问题。常用的编码方法有原码、反码、补码 3 种。几乎所有的计算机都使用二进制补码保存数据。

（1）原码

编码规则：符号位用 0 表示正，用 1 表示负，数值部分不变。

例如，写出 N1=+1010110、N2=−1010110 的原码。

$[N1]_{原}$=01010110，$[N2]_{原}$=11010110。

（2）反码

编码规则：正数的反码与原码相同；负数的反码是符号位为 1，数值位是将原码的数值位按位取反。

例如，写出 N1=+1010110、N2=−1010110 的反码。

$[N1]_{\text{反}}$=01010110，$[N2]_{\text{反}}$=10101001。

（3）补码

编码规则：正数的补码与原码相同；负数的补码是符号位为 1，数值位是先将原码的数值位按位取反，然后末位加 1。

例如，写出 N1=+1010110、N2=−1010110 的补码。

$[N1]_{\text{补}}$=01010110，$[N2]_{\text{补}}$=10101010。

案例 3-33 中 i 值为 −1，在计算机中的存储形式为 1111 1111 1111 1111 1111 1111 1111 1111，这是 −1 的补码。同样是 32 个 1，如果以 %d 格式输出，就是将其以有符号十进制数的形式输出，输出 −1；如果以 %u 格式输出，就是将其以无符号十进制数的形式输出，其值为 $2^0+2^1+2^2+2^3+\cdots+2^{31}$，即 4 294 967 295；如果以 %o 格式输出，就是将其以无符号八进制数的形式输出，输出 377 7777 7777；如果以 %x 格式输出，就是将其以无符号十六进制数的形式输出，输出 FFFF FFFF。

2. 位运算符

位运算：

EDAC 算法实现

位运算是指按二进制位进行的运算。在很多系统中，常要求在位（bit）一级进行运算或处理。C 语言提供了 6 种位运算符。位运算符只能用于带符号或无符号的 char、short、int 与 long 类型。位运算符的运算规则如表 3-16 所示。

表 3-16　位运算符的运算规则

运算符	功能	运算规则
&	与	双目运算，1&1=1，0&1=0，1&0=0，0&0=0（有 0 即 0）
|	或	双目运算，1|1=1，0|1=1，1|0=1，0|0=0（有 1 即 1）
^	异或	双目运算，1^1=0，0^1=1，1^0=1，0^0=0（相异为 1，相同为 0）
～	非	单目运算，～1=0，～0=1（取反）
<<	左移	双目运算，数的二进制位左移若干位，高位丢弃，低位补 0
>>	右移	双目运算，数的二进制位右移若干位，高位补 0 还是补 1 因系统而异，低位丢弃

例如，有语句“short a=9,b=5;”，相关位运算的过程如下所示。

```
  a&b:
  0000 0000 0000 1001
& 0000 0000 0000 0101
  0000 0000 0000 0001

  a|b:
  0000 0000 0000 1001
| 0000 0000 0000 0101
  0000 0000 0000 1101

  a^b:
  0000 0000 0000 1001
^ 0000 0000 0000 0101
  0000 0000 0000 1100

  ~ a:
~ 0000 0000 0000 1001
  1111 1111 1111 0110

  a>>2:
  0000 0000 0000 1001
>>                   2
  0000 0000 0000 0010

  a<<2:
  0000 0000 0000 1001
<<                   2
  0000 0000 0010 0100
```

例如，有语句“int x=-3;y=3;”，左移和右移的操作过程如下。

```
   x>>2:                                       y>>2:
   1111 1111 1111 1111 1111 1111 1111 1100     0000 0000 0000 0000 0000 0000 0000 0011
>>                                        2  >>                                         2
   1111 1111 1111 1111 1111 1111 1111 1111     0000 0000 0000 0000 0000 0000 0000 0000
```

【案例 3-34】 编程实现上面的运算，并输出结果。

```
#include "stdio.h"
main( )
{
    short a=9,b=5;
    int x=-3,y=3;
    printf("a=%d\tb=%d\n",a,b);
    printf("a&b=%d\n",a&b);
    printf("a|b=%d\n",a|b);
    printf("a^b=%d\n",a^b);
    printf("~a=%d\n",~a);
    printf("a>>2=%d\n",a>>2);
    printf("a<<2=%d\n",a<<2);
    printf("x>>2=%d\n",x>>2);
    printf("y>>2=%d\n",y>>2);
}
```

程序运行结果如图 3-50 所示。

图 3-50　案例 3-34 运行结果

小贴士：

位的异或运算在加密应用中比较重要，主要是利用两次异或运算之后可以得到原来的字符的性质。例如，“c1='A',c2=21;”，执行“c1=c1^c2;”，则 c1='T'；再次执行“c1=c1^c2;”，则 c1='A'。这也就意味着，第一次执行异或运算实现了信息加密功能，第二次执行异或运算实现了信息解密功能。

异或运算的这种性质在实现绘图功能中也会用到。

3. 复合赋值位运算

位运算符和赋值运算符组合，可以构成复合赋值位运算符。复合赋值位运算符有 &=、|=、^=、<<=、>>=。复合赋值位运算符的应用如表 3-17 所示，假设有整型数据 x=5，y=2，为简便起见，书写时省略数据高位的 0。

表 3-17 复合赋值位运算符的应用

运算符	应 用 举 例
&=	x&=y，等价于 x=x&y，x&y 即 101&10，运算结果 x=0
|=	x|=y，等价于 x=x|y，x|y 即 101|10，运算结果 x=7
^=	x^=y，等价于 x=x^y，x^y 即 101^10，运算结果 x=7
<<=	x<<=y，等价于 x=x<<y，x<<y 即 101<<2，运算结果 x=20
>>=	x>>=y，等价于 x=x>>y，x>>y 即 101>>2，运算结果 x=1

两个不同长度的数据进行位运算时，系统自动将短的数据的高位用 0 或 1 补齐，然后进行位运算。

例如，在 VS 中整型数据占 4 个字节，短整型数据占 2 个字节，如果一个整型数据与一个短整型数据进行位运算，右端对齐后，短整型数据左侧不足的位依照如下 3 种情况补足。

①如果短整型数据为正数，左侧补 16 个 0。

②如果短整型数据为负数，左侧补 16 个 1。

③如果短整型数据为无符号数，左侧补 16 个 0。

任务 15 实 力 检 验

一、选择题

1. 以下选项中不合法的用户标识符是（ ）。

A. print　　B. 2*5　　C. Int　　D. _00

2. 以下选项中不能定义为用户标识符的是（ ）。

A. Main　　B. _123　　C. _float　　D.if

3. 以下选项中符合 C 语言语法的实型常量是（ ）。

A. 1.23E0.5　　B. 3.14159E　　C. .5E−3　　D. E−5

4. 以下选项中不能作为 C 语言的合法常量的是（ ）。

A. 'ab'　　B. 0.1e+6　　C. "ab\n"　　D. '\0x41'

5. 以下选项中与其他 3 个不等价的是（ ）。

A. 'C'　　B. "C"　　C. '\x43'　　D. '\0103'

6. 以下选项中正确的定义语句是（ ）。

A. int x;y;　　B. int x=y=7;

C. int x=7,y=7;　　D. int,x,y;

7. 若有定义语句“int a=1,b=2,c=3;”，以下选项中错误的赋值表达式是（　　）。

A. a=(b=4)=3　　B. a=b=c+1

C. a=(b=4)+c　　D. a=1+(b=c=4)

8. 有以下定义语句：

```
double x,y;
int z;
```

若各变量已正确赋值，则以下选项中正确的表达式是（　　）。

A. x=x+y=y++　　B. z%((int)x+y)

C. z%x　　D. z+=x*y

9. 在 C 语言中，要求操作数必须是整型数据的运算符是（　　）。

A. %　　B. /　　C. % 和 /　　D. *

10. 以下关于逻辑运算符两侧的运算对象的叙述中，正确的是（　　）。

A. 可以是任意合法的表达式　　B. 只能是整数 0 或非 0 整数

C. 可以是结构体类型的数据　　D. 只能是整数 0 或 1

11. 以下能正确表示 a ∈ [1,10] 的 C 语言表达式是（　　）。

A. 1<a<10　　B. 1<=a<=10

C. a>=1&&a<=10　　D. a>=1||a<=10

12. 以下不能正确表示代数式 $\frac{2ab}{cd}$ 的 C 语言表达式是（　　）。

A. 2*a*b/c/d　　B. a*b/c/d*2　　C. a/c/d*b*2　　D. 2*a*b/c*d

13. 设变量已正确定义并赋值，以下表达式正确的是（　　）。

A. x=y+5=z　　B. x%2.5　　C. x=y+5,++z　　D. 5=25/5

14. 设有定义“int x=1;”，以下表达式中与其他选项的值不同的是（　　）。

A. x*=x+1　　B. x+=2　　C. x*=(1+x)　　D.2*x,x*=2

15. 程序段“int x=12;double y=3.141593;printf("%d%8.6f",x,y);”的输出结果是（　　）。（␣代表空格）

A. 123.141593　　B. 12␣3.141593

C. 12,3.141593　　D. 123.1415930

16. 有以下程序：

```
#include <stdio.h>
main( )
{
    int a1,a2;
    char c1,c2;
    scanf("%d%c%d%c",&a1,&c1,&a2,&c2);
    printf("%d,%c,%d,%c",a1,c1,a2,c2);
}
```

若希望通过键盘输入，使得 a1 的值为 12，a2 的值为 34，c1 的值为字符 a，c2 的值为字符 b，程序输出结果是“12,a,34,b”，则正确的输入格式是（　　）（␣代表空格，↙代表回车）。

A. 12a34b↙
B. 12␣a␣34␣b↙
C. 12,a,34,b↙
D. 12␣a34␣b↙

17. 若有定义“double a=22;int i=0,k=18;”，则不符合 C 语言规定的赋值语句是（　　）。

A. i=(a+k)<=(i+k);
B. i=a%11;
C. a=a++,i++
D. i=!a;

18. 有以下程序段：

```
char ch;int k;
ch='a';k=12;
printf("%c,%d,",ch,ch,k);
printf("k=%d\n",k);
```

已知字符 a 的 ASCII 码值为十进制数 97，则执行上述程序段后的输出结果是（　　）。

A. 因为变量类型与格式描述符的类型不匹配，所以输出无定值
B. 输出项与格式描述符的个数不符，输出为 0 或不定值
C. a,97,12k=12
D. a,97,k=12

19. 若有以下程序：

```
#include <stdio.h>
main( )
{
    int x=011;
    printf("%d\n",++x);
}
```

程序运行后的输出结果是（　　）。

A. 12　　B. 11　　C. 10　　D. 9

20. 有以下程序：

```
#include <stdio.h>
main( )
{
    int x=1,y=0,a=0,b=0;
    switch(x)
    {case 1:
        switch(y)
        {case 0:a++;break;
         case 1:b++;break;
        }
      case 2:a++;b++;break;
      case 3:a++;b++;
    }
    printf("a=%d,b=%d\n",a,b);
}
```

程序运行后的输出结果是（　　）。

A. a=2,b=2　　B. a=2,b=1　　C. a=1,b=1　　D. a=1,b=1

21. 有以下程序：

```
#include <stdio.h>
main( )
{
    int x=1,y=0;
    if(!x) y++;
    else if(x==0)
        if (x) y+=2;
        else y+=3;
    printf("%d\n",y);
}
```

程序运行后的输出结果是（　　）。

A. 3　　B. 2　　C. 1　　D. 0

22. 有以下程序：

```
#include <stdio.h>
main( )
{
    char b,c;int i;
    b='a';c='A';
    for(i=0;i<6;i++)
    {
        if(i%2) putchar(i+b);
        else putchar(i+c);
    }
    printf("\n");
}
```

程序运行后的输出结果是（　　）。

A. ABCDEF　　B. AbCdEf　　C. aBcDeF　　D. abcdef

23. 有以下程序：

```
#include <stdio.h>
main( )
{
    int x;
    scanf("%d",&x);
    while(x>0)
    {
        switch(x)
        {
```

```
            case 1:printf("%d",x+5);
            case 2:printf("%d",x+4);break;
            case 3:printf("%d",x+3);
            default:printf("%d",x+1);break;
        }
        scanf("%d",&x);
    }
}
```

程序运行时，若输入 5 4 3 2 1 0< 回车 >，则输出结果是（　　）。

A. 6564665　　B. 6564666　　C. 6567667　　D. 6564668

二、填空题

1. 设变量 a 和 b 已正确定义并赋初值，与“a+=a+b”等价的赋值表达式是________。

2. 设变量 i 已正确定义为整型，则表达式“i=2,i*6,++i”的值是________。

3. 若整型变量 a 和 b 的值分别为 7 和 9，要求按以下格式输出 a 和 b 的值：

```
a=7
b=9
```

请完成输出语句“printf("________",a,b);”。

4. 以下程序运行后的输出结果是________。

```
#include <stdio.h>
main( )
{
    int a,b,c;
    a=20;
    b=020;
    c=0x20;
    printf("%d %d %d\n",a,b,c);
}
```

5. 已知 A 的 ASCII 码值为十进制数 65，以下程序运行时，从键盘输入 B33< 回车 >，输出结果是________。

```
#include <stdio.h>
main( )
{
    char a,b;
    a=getchar( );
    scanf("%d",&b);
    a=a-'A'+'0';
    b=b*2;
    printf("%c %c\n",a,b);
}
```

6. 以下程序运行时，从键盘输入 12< 回车 >，则输出结果是______。

```
#include <stdio.h>
main( )
{
    int x;
    scanf("%d",&x);
    if(x>15) printf("%d",x-5);
    if(x>10) printf("%d",x);
    if(x>5) printf("%d\n",x+5);
}
```

7. 执行语句“if(x||!x) printf("abc");else printf("ABC");”，屏幕上显示的是________。

8. 执行语句“for(i=10;i>=0;i--) printf("*");”，将输出________个 * 号。

9. 与语句“int i=10;while(i<100) {printf("*");i++}”等价的 for 语句是________。

10. 下面程序的输出结果是________。

```
#include <stdio.h>
main( )
{
    int x=1,y=2,t=0;
    if(x==y) t=x;x=y;y=t;
    printf("%d %d\n",x,y);
}
```

三、编程

1. 输入圆柱体的底面半径和高，求圆柱体的体积。

2. 如果一个数恰好等于它的因子之和，则称该数为完全数。注意：一个数的因子不包括它自身，如 6 的因子为 1、2、3，6=1+2+3，所以 6 就是一个完全数。求 1 ～ 100 的完全数。

3. 编程设计一个简单的计算器程序，要求根据用户从键盘输入的表达式，计算表达式的值并输出结果。表达式的格式如下。

```
操作数 1 运算符 op 操作数 2
```

例如，运行程序时，输入 2+3 后，输出结果为 5。指定的运算符 op 为加（+）、减（-）、乘（*）、除（/）。

4. 趣味数学题：有 30 个人，其中包括男人、女人和小孩，在一家饭馆里吃饭共花了 50 元，每个男人各花 3 元，每个女人各花 2 元，每个小孩各花 1 元，编程求解男人、女人和小孩可能各有几人。

5. 编程求序列 1，5，6，11，17，28，45，73……的第 10 项的值。

6. 如果一个正整数等于其各位数字的立方和，则称该数为阿姆斯特朗数。例如，$407=4^3+0^3+7^3$，407 就是一个阿姆斯特朗数。试编程求 1000 以内的所有阿姆斯特朗数。

第4章

数组——工资管理系统之数据管理

任务1 学 习 目 标

深入理解数据顺序存储的意义和作用；掌握数组的定义、初始化、元素引用及遍历访问；理解字符串的概念及存储特点；掌握字符串的相关处理函数；理解并掌握两种经典的排序算法：选择法和冒泡法；了解二维数组及多维数组的数据组织形式，掌握其基本用法。

任务2 引　　言

通过前面的学习可知，一个变量中可以存放一个数据，该变量称为**简单变量**或**普通变量**。例如，下面的程序中定义了4个普通变量，用于存放3位职工的工资及平均工资。

【案例4-1】 计算3位职工的平均工资。

```
#include <stdio.h>
main( )
{
    float gz1=6586.5,gz2=2241.5,gz3=1722.3;        /* 变量的初始化 */
    float ave;                                       /* 定义变量 ave，存放平均工资 */
    ave=(gz1+gz2+gz3)/3;                             /* 计算 3 位职工的平均工资 */
    printf(" 三位职工的平均工资为：%.2f\n ",ave);   /* 输出结果 */
}
```

程序运行结果如图4-1所示。

图 4-1　案例 4-1 运行结果

程序中的 3 个变量 gz1、gz2 和 gz3，分别用来存储 3 位职工的工资数据；变量 ave 存储他们的平均工资。如果将本程序的“处理能力”拓展一下，例如，让它处理 100 位职工或更多职工的工资数据，那么是不是要定义 100 个变量或更多变量来存储工资数据呢？

定义 100 个变量或更多变量，虽然不违反 C 语言的语法规则，但是编写这样的代码显然比较烦琐；可能会给程序的阅读、理解、调试带来更多的困难；程序的运行效率也不高。

有更好的方法吗？答案是肯定的。可以仔细分析一下待处理的数据，这些数据至少有两个明显的特征：第一，数据类型相同；第二，数据个数已知。那么，可以用一个固定长度的连续内存空间来存储这些数据，并用一个统一的名称来管理这一空间。这样的数据组织方式在 C 语言中是使用数组实现的。

小贴士：

通过一个名称如何访问多个内存单元？

数据类型相同的数据在存储时所占内存的字节数相同，如果多个这样的数据连续存放，那么只要知道了第一个数据的地址，就很容易知道其他数据的地址了。

数组是一种高效的数据组织方式，几乎所有的高级程序设计语言都支持数组。本章主要学习数组的基本概念、定义格式和使用方法；结合“工资管理系统”项目，介绍数组的典型应用，如数据的添加、删除、查找、排序；字符串的处理等；知识扩展中介绍了二维数组及多维数组的相关知识，并给出了典型实例。

任务 3　数组的基础知识

数组是相同类型数据的有序集合。这些数据有一个共同的名字——**数组名**，集合中的元素称为**数组元素**，引用某个元素时只要给出数组名和该元素在数组中的位置信息即可。元素的位置信息称为**下标**。数组元素的类型任意，可以是基本类型中的字符型、整型、浮点型等，也可以是指针、结构体、共用体等构造类型。

在内存中，数组占用连续的存储空间，各元素相邻存放。数组名是第一个元素的内存地址，称为**首地址**，它是一个常量。数组在使用原则上与普通变量一致，即先定义后使用，先定义的目的是让计算机准备好内存空间，以便将来存放数据。数组的定义就是给出数组名、元素类型和元素个数这 3 个方面的信息。

下面讨论数组的定义和使用方法。

1. 应对大量数据的实例

案例 4-1 中，只是对 3 位职工的工资数据进行了处理，在面对几百、上千甚至更多数据时，如何采用数组进行处理呢？

为了简化问题、突出重点，仅以 10 位职工为例来编写代码。处理 100 位、1000 位或更多职工数据的代码类似。

【案例 4-2】 从键盘输入 10 位职工的工资，计算其平均工资。

〖分析〗

①定义具有 10 个元素的 float 型数组 gz，用于存放 10 位职工的工资数据。

②通过 10 次循环，读取键盘输入的 10 个工资数据，同时将它们累加到变量 ave 中。

③将变量 ave 除以 10 后的结果再次存入变量 ave 中。

④输出变量 ave，即为 10 位职工的平均工资。

```
#include <stdio.h>
#define  N  10                          /* 职工人数，用符号常量 N 表示 */
main( )
{
    int i;                              /* 循环控制变量 */
    float gz[N];                        /* 声明存放 N 位职工的工资数据的数组 */
    float ave=0;                        /* 变量 ave 用于存放平均工资 */
    for(i=0 ;i<N ;i++)                  /* 在循环中输入工资数据并求和 */
    {
        printf(" 请输入第 %2d 位职工的工资: ",i+1);
        scanf("%f",&gz[i]);
        ave+=gz[i];
    }
    ave/=N;                             /* 计算平均工资 */
    printf("-------------------------------\n");
    printf(" 平均工资 =%.2f\n",ave);
}
```

程序运行结果如图 4-2 所示。

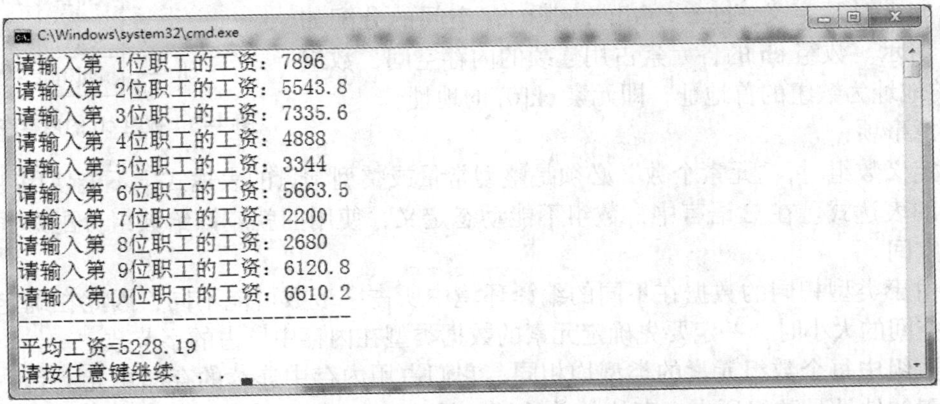

图 4-2　案例 4-2 运行结果

2. 通过知识点认识数组

（1）数组的定义

根据元素组织方式的不同，数组可分为一维数组、二维数组和多维数组。一维数组是最基本、最简单的数组，其定义的一般格式如下。

```
元素类型标识符  数组名 [ 元素个数 ];
```

例如，下面定义了几组不同类型、不同元素个数的数组。

```
char   ch[3];               /* 定义一个具有 3 个元素的字符型数组 ch*/
int    a[10],b[12];         /* 定义两个分别具有 10 个元素和 12 个元素的整型数组 a 和 b*/
float  x[5],y[8],z[20];     /* 定义三个分别具有 5 个、8 个和 20 个元素的单精度浮点型数组 x、
                               y、z*/
```

按照 C 语言的语法规则，完整的数组定义格式如下。

```
[ 存储属性 ] [ 类型修饰符 ] 元素类型标识符  数组名 [ 常量表达式 1][[ 常量表达式 2]…[ 常量表达式 n]];
```

例如：

```
static const int str[2][3];          /* 定义一个静态常量的整型二维数组 str*/
```

与定义普通变量的本质相同，数组的定义也是开辟内存空间。那么，究竟开辟多少个字节的空间呢？这与两方面的因素有关，一是数组长度；二是数组类型。数组长度就是定义数组时指定的数组元素的个数，数组类型决定了每个数据元素所占内存的字节数，这两个数的乘积就是数组所占内存的总字节数。因此，定义一个数组后，其所占内存的总字节数可如下表示。

```
总字节数 = 元素个数 ×sizeof( 数组类型 )
```

由于相同类型的数据在不同的编译环境中占用的字节数可能不同，因此，要得到某种数据类型所占字节的确切个数，就要用运算符 sizeof 计算。例如，表达式 sizeof(int) 的值为 int 型的数据在当前编译环境中所占内存的字节数。

例如，对于定义“char ch[6];”，其内存空间的分配如图 4-3 所示。数组 ch 的各元素占用连续的内存空间，数组名 ch 的地址为数组的首地址，即元素 ch[0] 的地址。

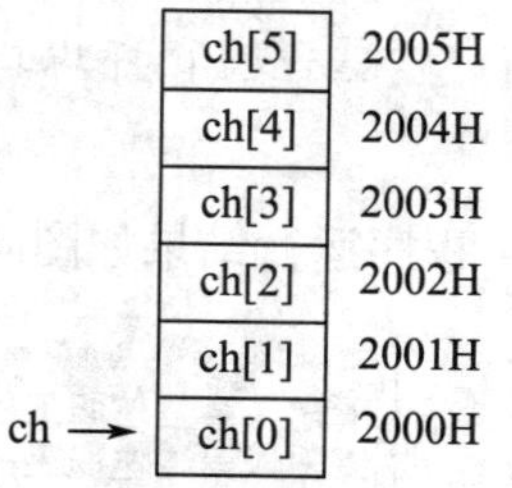

图 4-3　数组 ch 的内存空间的分配

注意事项：

①定义数组时，“元素个数”必须是整型常量或整型常量的表达式，不能使用变量或包含变量的表达式。在 C 语言中，数组不能动态定义，使用前就应该给数组分配好固定大小的内存空间。

②由于类型相同的数据在不同的编译环境中所占字节数可能不同，因此在确定数组所占内存空间的大小时，一定要先确定元素的数据类型在内存中所占的字节数。

③数组中每个数组元素的类型均相同，它们占用内存中连续的存储单元，其中第一个数组元素的地址是数组所占内存块的首地址（低地址），数组名就代表数组的首地址，它是

一个常量。

（2）数组的初始化

前面学习过普通变量的初始化，在定义数组的同时也可以为数组元素赋值，这就是数组的初始化。未进行初始化的数组，如果是局部数组，各个元素的值是不确定的；如果是全局数组或静态数组，各个元素的值默认为 0，这一点和普通变量的性质相同。

与普通变量初始化的方法类似，数组初始化的一般格式如下。

```
元素类型标识符　数组名 [ 元素个数 ]={ 数据 1, 数据 2,…, 数据 n};
```

初始化时大括号内所列的数据个数应小于或等于数组元素的个数。例如：

```
char ch[6]={'A','B','C','D','E','F'};
```

等号右侧给出的数据用“{}”括起来，多个数据用逗号分隔。以上初始化的结果使数组 ch 的第一个元素为字母 A，第二个元素为字母 B，即 ch[0]='A'，ch[1]='B'，以此类推。字符在内存中的实际存储格式就是其对应的 ASCII 码值，如图 4-4 所示。

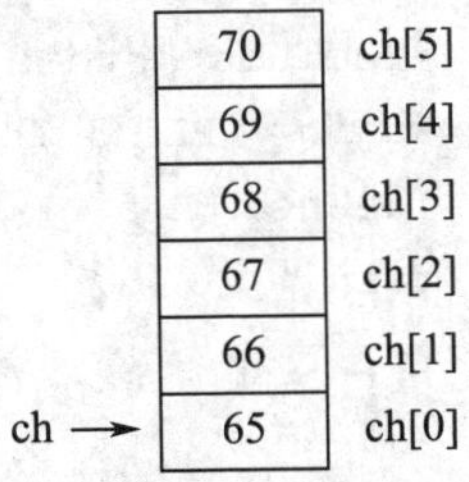

图 4-4　数组 ch 的初始化结果

C 语言中数组的初始化还有一些自己的特点。

①可以省略元素个数。例如：

```
int a[ ]={0,1,2,3,4,5};
```

则数组 a 有 6 个元素，各个元素的值分别为 0、1、2、3、4、5。这与 int a[6]={0,1,2,3,4,5}; 是完全等价的。但没有初始化的数组不能省略元素个数。例如，int a[ ]; 是错误的定义格式。

②部分元素连续初始化。例如：

```
int a[6]={0,1,2};
```

则数组 a 中前 3 个元素的值分别为 0、1、2，后 3 个元素的值均为 0。即先从左向右依次赋值，当给出的初始化数据不足时，剩余的其他元素均被自动赋 0 值。如果为字符型数组，则未被初始化的那些元素得到的是 ASCII 码值为 0 的字符，即字符 '\0'。

注意事项：

①数组元素的初值之间一定要用英文逗号作为分隔符。

②和普通变量一样，如果不对数组初始化，则对于自动型的局部数组来说，每个元素的值是不可预知的，对于全局数组或静态数组来说，每个元素的值均为 0。

③数组在部分初始化时，未得到初始值的元素的值为 0。

（3）数组元素的引用

对数组元素的使用即为引用，其引用格式与普通变量的引用类似。不同的是，由于数组中存储了多个数据，因此，在引用时除了给出数组名外，还要具体指出被引用的元素的编号，该编号称为下标。下标代表某个元素在数组中的位置。数组元素的引用格式如下。

```
数组名 [ 下标 ]
```

例如：

```
int k=0;            /* 初始化普通变量 */
int a[5];           /* 定义整型数组 a*/
a[k]=12;            /* 数组的第一个元素 ( 下标为 0) 赋值为 12*/
a[5]=a[0]+10;       /* 先计算数组的第一个元素与数值 10 的和，再赋值给数组的第六个元素 */
```

```
scanf("%d",&a[2]);        /* 将键盘输入的整数存入数组的第三个元素中 */
a['B'-'A']=8;             /* 数组的第二个元素赋值为 8*/
a[3]=a[1]+a[2*2];         /* 数组的第二个元素和第五个元素的和存入第四个元素中 */
```

定义数组时元素个数只能是常量，而引用时的下标可以包含变量。

【案例 4-3】 从键盘输入 5 个圆的半径，计算并输出各个圆的面积。

〖分析〗

①定义两个具有 5 个元素的 float 型数组 r 和 s，分别存放 5 个圆的半径和面积。

②通过 5 次循环读取键盘输入的 5 个半径值，同时计算各自的面积并存储到数组 s 中。

③依次输出数组 s 中各个元素的值。

```
#include <stdio.h>
#define  PI  3.14                    /* 圆周率取两位小数，用符号常量 PI 表示 */
#define  N  5                        /* 圆的个数，用符号常量 N 表示 */
main( )
{
   int i;                            /* 循环控制变量 */
   float r[N];                       /* 数组 r 存储 N 个圆的半径 */
   float s[N];                       /* 数组 s 存储 N 个圆的面积 */
   for(i=0;i<N;i++)                  /* 循环中分别输入各个圆的半径值并计算圆的面积 */
   {
      printf(" 请输入第 [%d] 个圆的半径：",i+1);
      scanf("%f",&r[i]);
      s[i]=PI*r[i]*r[i];             /* 利用圆的面积公式计算各个圆的面积，并存入数组 s 中 */
   }
   printf("-------------------------------\n");
   /* 输出各个圆的面积 */
   for(i=0;i<N;i++)
      printf(" 第 [%d] 个圆的面积为：%.2f\n",i+1,s[i]);
}
```

程序运行结果如图 4-5 所示。

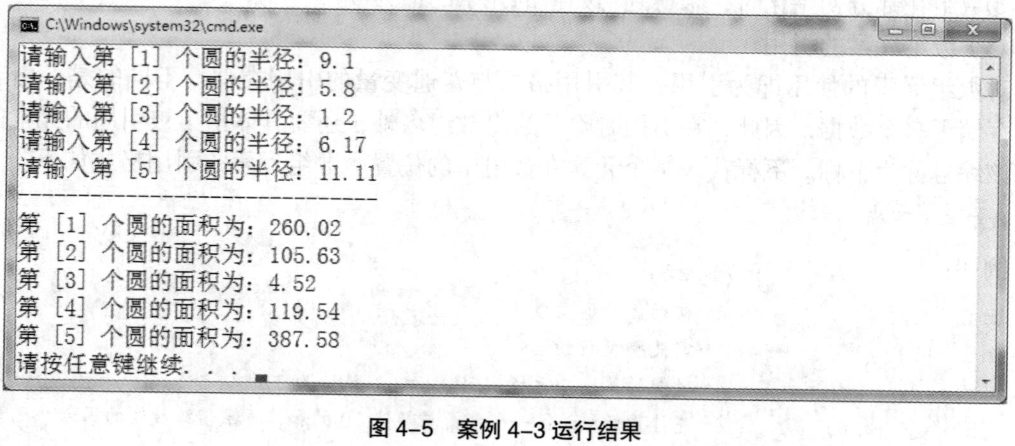

图 4-5　案例 4-3 运行结果

从程序中可以看出，数组元素的引用方式与普通变量没有区别。数组元素既可以用在一般表达式或赋值表达式的右侧，表示使用某元素的值，即“被取值”；也可以用在赋值表达式的左侧，表示将数据存入某元素中，即“被赋值”。例如：

```
x=a[3];            /*取a[3]的值*/
a[0]=10;           /*a[0]被赋值为10*/
```

小贴士：

理解运算符“[ ]”的原理，对于理解数组与指针是非常重要的。

“[ ]”是C语言中的一个运算符，优先级别非常高。C语言中引用数组元素的实质是计算出该元素在内存中的地址，然后对该地址内的数据进行操作。

若有定义“int a[5];”，数组名是数组的首地址，则下标为 n 的元素在内存中的地址为 a+n*sizeof(int)，以此类推，a[6] 的地址为 a+6*sizeof(int)。对于数组 a 来说，显然不存在“a[6]”，但程序中可以引用 a[6]，这种引用情况称为越界引用。对于这种越界，C语言认为不是语法错误，多数编译器也不做检查，所以程序员需要自己注意越界问题。

注意事项：

①在C语言中，引用数组元素时下标编号是从0开始的，因此，对于诸如“int ch[3];”的定义来说，第一个元素的引用格式为 ch[0]，最后一个元素为 ch[2]。

②避免越界引用。例如，对于定义“int a[5];”，引用时最大下标为4，即数组最后一个元素为 a[4]，因此要避免出现 a[5]、a[6] 等越界引用格式。

③只能逐个引用数组元素，即一次只能引用一个元素，而不能一次引用所有元素，可以通过循环结构遍历所有元素。

④在引用数组元素时，下标可以是整型常量、有确切值的变量或含变量的表达式。

⑤由于一个数组元素相当于一个普通变量，因此，对普通变量的任何操作也都适用于数组元素。

通过前面两个任务的学习，已经为数组在项目实践中的应用打下了基础。下面的任务结合项目实践，介绍数组的具体应用。

任务 4　数组的应用

数组：日期计算器

1. 引言

仔细分析“工资管理系统”项目中的软件功能和程序代码，结合日常接触到的诸如“图书管理系统”“学籍管理系统”“人事管理系统”这些软件系统可以发现，数据的查询、修改、添加、删除、排序等是一般信息管理系统的基础功能。本节将介绍这些功能的实现原理和基本算法。另外，在这些系统中经常会处理如姓名、单位名称、地址、联系方式等字符串类型的数据，而C语言中没有字符串类型，是用字符数组处理字符串的。因此，本节还要介绍 C 语言如何用字符数组处理字符串。

2. 典型应用

（1）数据查询

> **小贴士：**
>
> 数据查询是信息管理系统的基础功能之一。查询的过程就是在数据库中按照用户提供的信息进行记录比对的过程。

数据查询是数组的一个非常典型的应用。在“工资管理系统”中有一项功能就是查找给定条件的工资记录。例如，查找工资大于 3 000 元的职工信息、查找姓名为“张三”的职工信息等。为简化问题，下面还是以处理 5 位职工的工资为例，实现查找工资大于 5 000 元的职工信息并输出。

【案例 4-4】 现有 5 位职工的工资，统计工资为 5 000 元及以上的职工有哪些。

〖分析〗 查找过程其实就是将 5 000 与每个数组元素的值进行比较的过程。

具体的处理步骤如下。

①定义具有 5 个元素的 float 型数组 gz，用于存放 5 个工资数据。

②定义具有 5 个元素的 int 型数组 a，用于存放满足条件的数组 gz 元素的下标。

③定义 int 型变量 cnt，用于存放满足条件的人数。

④通过 5 次循环分别判断 5 位职工的工资是否大于或等于 5 000 元。

⑤如果当前数据大于或等于 5 000，则将其下标记入数组 a 中，同时计数器 cnt 递增来计数。

⑥输出满足条件的所有数据。

```
#include <stdio.h>
#define N 5                             /* 职工人数，用符号常量 N 表示 */
#define MIN 5000                        /* 查找条件阈值，用符号常量 MIN 表示 */
main( )
{
    int i;                              /* 循环控制变量 */
    float gz[N]={6500,3152.3,1931.1,2100,5533};  /* 数组 gz 存放 N 位职工的工资 */
    int a[N]={0};                       /* 数组 a 存放满足条件的职工工资数据在数组中的下标 */
    int cnt=0;                          /* 存放满足条件的人数，即起到计数器的作用 */

    for(i=0;i<N;i++)                    /* 通过循环依次比较 */
    {
        if(gz[i]>=MIN)                  /* 判断工资数据与阈值的关系 */
            a[cnt++]=i;                 /* 若成立，计数器 cnt 增 1，同时记录元素的下标 */
    }
    printf("工资在%d及以上的共有%2d位\n",MIN,cnt );
    printf("他们是：\n");
```

```
    for(i=0;i<cnt;i++)
    {
        printf("第%2d位%.2f\n",a[i]+1,gz[a[i]]);
                                        /*a[i]就是数组gz中满足条件的下标*/
    }
}
```

程序运行结果如图 4-6 所示。

图 4-6　案例 4-4 运行结果

（2）数据修改

在信息管理系统软件中，数据修改是将特定记录的某些字段值改为指定值的一种常见操作。下面以数组为例，简要介绍其实现原理。

【案例 4-5】 将第 3 位职工的工资数据改为 5 000。

具体的处理步骤如下。

①定义具有 5 个元素的 float 型数组 gz，存放 5 位职工的工资数据。

②输出修改前的数据。

③将第 3 位职工的工资数据改为 5 000。

④输出修改后的数据。

```
#include <stdio.h>
#define N 5                          /*职工人数，用符号常量N表示*/
#define X 3                          /*指定要修改的职工，用符号常量X表示*/
#define DATA  5000                   /*修改后的数据，用符号常量DATA表示*/
main( )
{
    int i;                           /*循环控制变量*/
    float gz[N]={6500,3152.3,1931.1,2100,5533};
    printf("修改前：");
    for(i=0;i<N;i++)
        printf("%.2f   ",gz[i]);
    printf("\n");
    gz[X-1]=DATA;                    /*将第3位职工的工资数据修改为5000*/
    printf("修改后：");
    for(i=0;i<N;i++)
        printf("%.2f   ",gz[i]);
    printf("\n");
}
```

程序运行结果如图 4-7 所示。

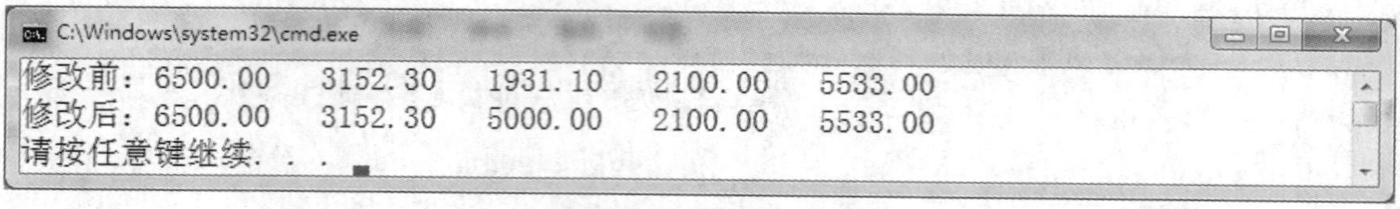

图 4-7　案例 4-5 运行结果

〖思考〗 案例 4-5 给出了修改指定位置数据的代码，即数组元素的下标已知，如何实现修改指定大小或其他特定的数据呢？实际的信息管理系统中处理后者的情况更多，例如，修改姓名为“张三”的工资数据。

（3）数据添加 / 删除

实际运行的“工资管理系统”必须能够应对职工人数变化的情况。如果人员增加，必须添加职工记录，如果人员减少，必须删除职工记录。下面学习添加 / 删除记录的基本原理与实现方法。

【案例 4-6】 添加数据。有一组工资数据，已按从小到大的顺序存放在数组中，现有一个新的工资数据需要添加到其中，并且仍保持原有顺序，编程实现。

〖分析〗 先找到新数据的插入位置，然后将该位置及其后面的所有元素依次后移一个位置，最后将新数据存放到该位置即可。

操作步骤如下。

①定义数组 gz，存放工资数据。

②定义符号常量 DATA，表示要添加的数据。

③依次比较 DATA 与数组中各元素的值。

④如果 DATA 大于当前元素的值，则继续向后比较。

⑤如果 DATA 不大于当前元素的值，则结束比较。

⑥将当前元素的下标存入变量 k。

⑦将下标为 k 的元素及其所有后续元素依次后移。

⑧将 DATA 存入下标为 k 的元素中，结束处理。

```
#include "stdio.h"
#define N 6                                   /* 职工人数，用符号常量 N 表示 */
#define DATA 3100                             /* 要添加的数据，用符号常量 DATA 表示 */
main( )
{
   int i;                                     /* 循环控制变量 */
   int k;                                     /* 存放插入数组的位置的下标 */
   int gz[N]={3000,3200,3300,3400,3500};                          /* 初始化 */
   printf("添加数据前：");
   for(i=0;i<N-1;i++)    printf("%-6d",gz[i]);
   printf("\n");
```

```
    /* 通过本循环找到插入位置，并将其下标存放到变量 k 中 */
    for(i=0;i<N;i++)                        /* 从第一个元素开始依次比较 */
    {
        if(DATA<=gz[i])                     /* 不大于当前值时 */
        {
            k=i;                            /* 当前下标存入变量 k*/
            break;                          /* 结束比较 */
        }
    }
    /* 通过本循环移动数据 */
    for(i=N-1;i>k;i--)                      /*i 从 N-1 变化到 k+1，即先移动更靠后的数据 */
    {
        gz[i]=gz[i-1];                      /* 以向后赋值的方法实现数据的向后移动 */
    }
    gz[k]=DATA;                             /* 将新数据存入下标为 k 的数组元素中 */
    printf(" 添加数据后：");
    for(i=0;i<N;i++)    printf("%-6d",gz[i]);
    printf("\n");
}
```

程序运行结果如图 4-8 所示。

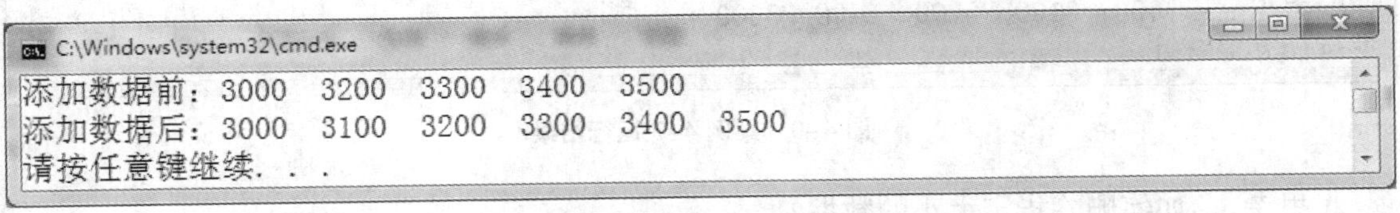

图 4-8　案例 4-6 运行结果

【案例 4-7】 删除数据。有一组工资数据，存放在数组中，删除一个指定位置的数据，并且仍维持每个数据的相邻关系，编程实现。

〖分析〗 将指定位置后面的所有元素依次前移一个位置即可。

操作步骤如下。

①定义包含 N 个元素的 int 型数组 gz，存放工资数据，并初始化。

②定义 int 型变量 k，接收键盘输入的位置下标。

③将元素 k 及其所有后续元素依次向前赋值。

```
#include "stdio.h"
#define N 6                                  /* 原职工人数，用符号常量 N 表示 */
main( )
{
    int i;                                   /* 循环控制变量 */
    int k;                                   /*k 存放指定数据的下标 */
    int gz[N]={3000,3100,3200,3300,3400,3500};   /* 初始化数组 gz*/
```

```
    printf("删除数据前：");
    for(i=0;i<N;i++)    printf("%-6d",gz[i]);
    printf("\n");
    printf("要删除的数据下标：");
    scanf("%d",&k);
    if(k<0 || k>5)                    /*如果输入的下标有误，进行提示并结束程序*/
    {
        printf("下标范围有误\n");
        return;
    }
    /*通过本循环移动数据*/
    for(i=k;i<N-1;i++)    gz[i]=gz[i+1];   /*以向前赋值的方法实现数据的向前移动*/
    printf("删除数据后：");
    for(i=0;i<N-1;i++)    printf("%-6d",gz[i]);
    printf("\n");
}
```

程序运行结果如图 4-9 所示。

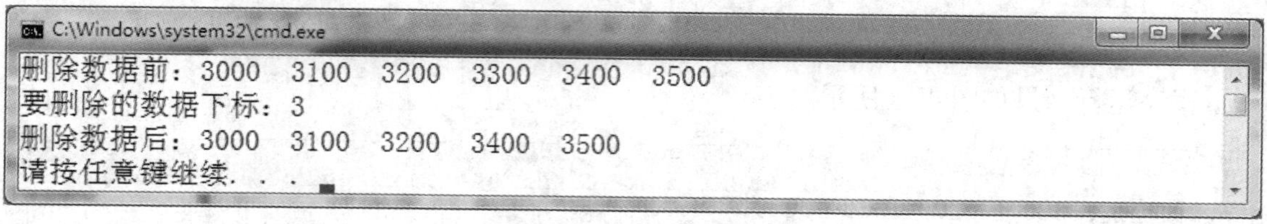

图 4-9　案例 4-7 运行结果

〖思考〗 如何删除指定大小的数据？

注意：本节的两个案例中，如果移动的数据非常多或非常频繁，会消耗大量的机器时间，导致程序的运行效率降低。另外，插入数据时，数组可能已无空间可用；删除数据后会浪费空间。因此，很少使用数组来处理添加 / 删除数据的情况。

（4）排序

排序是对大量数据进行条例化处理的一种常见的统计方式。下面介绍两种经典的排序算法：选择排序算法和冒泡排序算法。

【案例 4-8】 采用选择排序算法将 5 位职工的工资数据按由小到大的顺序排序。

〖分析〗 对于 n 个待排数据，进行 $n-1$ 趟处理，每一趟从待排序的数据中选出最小的一个，放在待排序数列的最前面，直到全部待排序的数据排完为止。

操作步骤如下。

①通过 $n-1$ 次比较，从 n 个数中找出最小数，将它与排在第一个位置上的数据交换，完成第一趟排序，结果是最小数被放置在第一位。

②通过 $n-2$ 次比较，从剩余的 $n-1$ 个数中找出最小数，将它与第二个位置上的数据交换，完成第二趟排序，结果是次小数被放置在第二位。

③重复①、②的过程，共经过 $n-1$ 趟排序后，n 个数据均已有序，排序结束。

排序过程的示例如下。

（方括号中是待排序的数据，方括号前是已有序的数据，有下画线数据的表示待交换的数据）。

初始数据：	[4	3	6	9	7	1	2	4]
第一趟排序后	1	[3	6	9	7	4	2	4]
第二趟排序后	1	2	[6	9	7	4	3	4]
第三趟排序后	1	2	3	[9	7	4	6	4]
第四趟排序后	1	2	3	4	[7	9	6	4]
第五趟排序后	1	2	3	4	4	[9	6	7]
第六趟排序后	1	2	3	4	4	6	[9	7]
第七趟排序后	1	2	3	4	4	6	7	[9]

```c
#include <stdio.h>
#define N 5                          /* 职工人数，用符号常量 N 表示 */
main( )
{
    int i,j;                         /* 循环控制变量 */
    int k;                           /* 记录当前最小数的下标 */
    int t;                           /* 用于交换的临时变量 */
    int gz[N]={5000,2000,3000,4000,1000};        /* 工资数据 */
    printf(" 排序前：");
    for(i=0;i<N;i++) printf ("%-6d",gz[i]);
    printf("\n");
    for(i=0;i<N-1;i++)               /* 控制比较趟数 */
    {
        k=i;                         /* 把当前最小数的下标赋值给 k*/
        for(j=i+1;j<N ;j++)
        {
            /* 如果下标为 j 的数据更小，则 j 赋值给 k，这样 k 始终保存当前最小数的下标 */
            if(gz[j]<gz[k]) k=j;
        }
        if(i!=k)  /* 如果 k 改变过，说明有更小数，则交换数组 gz 中下标 k 和下标 i 的元素 */
        {
            t=gz[i];gz[i]=gz[k];gz[k]=t;
        }
    }
    printf(" 排序后：");
    for(i=0;i<N;i++) printf ("%-6d",gz[i]);
    printf("\n");
}
```

程序运行结果如图 4-10 所示。

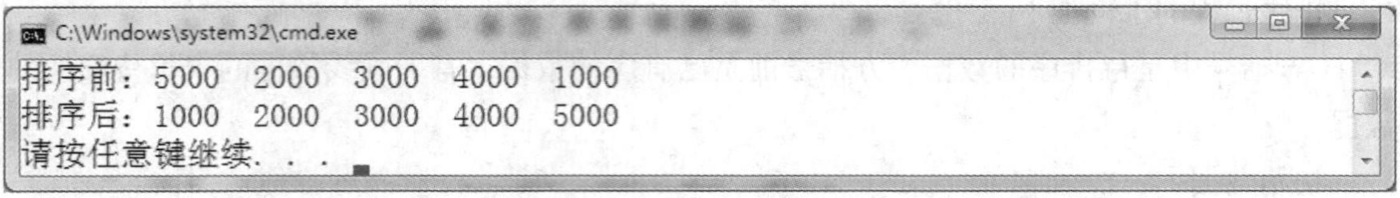

图 4-10　案例 4-8 运行结果

【案例 4-9】 采用冒泡排序算法对 5 位职工的工资数据按由小到大的顺序排序。

〖分析〗 依次比较相邻的两个数，将小数放在前面，大数放在后面。因为在排序过程中总是小数往前放，大数往后放，相当于气泡往上升，所以称为冒泡排序。

操作步骤如下。

①假设待排的数为 *n* 个，先比较第一个数与第二个数，若 a[0]>a[1]，则交换 a[0] 与 a[1] 的值；然后比较第二个数与第三个数，若 a[1]>a[2]，则交换 a[1] 与 a[2] 的值；依次类推，直至第 *n*-1 个数和第 *n* 个数比较完为止，则第一趟排序结束，结果最大值被置换到最后一个元素位置上。

②对前 *n*-1 个数进行第二趟排序，结果使第二大的数被安置在第 *n*-1 个元素位置上。

③重复上述过程，共经过 *n*-1 趟排序后，*n* 个数据均已有序，排序结束。

排序过程的示例见表 4-1（表中有下画线的为待排序数中的最大数，加粗的数据为已有序的数据）。

表 4-1　冒泡排序过程示意

初始数据	第一趟排序结果	第二趟排序结果	第三趟排序结果	第四趟排序结果	第五趟排序结果	第六趟排序结果	第七趟排序结果
4	3	3	3	3	1	1	**1**
3	4	4	4	1	2	**2**	**2**
6	6	6	1	2	**3**	**3**	**3**
9	7	1	2	**4**	**4**	**4**	**4**
7	1	2	4	**4**	**4**	**4**	**4**
1	2	4	**6**	**6**	**6**	**6**	**6**
2	4	**7**	**7**	**7**	**7**	**7**	**7**
4	**9**	**9**	**9**	**9**	**9**	**9**	**9**

由表 4-1 看出，每一趟的处理就是通过多次交换，把无序数列中的最大数置换到数列的最后位置上，经过 *n*-1 趟这样的处理过程使得数列有序。

```
#include <stdio.h>
#define N 5                                /* 职工人数，用符号常量 N 表示 */
main( )
```

```
{
    int i,j;                                /* 循环控制变量 */
    int t;                                  /* 用于交换的临时变量 */
    int gz[N]={5000,2000,3000,4000,1000};       /* 工资数据 */
    printf("排序前: ");
    for(i=0;i<N;i++) printf ("%-6d",gz[i]);
    printf("\n");
    for(i=1;i<N;i++)                        /* 排序趟数，共 N-1 趟 */
    {
        for(j=0;j<N-i;j++)                  /* 实现一次冒泡操作 */
        {
            if(gz[j]>gz[j+1])               /* 如果前面的数大于后面的数 */
                t=gz[j];gz[j]=gz[j+1];gz[j+1]=t;      /* 交换前后两个数 */
        }
    }
    /* 输出排好序的数据 */
    printf("排序后: ");
    for(i=0;i<N;i++) printf ("%-6d",gz[i]);
    printf("\n");
}
```

程序运行结果与案例 4-8 相同。

另外，由表 4-1 也可以看出，第五趟排序后全部数据已经有序，以后的比较是没有意义的。因此，可以对以上的冒泡排序算法进行改进。

当某次冒泡过程中发现没有交换操作时，表明数列已经排好序了，可以终止比较操作。为了标记在比较过程中是否发生了数据交换，在程序中设立一个标志变量 flag，在每趟比较前把变量 flag 的值置为 0，如果在这趟比较过程中发生了数据交换，把变量 flag 的值置为 1。在这一趟比较结束后进行判断，如果变量 flag 的值等于 0，表示无任何数据交换，可以结束排序过程；否则，进行下一趟排序。

改进部分的代码如下。

```
……
for(i=1;i<N;i++)                    /* 排序趟数，共 N-1 趟 */
{
    flag=0;                         /* 标志变量，每趟比较前清零，表示没有发生数据交换 */
    for(j=0;j<N-i;j++)              /* 实现一次冒泡操作 */
    {
        if(gz[j]>gz[j+1])           /* 如果前面的数大于后面的数 */
        {
            t=gz[j];gz[j]=gz[j+1];gz[j+1]=t;        /* 交换前后两个数 */
            flag=1;                 /* 如果本趟有数据交换，把 flag 置为 1*/
        }
```

```
    }
    if(flag==0) break;                /* 如果本趟没有任何数据交换，则结束排序处理 */
}……
```

任务 5　处理字符串

1. 字符数组与字符串

数组元素的数据类型为字符型的数组称为**字符数组**。

在 C 语言中，字符数组与字符串有着非常密切的关系。C 语言没有字符串类型的变量，即不能用简单变量来存放字符串，对字符串的存储、处理常用字符数组来实现。

C 语言中的字符串就是指用双引号括起来的若干有效字符的序列，如 "Hello"，"I like C language!" 等。

在实际的应用系统中，字符串的长度是不固定的。例如，职工的姓名有的为两个字，有的为三个字或更多个字；单位、地址等的长度更是不固定。那么，怎么能方便地处理字符串呢？ C 语言规定了一个 “字符串结束标志”，以字符 '\0' 表示。'\0' 是指 ASCII 码值为 0 的字符，它是一个不可显示的字符，也是一个空操作字符，即不进行任何操作，只作为标记使用。

C 语言中，存储字符串时系统会自动地在每一个字符串常量的最后加入字符 '\0'，作为字符串的结束标志。当然，它也要占用一个字节。

例如，字符串 "China"，在内存中的存放情况如下。

'C'	'h'	'i'	'n'	'a'	'\0'

由于 '\0' 被自动加入，所以，一个字符串所占内存的字节数比看到的字符个数多一个。

2. 字符数组

（1）字符数组的定义

与定义其他类型的数组类似，定义字符数组的一般格式如下。

```
char  数组名 [ 元素个数 1][[ 元素个数 2]…[ 元素个数 n]];
```

例如：

```
char str1[10];          /* 定义 str1 为一维字符数组，包含 10 个元素 */
char str2[50];          /* 定义 str2 为一维字符数组，包含 50 个元素 */
char str3[20][80];      /* 定义 str3 为二维字符数组，包含 20 行 80 列，共 1600 个元素 */
```

存储字符时实际存储的是其对应的 ASCII 码值，虽然该值可以作为整数使用，但并不是真正的整型数据，其类型仍然为 char 型，即存储时占一个字节。请注意，下面两个语句初始化的结果中，数组占用内存的情况是不同的。

```
short c1[3]={65,66,67};                    /* 在内存中占 3*sizeof(short) 个字节 */
char c2[3]={65,66,67};                     /* 在内存中占 3*sizeof(char) 个字节 */
```

在 VS 环境下，短整型数据占两个字节，字符型数据占一个字节。对于以上定义，最终数组 c1 和 c2 的内存分配情况如图 4-11 所示。

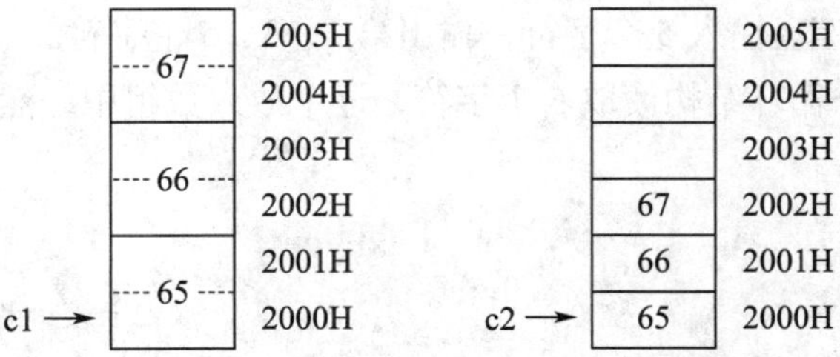

图 4-11　数组 c1 和 c2 的内存分配情况

（2）字符数组的初始化

可以用字符和字符串两种方式来初始化字符数组。

①用字符初始化。

如果用字符型数据初始化字符数组，那么其格式与其他类型数组的初始化格式无区别。例如：

```
char ch[5]={'a','a','a','a','a'};                  /* 逐个元素地初始化一维数组 */
```

则 ch[0] ～ ch[4] 的值均为 'a'，也可以省略元素个数，即“char ch[ ]= {'a','a','a','a','a'};”，元素个数自动确定为 5。

字符数组也可以部分初始化，特点与前面所讲的普通的一维数组相同，不再赘述。需要注意的是，没有得到数据的元素，对应的字符为 '\0'，即 ASCII 码值为 0 的字符。

再如：

```
char ch[3][4]={{'a','a','a','a'},{'b','b','b','b'},{'c','c','c','c'}};
                                                 /* 逐个元素地初始化二维数组 */
```

可以按行分段对全部或部分元素进行初始化，也可以按行连续地对全部或部分元素进行初始化，并且可以省略行下标，这些特点与其他类型的二维数组相同，这里不再赘述。

②用字符串初始化。

例如：

```
char str[7]={"string"};
```

或

```
char str[ ]="string";
```

注意：用字符串对字符数组初始化时，如果不省略元素个数，那么元素个数应至少比字符串包含的可显示字符的个数多一个，因为系统会自动在字符串的最后加上字符 '\0'，它也要占一个存储位置，算作一个数组元素。

（3）字符数组元素的引用

字符数组元素的引用格式与其他类型数组元素的引用格式相同，这里不再赘述。读者自行体会案例 4-10 中对字符数组元素的引用方法。

【案例 4-10】 从键盘输入 5 个字符，输出第 1、3、5 个字符。

〖分析〗 通过一个循环结构读取 5 个字符，逐个放入数组中，然后分别输出第 1、3、5 个字符。

```
#include <stdio.h>
#define N 5                                  /* 数组长度，用符号常量 N 表示 */
main( )
{
    int i;                                   /* 循环控制变量 */
    char str[N];
    printf(" 请输入 %d 个字符：",N);          /* 输入的字符个数，不能超过 N 个 */
    for(i=0;i<N;i++) scanf("%c",&str[i]);
    printf(" 第 1、3、5 个字符：");
    printf("%c",str[0]);
    printf("%c",str[2]);
    printf("%c",str[4]);
    printf("\n");
}
```

程序运行结果如图 4-12 所示。

图 4-12 案例 4-10 运行结果

3. 字符串的输入和输出

（1）逐个字符的输入和输出

采用“%c”格式符与循环结构配合，可以逐个字符的方式实现字符串的输入和输出。

【案例 4-11】 输入一个字符串并输出。

〖分析〗 利用循环结构，使用“%c”格式符控制标准输入输出函数的读取和输出格式，即读取和输出单个字符，但对用户来说，可以认为是整个字符串的输入和输出。

```
#include <stdio.h>
#define N 5                                  /* 字符个数，用符号常量 N 表示 */
main( )
{
   char s[N];                                /* 存放输入的字符 */
   int i;                                    /* 循环控制变量 */
   printf(" 请输入一个字符串 [ 不超过 %d 个字符 ]: ",N);
   for(i=0;i<N;i++)                          /* 遍历元素且赋值 */
      scanf("%c",&s[i]);
   printf(" 您输入的字符串为: ");
   for(i=0;i<N;i++)                          /* 遍历元素且输出 */
      printf("%c",s[i]);
   printf("\n");
}
```

程序运行结果如图 4-13 所示。

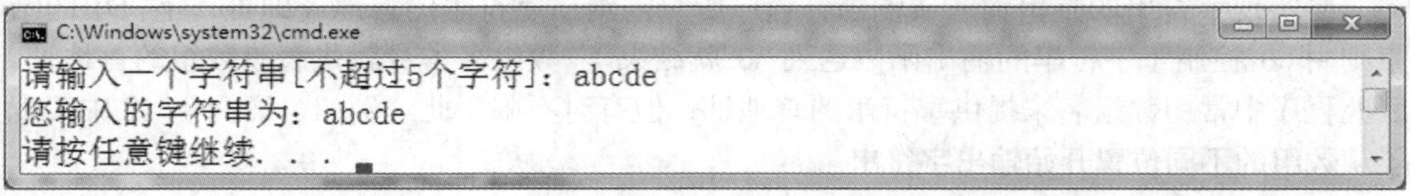

图 4-13　案例 4-11 运行结果

〖思考〗 如果输入的字符超过 5 个，例如输入字符串“hello world”，那么输出结果如何？为什么？

（2）整个字符串的输入和输出

采用“%s”格式符可以实现整个字符串的输入和输出。

【案例 4-12】 输入一个字符串并输出。

〖分析〗 对字符串的输入和输出操作，更简洁、高效的方法是使用“%s”格式符，控制标准输入输出函数对字符串的输入与输出。

```
#include <stdio.h>
#define N 6                          /* 字符数组的长度，用符号常量 N 表示 */
main( )
{
   char str[N];
   printf(" 请输入一个字符串 [ 不超过 %d 个字符 ]: ",N-1);
   scanf("%s",str);
   printf(" 您输入的字符串为: ");
   printf("%s\n",str);
}
```

程序运行结果如图 4-14 所示。

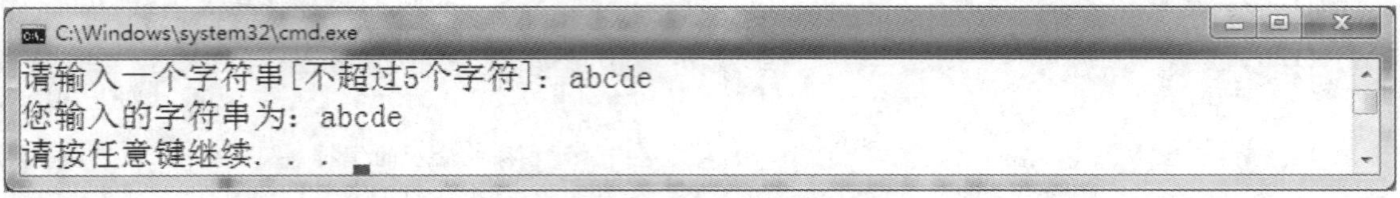

图 4-14　案例 4-12 运行结果

〖思考〗 如果输入的字符超过 5 个，例如输入字符串“hello world”，那么输出结果如何？与图 4-13 下面的“思考”有何不同？

因为 scanf( ) 函数在用“%s”格式符作为输入控制时，遇到空格、制表符或回车符就结束，所以程序运行时如果从键盘输入 abc def ghi，字符数组只获得了 "abc"。由此可见，采用 scanf( ) 函数输入字符串时，字符串中一般不包含空格。若想获取包含空格的字符串，可以使用 gets( ) 函数。

另外，从键盘输入字符串时，其长度不要超出存放它的字符数组的长度，同时，还需考虑到 '\0' 的存储空间。字符串的长度比字符数组的长度小是可行的。

要实现字符串的整串输入或输出，程序中只需给出字符串的首地址即可，字符串的结束则由 '\0' 控制（字符串的输出函数遇到 '\0' 就结束）。数组名本身就代表该数组的首地址，因此程序中常用数组名来提供字符串的首地址，但有时不限于此。例如，案例 4-12 中实现了从数组的不同位置开始输出字符串。

【案例 4-13】 从数组的不同位置开始输出字符串。

〖分析〗 本例说明了控制输出项的不同方式，即可以从字符数组的任意一个元素开始输出一个字符串。

```
#include <stdio.h>
main( )
{
    char str[ ]={"How are you!"};  /* 用字符串对数组 str 进行初始化 */
    printf("%s\n",str);            /* 从下标为 0 的元素位置开始输出一个字符串 */
    printf("%s\n",&str[4]);        /* 从下标为 4 的元素位置开始输出一个字符串 */
    printf("%s\n",&str[8]);        /* 从下标为 8 的元素位置开始输出一个字符串 */
}
```

程序运行结果如图 4-15 所示。

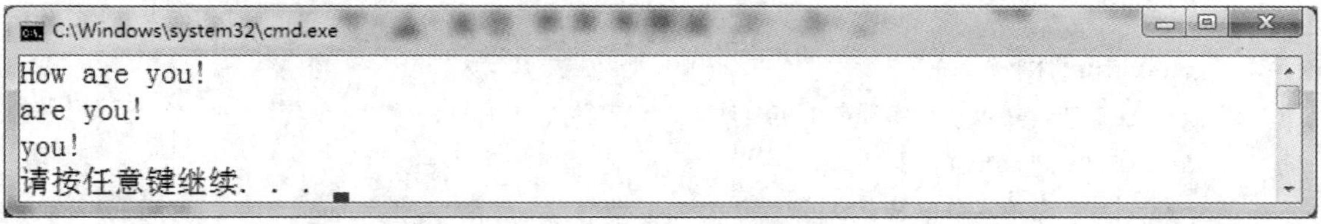

图 4-15　案例 4-13 运行结果

〖思考〗 如果子字符串“are”和“you!”之间是 '\0' 字符，则输出结果是什么？

小贴士：

不能使用赋值语句将一个字符串直接赋给一个数组，只能在定义字符数组时进行初始化，或在程序执行代码中通过 gets( )、scanf( ) 或 strcpy( ) 等函数为字符数组提供字符串。

例如：

```
char c[15];
c="How are you!";
        /* 错误语句，因为 c 在这里只是这个字符数组的首地址 */
c[ ]="How are you!";
        /* 错误语句，省略数组元素的下标只能出现在初始化数组的时候 */
c[15]="How are you!";
        /* 错误语句，c[10] 表示单个元素，而不是整个数组。另外，数组也不能整体赋值 */
```

4. 常用的字符串处理函数

计算机由最初主要进行数值计算发展到现在更普遍地用于进行数据处理，有一个明显的变化就是字符串的处理工作越来越多。尤其在类似工资管理这样的信息管理系统中，很多情况下需要对诸如工号、姓名、性别、单位、职称等字符串数据进行处理。这些处理工作包括字符串的输入、输出、比较、查询、合并、修改、转换、复制等。C 语言为用户提供了丰富的进行字符串处理的标准库函数，使用这些函数可以大大减轻编程的工作量，提高软件开发的效率。

下面介绍几个较常用的字符串处理函数。在使用这些函数时需要将头文件“string.h”或“stdio.h”包含到程序中。

（1）字符串输出函数 puts( )

原型：int puts(const char *str);

功能：向显示器输出从 str 开始的字符串（输出完毕后自动换行）。

返回值：成功时返回一个换行，失败时返回 EOF（-1）。

头文件：stdio.h。

说明：参数 str 可以是字符串常量，也可以是指向字符串的指针变量，或者是字符数组名，但必须保证函数会遇到字符 '\0'。

【案例 4-14】 从指定位置开始输出字符串。

```
#include <stdio.h>
main( )
{
   char c[ ]="Hello world!";
   puts(c);                    /* 从下标为 0 的元素位置开始输出一个字符串 */
   puts(&c[6]);                /* 从下标为 6 的元素位置开始输出一个字符串 */
   printf("\n");
}
```

程序运行结果如图 4-16 所示。

图 4-16　案例 4-14 运行结果

从输出结果中可以看出，puts( ) 函数在输出字符串后会自动换行。

注意函数参数的意义，它指出了输出字符串的起始地址，输出时直到遇到一个字符 '\0' 为止。

（2）字符串输入函数 gets( )

原型：char *gets(const char *str);

功能：从键盘输入一个以回车符结束的字符串，存入 str 指出的内存位置，并自动在后面加字符 '\0'。

返回值：成功时返回 str，失败时返回空指针。

头文件：stdio.h。

说明：输入字符的个数应小于字符数组的长度。

【案例 4-15】 输入一串字符并输出。

```
#include <stdio.h>
main( )
{
    char str[30];              /* 声明存储字符的数组，最多可接收 29 个普通字符 */
    printf("请输入一串字符：");
    gets(str);
    printf("您的输入为：");
    puts(str);
}
```

程序运行结果如图 4-17 所示。

图 4-17　案例 4-15 运行结果

可以看出空格作为普通字符被 gets( ) 函数读取，仅以回车符作为输入字符串的结束标志，而 scanf( ) 函数将空格、制表符和回车符均作为输入的结束标志，要注意这一区别。

（3）字符串连接函数 strcat( )

原型：char *strcat(char *str1,const char *str2);

功能：将 str2 指向的字符串连接到 str1 指向的字符串后，并以字符 '\0' 结束 str1。

返回值：成功时返回 str1。

头文件：string.h。

说明：str1 末尾的字符 '\0' 由 str2 的第一个字符覆盖。

【案例 4–16】 分别输入姓氏和名字，组合成姓名后输出。

〖分析〗 定义两个字符数组 str1 和 str2，分别存放姓氏和名字；再通过连接函数 strcat( ) 将 str2 中的名字字符串连接到 str1 中的姓氏字符串后；最后 str1 中的字符串就是完整的姓名。

```
#include <stdio.h>
#include <string.h>
#define  M  20                              /* 姓氏字符串的长度 */
#define  N  20                              /* 名字字符串的长度 */
main( )
{
    char str1[M];                           /* 存放姓氏字符串 */
    char str2[N];                           /* 存放名字字符串 */
    printf(" 请输入姓氏: ");
    gets(str1);
    printf(" 请输入名字: ");
    gets(str2);
    strcat(str1,str2);
    printf("--------------\n");
    printf(" 姓名为: ");
    puts(str1);
}
```

程序运行结果如图 4–18 所示。

图 4–18　案例 4–16 运行结果

注意：对于字符数组 str1，定义时应考虑有足够的长度，以使连接后的字符串能全部装入该数组。

（4）字符串复制函数 strcpy

原型：char *strcpy(char *str1,const char *str2);

功能：将 str2 指向的字符串复制到 str1 指向的位置。

返回值：成功时返回 str1。

头文件：string.h。

说明：str2 必须是一个以字符 '\0' 结尾的字符串指针。

【案例 4-17】 复制字符串。

〖分析〗 定义两个字符数组 str1 和 str2，分别存放两个字符串；再通过字符串复制函数 strcpy( ) 将数组 str2 中的字符串复制到数组 str1 中；最后输出数组 str1 中的字符串和数组 str1 中指定起始位置的字符串。

```
#include <stdio.h>
#include <string.h>
main( )
{
    char str1[15]="abcdefg";
    char str2[ ]="123";
    strcpy(str1,str2);            /* 复制字符串 */
    puts(str1);                   /* 从下标为 0 的元素位置开始输出一个字符串 */
    puts(&str1[4]);               /* 从下标为 4 的元素位置开始输出一个字符串 */
}
```

程序运行结果如图 4-19 所示。

图 4-19　案例 4-17 运行结果

注意：str1 的长度应大于或等于 str2 的长度；str2 中的字符 '\0' 一同被复制；不能使用 “str1=str2” 进行字符串复制；str1[4] 及后面的元素不受影响。

（5）字符串比较函数 strcmp( )

原型：char strcmp(char *str1,const char *str2);

功能：按字典顺序逐个比较以字符 '\0' 结尾的 str1 和 str2 指向的字符串。

返回值：返回 -1，则 str1 小于 str2；返回 0，则 str1 等于 str2；返回 1，则 str1 大于 str2。

头文件：string.h。

说明：str1 与 str2 的大小是以字典顺序进行判断的。

【案例 4-18】 输出字符串的比较结果。

```
#include <stdio.h>
#include <string.h>
main( )
{
```

```
    char st1[ ]="ABCDEFG";
    char st2[ ]="abc";
    printf("%d\n",strcmp(st1,st2));
    printf("%d\n",strcmp(st1,st1));
    printf("%d\n",strcmp(st2,st2));
    printf("%d\n",strcmp(st2,st1));
}
```

程序运行结果如图 4-20 所示。

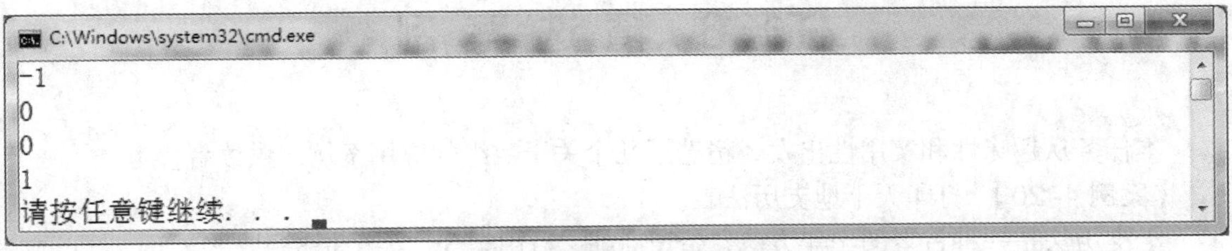

图 4-20　案例 4-18 运行结果

（6）字符串长度函数 strlen( )

原型：size_t strlen (const char *str);

功能：计算字符串 str 的长度。

返回值：返回由 str 所指以字符 '\0' 结尾的字符串的长度。

头文件：string.h。

说明：字符串的长度不包括结束标志 '\0'。

【案例 4-19】 输出字符串的长度。

```
#include <stdio.h>
#include <string.h>
main( )
{
    char str1[ ]="ABCDE";
    char str2[ ]={'A','\0','B','C','D','\0'};
    printf("%d\n",strlen(str1));
    printf("%d\n",strlen(&str1[3])); /* 从下标为 3 的元素位置开始计算字符串的长度 */
    printf("%d\n",strlen(str2));
    printf("%d\n",strlen(&str2[2])); /* 从下标为 2 的元素位置开始计算字符串的长度 */
}
```

程序运行结果如图 4-21 所示。

从输出结果可以看出，strlen( ) 函数的参数是一个起始地址，只要遇到字符 '\0' 就返回。

当然，还有很多非常有用的字符串处理函数，这里不再一一介绍，读者可查阅本书的附录或其他资料来了解它们。

```
C:\Windows\system32\cmd.exe
5
2
1
3
请按任意键继续. . .
```

图 4-21　案例 4-19 运行结果

任务 6　精 选 案 例

本任务从趣味性和实用性出发，精选了几个关于数组的应用案例，供读者参考。

【案例 4-20】 打印天干地支历法表。

干支历法是一种古老的纪年方法，始于商朝，沿用至今。天干是指甲、乙、丙、丁、戊、己、庚、辛、壬、癸。地支是指子、丑、寅、卯、辰、巳、午、未、申、酉、戌、亥。十天干和十二地支依次组合相配，构成 60 个基本单位，干支历法表如表 4-2 所示。

表 4-2　干支历法表

序号	1	2	3	4	5	6	7	8	9	10
1	甲子	乙丑	丙寅	丁卯	戊辰	己巳	庚午	辛未	壬申	癸酉
2	甲戌	乙亥	丙子	丁丑	戊寅	己卯	庚辰	辛巳	壬午	癸未
3	甲申	乙酉	丙戌	丁亥	戊子	己丑	庚寅	辛卯	壬辰	癸巳
4	甲午	乙未	丙申	丁酉	戊戌	己亥	庚子	辛丑	壬寅	癸卯
5	甲辰	乙巳	丙午	丁未	戊申	己酉	庚戌	辛亥	壬子	癸丑
6	甲寅	乙卯	丙辰	丁巳	戊午	己未	庚申	辛酉	壬戌	癸亥

〖分析〗

①定义两个一维字符数组 a 和 b，分别存放天干和地支，用两个整型变量 i 和 j 分别存放它们的下标。

②按顺序将数组 a 中的元素放入字符数组 str 中，将数组 b 中的元素连接到数组 str 中。

③输出数组 str，直到下标 i 和 j 再次相等，说明所有天干和地支匹配完毕，结束处理。

```
#include <stdio.h>
#include <string.h>
#define N 10                          /* 天干数 */
#define M 12                          /* 地支数 */
main( )
{
    int i=0;                          /* 天干下标 */
```

```
    int j=0;                             /* 地支下标 */
    int k=0;                             /* 存放天干地支的组合数 */
    char str[6]={0};                     /* 用于存放天干、地支组合后的字符串 */
    char a[N][8]={"甲","乙","丙","丁","戊","己","庚","辛","壬","癸"};
    char b[M][8]={"子","丑","寅","卯","辰","巳","午","未","申","酉","戌","亥"};
    do
    {
        strcpy(str,a[i]);                /* 先把天干字符复制到 str 中 */
        strcat(str,b[j]);                /* 再把地支字符连接到 str 中，构成一个干支组合 */
        k++;                             /* 组合数增 1*/
        printf(k%10!=0?"%-6s":"%-6s\n",str,str);        /* 输出，每 10 组换行 */
        i++;
        if(i==N) i=0;                    /* 如果 a 的下标达到 10，则重新从 0 开始 */
        j++;
        if(j==M) j=0;                    /* 如果 b 的下标达到 12，则重新从 0 开始 */
        if(i==0 && j==0) break;          /* 如果第二次遇到 " 甲 " 和 " 子 " 的组合，说明匹配
                                            完成，结束循环 */
    }while(1);
    printf("%d\n",k);                    /* 输出干支组合总数 */
}
```

程序运行结果如图 4-22 所示。

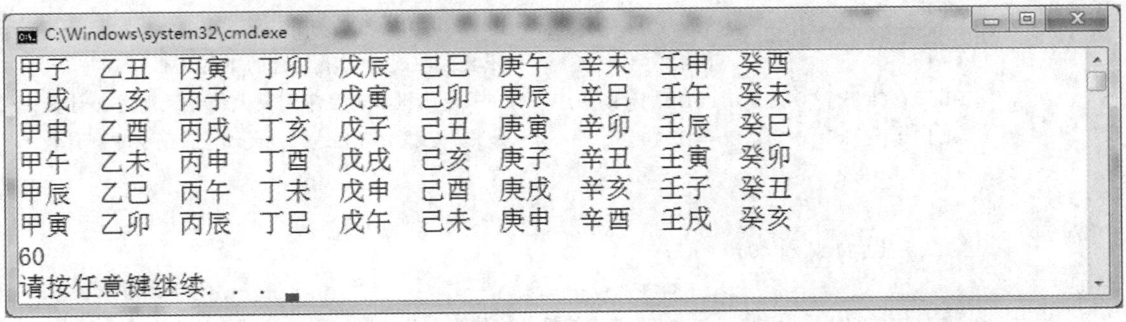

图 4-22　案例 4-20 运行结果

〖思考〗 程序中的 strcpy( ) 函数可以改为 strcat( ) 函数吗?

【案例 4-21】 八仙排序。

八仙祝寿是我国民间一个古老的神话传说。相传 8 位神仙铁拐李、汉钟离、张果老、蓝采和、何仙姑、吕洞宾、韩湘子、曹国舅为王母祝寿，但 8 位神仙谁先谁后呢?

太上老君出了一个主意：将 8 位神仙围成一圈，按 1 ～ 8 编号，由 1 号开始进行从 1 到 3 的报数。凡报数为 3 的出列，与他相邻的下一位继续进行从 1 到 3 的报数，重复此过程，出列的先后顺序就是祝寿的先后顺序。

〖分析〗

①定义 char 型二维数组 str，用于存放各位神仙的名字。

②定义两个长度为 8 的整型数组 a、b，数组 a 用来存放各位神仙各自的编号；数组 b

用来记录出列者的编号。

③数组 a 的第一个元素从 1 开始递增报数，报数到最后一个元素后，继续从第一个元素连续报数，凡与 3 的倍数相对应的元素记为“已出列”，并将其编号存入数组 b 中，同时记录出列者的个数，若出列者的个数为 7，则结束处理。

④以数组 b 的元素值为下标，依次输出数组 str 中的“名字”即可。

注意：程序中对编号取负来表示“已出列”；变量 outcount 用于记录出列者的个数；变量 k 对已报数者计数，即 k 为已报数者的下标；变量 i 既用作循环控制，也用作各个元素对应的递增报数，其他说明见代码注释。

```
#include <stdio.h>
#define N 8                                /* 最大编号 */
#define M 3                                /* 报数最大值 */
main( )
{
    char str[ ][10]={"铁拐李","汉钟离","张果老","蓝采和","何仙姑","吕洞宾",
                     "韩湘子","曹国舅"};
    int a[N]={1,2,3,4,5,6,7,8};           /* 初始化编号 */
    int b[N];                              /* 存放出列者的编号 */
    int outcount=0;                        /* 记录出列者的个数 */
    int i;                                 /* 循环控制变量，递增报数值 */
    int k=-1;       /* 已报数者计数，即已报数者的下标，初始化为 -1 表示报数未开始 */
    for(i=1;;i++)                          /* 从 1 开始递增报数 */
    {
        k++;                               /* 计数，即改变已报数者的下标 */
        while(a[k]<0 && k!=N-1) k++;  /* 如果是已报数者且不到最大编号，则用 k 计数 */
        while(a[k]<0 && k==N-1)       /* 如果是已报数者且达到最大编号，则 k 重新计数 */
        {
            k=0;
            while(a[k]<0) k++;
        }
        if(i%M==0)            /* 若连续报数的值为 3 的倍数，则该位置上的元素为出列者 */
        {
            b[outcount]=a[k];              /* 记录出列者的下标 */
            outcount++;                    /* 记录出列者的个数 */
            a[k]=-a[k];                    /* 记为 " 已出列 "*/
        }
        if(k==N-1)                         /* 如果到达最后一个元素 */
        {
            i++;                           /* 继续连续报数 */
            k=0;                           /* 重新记录已报数者 */
            while(a[k]<0) k++;
            if(i%M==0)
            {
```

```
                b[outcount]=a[k];
                outcount++;
                a[k]=-a[k];
            }
        }
        if(outcount==N) break;          /* 如果出列者个数为 7，则结束处理 */
    }
    printf("%-6s%-6s%-6s\n","顺序","编号","名字");
    for(i=0;i<N;i++)
        printf("%-6d%-6d%-6s\n",i+1,b[i],str[b[i]-1]);
    printf("--------------------\n");
}
```

程序运行结果如图 4-23 所示。

图 4-23 案例 4-21 运行结果

〖说明〗 本例是著名的“约瑟夫环”问题，读者可查阅其他资料或通过网络搜索了解更多信息。

【案例 4-22】 音乐播放。利用计算机喇叭演奏歌曲《两只老虎》。

〖分析〗 VS 环境中提供了计算机喇叭发声函数 Beep( )，在其参数中可指定发声频率和持续时间，函数的原型如下。

```
BOOL Beep(
    DWORD dwFreq,                /* 声音频率，单位为 Hz*/
    DWORD dwDuration             /* 声音延时，单位为 ms*/
);
```

可以将乐谱的声音的频率数据和延时数据分别存放在两个数组中，然后在循环中调用 Beep( ) 函数，将两个数组的对应元素作为参数即可实现播放音乐。

```
#include <stdio.h>
#include <windows.h>
```

```
/* 各音符频率的宏定义如下 */
#define   DO   262
#define   RE   294
#define   MI   330
#define   FA   349
#define   SO   392
#define   LA   440
#define   SE   494
#define   SO_  196
main( )
{
   int i;
   /* 乐曲音符的频率数据 */
   int a[32]={DO,RE,MI,DO,DO,RE,MI,DO,MI,FA,SO,MI,FA,SO,
      SO,LA,SO,FA,MI,DO,SO,LA,SO,FA,MI,DO,RE,SO_,DO,RE,SO_,DO};
   /* 乐曲音符的延时数据 */
   int b[32]={250,250,250,250,250,250,250,250,250,250,500,250,250,500,
      125,125,125,125,250,250,125,125,125,125,250,250,250,250,500,250,250,500};
   printf("\n\n\n\t\t 两只老虎，两只老虎，跑得快……");
   for(i=0;i<32;i++)
      Beep(a[i],b[i]);
}
```

〖说明〗

① Beep( ) 函数的延时数据可能随计算机硬件的性能不同而不同，因此要想达到较理想的声音效果，需要改变其参数反复调试。

② TC 环境下的喇叭发声函数是 sound( )，声音延时可以使用 delay( ) 函数进行控制，读者可以参阅附录 5 或其他相关资料。

本例虽然只是驱动计算机喇叭发声，但能够反映出音乐播放软件的实现原理。

〖思考〗用一个一维数组如何实现音乐播放效果？用一个二维数组如何实现音乐播放效果？

任务 7　本章要点汇总

①数组的概念：如果程序处理的数据量很大，那么可以使用数组。数组是一种高效的数据组织方式，可以将同类型的数据元素存放到一段连续的内存中，并在程序代码中使用同一个名字来代表，提高了代码的简洁性。

②数组的定义：与普通变量的定义格式稍有区别，即在定义数组时除了指出数组名外，还要规定其可存储的数据个数。数组可分为数值数组（整型数组、实型数组）、字符数组

及后面将要介绍的指针数组、结构体数组等。数组可以定义为一维数组、二维数组或多维数组。

③数组的初始化：数组的初始化就是在定义的同时指定全部或部分数组元素的值。

④数组的引用：代码中对数组的引用格式与普通变量类似，即给出数组名，但数组包含多个元素，所以还要指出引用第几个元素的信息，这一信息通过“下标”指定。对数组的赋值可以用数组初始化赋值、输入函数动态赋值和用赋值语句赋值 3 种方法实现。

⑤数组的典型应用：包括数据查找、数据排序、字符串处理、矩阵数据处理等。

⑥字符串是一个以字符 '\0' 结尾的字符序列。C 语言中常用字符数组来存放字符串，了解和掌握常用的字符串函数可以大大减轻编程的工作量，提高编程的效率。

⑦注意事项。

a）数组同普通变量一样，必须遵循先定义后使用的原则。

b）定义数组时必须确定元素的个数。

c）未初始化的局部数组或动态数组中所有元素的值是不确定的。

d）部分初始化的数组中未得到初始数据的元素值为 0，这和数组类型无关。

e）必须逐个引用数组元素，不能整体引用数组的所有元素。

f）C 语言中，数组中第一个元素的下标为 0。

任务 8 知识扩展——二维数组与多维数组

只有一个下标的数组称为一维数组，它只能表达线性的数据结构。在实际问题中有很多数据是二维的或多维的，如向量、矩阵、空间坐标等。这就用到了二维数组或多维数组。

从一维数组的概念类推，具有多个下标的数组称为**多维数组**。C 语言支持二维数组及多维数组。本节重点讨论二维数组，多维数组的特性与二维数组类似。

1. 二维数组的定义

定义二维数组的一般格式如下。

```
数据类型 数组名 [ 行数 ] [ 列数 ];
```

例如：

```
char  ch[3][6];      /* 定义 3 行 6 列具有 18 个元素的字符数组 ch*/
int   a[2][5],b[10][20];
float  x[3][5],y[15][30];
```

说明：

①一个二维数组可以看作一个二维表格，靠左的下标表示行号，靠右的下标表示列号。因此，对于定义“int a[2][5];”来说，其元素排列如表 4-3 所示。

表 4–3　二维数组的元素排列

列号		0	1	2	3	4
行号	0	a[0][0]	a[0][1]	a[0][2]	a[0][3]	a[0][4]
	1	a[1][0]	a[1][1]	a[1][2]	a[1][3]	a[1][4]

②二维数组的元素个数 = 行数 × 列数。

③行数和列数表示各维元素的个数，定义时必须为整型常量或整型常量表达式。

④从表 4–3 看出，C 语言中数组元素的排列是行优先的。

计算机的物理内存是线性的，无论是几维数组，所有元素只能逐个地连续存放。因此，按照行优先的原则，对于定义“int a[2][5];”来说，数组中各个元素的物理内存映像如图 4–24 所示。

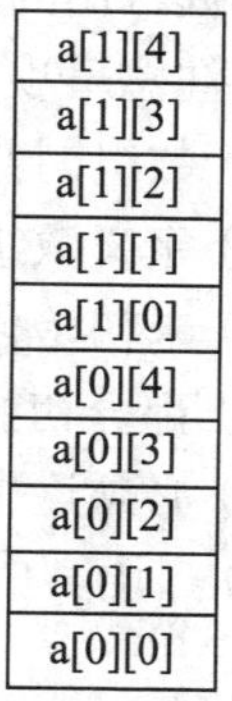

图 4–24　数组中各个元素的物理内存映像

2. 二维数组的初始化

二维数组的初始化就是在定义二维数组的同时给数组元素赋初值，可以全部初始化，也可以部分初始化；既可以按行分段初始化，也可以按行连续初始化。

（1）按行初始化

①按行全部初始化。例如：

```
int a[2][5]={{1,2,3,4,5},{6,7,8,9,10}};
```

按行全部初始化的结果如表 4–4 所示。

表 4–4　按行全部初始化的结果

列号		0	1	2	3	4
行号	0	a[0][0]=1	a[0][1]=2	a[0][2]=3	a[0][3]=4	a[0][4]=5
	1	a[1][0]=6	a[1][1]=7	a[1][2]=8	a[1][3]=9	a[1][4]=10

②某行或若干行部分初始化。例如：

```
int a[2][5]={{1,2,3},{6,7,8,9,10}};
```

部分初始化的结果如表 4–5 所示。

表 4–5　部分初始化的结果

列号		0	1	2	3	4
行号	0	a[0][0]=1	a[0][1]=2	a[0][2]=3	a[0][3]=0	a[0][4]=0
	1	a[1][0]=6	a[1][1]=7	a[1][2]=8	a[1][3]=9	a[1][4]=10

注意： 没有得到初始化数据的元素的值为 0。

若按行初始化，可省略行数，例如，“int a[ ][5]={{1,2,3,4,5},{6,7,8,9,10}};”与①的初始化结果相同。同样，②也可以写成“int a[ ][5]={{1,2,3},{6,7,8,9,10}};”，行数由内层大括号的对数确定，但列数不可省略。

（2）按顺序初始化

①初始化全部元素。例如，“int a[2][5]={1,2,3,4,5,6,7,8,9,10};”，初始化的结果与表 4-4 相同。也可以省略行数，即“int a[ ][5]={1,2,3,4,5,6,7,8,9,10};”。

②初始化部分元素。例如，“int a[2][5]={1,2,3,4,5,6,7};”，初始化的结果如表 4-6 所示。

表 4-6　部分初始化的结果

列号		0	1	2	3	4
行号	0	a[0][0]=1	a[0][1]=2	a[0][2]=3	a[0][3]=4	a[0][4]=5
	1	a[1][0]=6	a[1][1]=7	a[1][2]=0	a[1][3]=0	a[1][4]=0

由表 4-6 可以看出，初始化的规律符合行优先的原则，即先满足行上的数据元素个数。因此，第二行的最后 3 个元素的数据均为 0。此例也可以省略行数，即“int a[ ] [5]={1,2,3,4,5,6,7 };”，结果相同。

小贴士：

初始化二维数组时尽量按行初始化，这样做的目的是可以减少数据错位的可能性。

3. 二维数组元素的引用

引用二维数组元素的一般格式如下。

```
数组名 [ 行号 ] [ 列号 ]
```

其中，行号和列号一般为整型数据，行号和列号的最小值均为 0。

例如：

```
int x,a[2][5]={{1,2,3,4,5},{6,7,8,9,10}};
x=a[1][3];
```

则 x 的值为 9，即 x 得到的是数组 a 的第二行第四列的数据。

与引用一维数组元素相同，引用二维数组元素也可以看成是对一个普通变量的引用，可以参与组成表达式，也可作为输入项或输出项。但要注意行下标和列下标的范围，不要越界引用。

【案例 4-23】 定义一个二维数组，接收从键盘输入的整数，并以矩阵格式输出。

〖分析〗

①定义一个 2 行 5 列的 int 型数组 a。

②通过双重循环读取从键盘输入的 10 个数据，存入数组 a 中。

③输出数组 a 中的各个元素，每输出 5 个数据后换行，达到“矩阵格式”的显示效果。

```
#include <stdio.h>
#define M 2                             /* 行数，用符号常量M表示 */
#define N 5                             /* 列数，用符号常量N表示 */
main( )
{
    int a[M][N];
    int i,j;                            /* 循环控制变量 */
    for(i=0;i<M;i++)                    /* 外循环控制行下标的变化 */
    {
        for(j=0;j<N;j++)                /* 内循环控制列下标的变化 */
        {
            printf("请输入a[%d][%d]的值：",i,j);
            scanf("%d",&a[i][j]);
        }
    }
    for(i=0;i<M;i++)
    {
        for(j=0;j<N;j++)
            printf("%3d",a[i][j]);
        printf("\n");
    }
}
```

程序运行结果如图4-25所示。

图4-25　案例4-23运行结果

4. 二维数组的应用

下面介绍二维数组的典型应用实例——矩阵的数据处理。

【案例 4-24】 求一个 3×3 矩阵的转置矩阵，如图 4-26（a）所示。

〖分析〗 求矩阵的转置矩阵就是将原矩阵元素按行和列互换的过程，如图 4-26（b）所示。

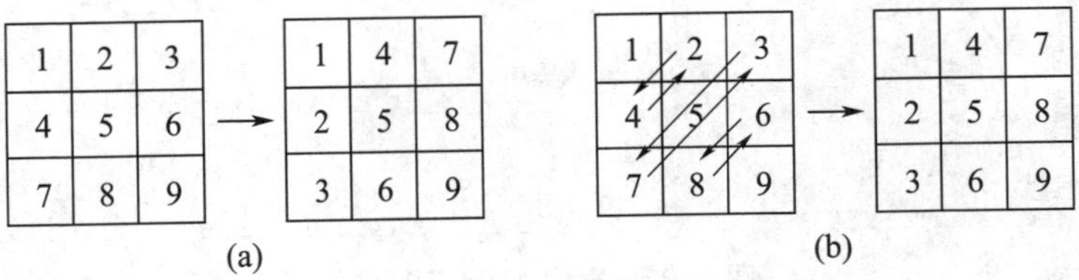

图 4-26　3×3 矩阵

①定义两个 3 行 3 列的 int 型数组 a 和 b，数组 a 存放原始数据，数组 b 存放处理后的数据。

②通过 3×3 的两重循环将数组 a 的列方向上的元素赋值到数组 b 的行方向上；将数组 a 的行方向上的数据赋值到数组 b 的列方向上。

③按行优先的原则输出数组 b 中各个元素的值，达到矩阵转置的目的。

```
#include <stdio.h>
#define N 3                         /* 矩阵的行数和列数相同，用符号常量 N 表示 */
main( )
{
    int j,k;                                    /* 循环控制变量 */
    int a[N][N]={1,2,3,4,5,6,7,8,9};            /* 初始化数组 a，即原矩阵 */
    int b[N][N];                                /* 数组 b 存放转置矩阵的数据 */
    printf(" 转置前：\n");
    for(j=0;j<N;j++)
    {
        for(k=0;k<N;k++) printf("%4d",a[j][k]);
        printf("\n");
    }
    for(j=0;j<N;j++)
        for(k=0;k<N;k++) b[j][k]=a[k][j];  /* 数组 b 的行、列数据取自数组 a 的列、
                                              行数据，实现矩阵的转置 */

    printf(" 转置后：\n");
    for(j=0;j<N;j++)
    {
        for(k=0;k<N;k++) printf("%4d",b[j][k]);
        printf("\n");
    }
}
```

程序运行结果如图 4-27 所示。

图 4-27　案例 4-24 运行结果

〖思考〗 如果不使用数组 b，也不改变数组 a 的各个元素的值，如何达到矩阵转置的输出效果？

【案例 4-25】 统计班级成绩。

某班本学期的成绩单如表 4-7 所示，编程统计每个学生的总成绩和每门课程的总成绩。

表 4-7　成绩单

单位：分

课程		高数	英语	物理	计算机	体育
姓名	Zhang	76	78	88	92	66
	Wang	80	72	93	89	95

〖分析〗 将原来的成绩数据看作 2×5 的矩阵，在程序中定义一个 3×6 的二维数组，用于存放成绩数据的统计结果。数组的前两行存放学生的各科成绩，最后一行的每个元素存放对应列上的总成绩，即课程的总成绩；最后一列元素分别存放对应行上的总成绩，即个人总成绩，如表 4-8 所示。

表 4-8　成绩数据的统计结果

单位：分

列号		0	1	2	3	4	5
行号	0	76	78	88	92	66	400
	1	80	72	93	89	95	429
	2	156	150	181	181	161	829

```
#include <stdio.h>
#define M 3                          /* 二维数组的行数，用符号常量M表示 */
#define N 6                          /* 二维数组的列数，用符号常量N表示 */
main( )
{
    int x[M][N];                     /* 数组x用于存放成绩数据 */
    int i,j,k;                       /* 循环控制变量 */
    for(i=0;i<M-1;i++)
```

```
    {
        printf(" 请输入第 %d 个学生各科成绩：\n",i+1);
        for(j=0;j<N-1;j++)
            scanf("%d",&x[i][j]);
    }
    for(i=0;i<N;i++)                          /* 求课程的总成绩 */
    {
        x[M-1][i]=0;                          /* 求和前将数组的最后一行清零 */
        for(k=0;k<M-1;k++)
            x[M-1][i]+=x[k][i];               /* 累加课程的各个学生的成绩 */
    }
    for(j=0;j<M;j++)                          /* 求学生的总成绩 */
    {
        x[j][N-1]=0;                          /* 求和前将数组的最后一列清零 */
        for(k=0;k<N-1;k++)
            x[j][N-1]+=x[j][k];               /* 累加学生的各课程的成绩 */
    }
    printf("------------------------------------\n");
    printf(" 统计结果输出：\n");
    for(i=0;i<M;i++)
    {
        for(j=0;j<N;j++)
            printf("%-6d",x[i][j]);
        printf ("\n");
    }
    printf("------------------------------------\n");
}
```

程序运行结果如图 4-28 所示。

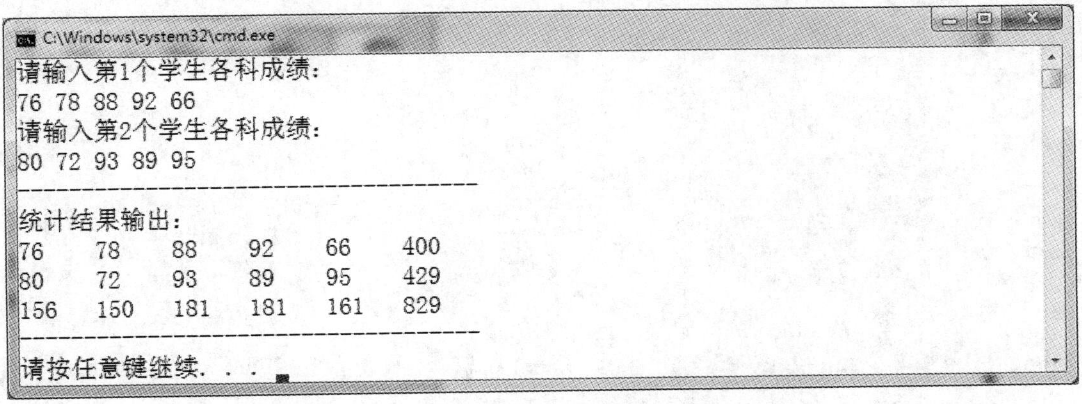

图 4-28　案例 4-25 运行结果

任务9 实力检验

1. 有以下程序：

```
#include <stdio.h>
main( )
{
    char s[ ]="012xy\08s34f4w2";
    int i,n=0;
    for(i=0;s[i]!=0;i++)
        if(s[i]>='0'&&s[i]<='9') n++;
    printf("%d\n",n);
}
```

程序运行后的输出结果是（　　）。

A. 0　　B. 3　　C. 7　　D. 8

2. 在校园歌手大奖赛中有10位评委为选手打分，某位选手的最终得分是去掉一个最高分、去掉一个最低分后的平均分，编写程序实现这一功能。

3. 成绩分析是成绩管理系统的一个模块，包括统计各分数段的人数及比例，计算平均分、标准差等。编程实现以上功能。

4. 利用数组存放斐波那契（Fibonacci）数列的前20项并输出。

斐波那契数列指的是这样一个数列：1，1，2，3，5，8，13，…，其前两个数均为1，从第三个数开始，当前数为前两个数之和。

5. 已有一个排好序的数组，从键盘输入一个数，按原顺序将此数插入数组中。

6. 输入一串字符，将其中的小写字母全部转换为大写字母，其他字符保持不变。

7. 输入3×3的矩阵，输出两条对角线的数据之和。

8. 编程：输入一段英文文章，统计并输出所有英文字母和空格的出现次数。

第 5 章

结构体数据类型——工资管理系统之数据结构设计

任务 1　学 习 目 标

了解结构体的概念和重要性；了解结构体是链表结构的重要基础；掌握结构体的定义与引用，以及结构体数组的定义与引用；了解共用体的概念及应用。

任务 2　引　　言

前面章节介绍了如何声明和定义数组及各种基本类型的变量（如整型、实型、字符型变量等），但仅用这几种数据类型往往无法应对复杂的实际问题。

例如，要描述一个学生的基本信息，可能需要描述其姓名、性别、年龄、出生年月、籍贯、出生地等一系列信息，这一系列信息是作为一个整体来描述学生的基本信息。又如，本教材中的“工资管理系统”涉及的职工工资信息包含职工姓名、工号、基本工资、个人所得税等，这些数据项也是作为一个整体来描述职工的工资信息的。因为这类数据对象中包含多个数据项，而且数据项的类型不尽相同，显然不能用数组或基本数据类型来表达。为了能方便有效地组织每位职工的全部信息，需要用一种新的数据类型来表示职工信息，而这一新的数据类型需要由程序设计人员根据实际情况自行设计，这就是本章将要介绍的构造类型——结构体。

对于这种由多种不同类型的数据组合而成的数据，C 语言提供了由用户自己设计和定义结构的数据类型——结构体（structure），或简称为结构。结构体相当于数据库的库结构或 Excel 中数据清单的结构。结构体是一种构造的数据类型，是由若干成员组成的，每一个成员可以是除空类型以外的任意一种数据类型。换言之，结构体是由多个不同类型的数据项构成的，并用一个标识符来命名各个成员的组合。在使用某个结构体之前必须先声明，也就是根据需要构造它。

本章主要介绍结构体类型的声明、结构体变量的定义及引用方法。

任务 3　声明结构体类型

声明结构体类型的一般格式如下。

```
struct 结构体类型名
{
    成员列表
};
```

成员列表由若干成员组成，每个成员都是该结构体的一个组成部分。每个成员必须作类型说明，类型说明的格式如下。

```
类型说明符 成员名；
```

成员名应符合标识符的命名规则。

例如，程序中要用到表 5-1 所示的数据结构，需要程序设计人员自行设计并声明。

表 5-1　职工工资数据

工　号	姓　名	实发工资 / 元
0101	李道宣	25000.00
0102	成思举	17000.00
0103	郭力天	16000.00
0104	颜翼天	18000.00

从表 5-1 可知，要建立的数据类型包含工号、姓名和实发工资 3 个成员。工号是以 0 开头的，不能用数值型变量存储，要用字符型变量存储，4 位数字的工号是一个整体，所以使用字符数组表示工号。数组和结构体都是构造类型（都是由若干数据项组合而成的），区别在于数组是相同类型的数据集合，结构体是不同类型的数据集合。

经过以上分析，对结构体成员“工号”的声明为“char gonghao[10];”，对“姓名”的声明为“char xingming[20];”，对“实发工资”的声明为“float sfgz;”。

存放职工工资数据的结构体类型的完整声明如下。

```
struct zhigong              /* 声明职工工资结构体 */
{
    char gonghao[10];       /* 声明一个可以存放 10 个字符的字符数组，用来存放职工工号 */
    char xingming[20];      /* 声明一个可以存放 20 个字符的字符数组，用来存放职工姓名 */
```

```
    float sfgz;                      /* 声明记录实发工资的实型变量 sfgz*/
};
```

struct 是声明结构体类型时必须使用的关键字，不能省略；zhigong 是结构体类型名，此结构体类型包括 gonghao、xingming 和 sfgz 三个不同类型的成员。struct zhigong 表示一种数据类型，即类型说明符。注意，结构体声明结束时的分号必不可少。

小贴士：

结构体类型和系统提供的标准类型（如 int、char 等）具有同样的地位和作用，都是用来标识变量类型的，只不过结构体类型需要由用户自己构建。

结构体类型名用于区分不同的结构体类型，如 struct zhigong 和 struct student 是两个不同的结构体类型。

声明结构体类型之后，就可以进行结构体变量的定义了。凡定义为 struct zhigong 类型的变量都由上述三个成员组成。由此可见，结构体是一种复杂的数据类型，是成员数目固定但类型可以不同的若干变量的有序集合。

事实上，凡是相关的若干数据对象都可以组合成一个结构体，在一个结构体类型名下进行管理。

例如，由年、月、日组成的结构体类型的声明如下。

```
struct date
{
    int year;
    int month;
    int day;
};
```

又如，描述学生信息的结构体类型的声明如下。

```
struct student
{
    int num;                     /* 声明整型变量 num，用来记录学号 */
    char name[20];               /* 声明字符型数组 name，用来记录姓名 */
    char sex;                    /* 声明字符型变量 sex，用来记录性别 */
    int age;                     /* 声明整型变量 age，用来记录年龄 */
    float score;                 /* 声明实型变量 score，用来记录入学分数 */
    char addr[40];               /* 声明字符型数组 addr，用来记录家庭住址 */
    struct date registerdate;    /* 声明结构体变量 registerdate，用来记录入学时间 */
};
```

在结构体类型 student 中含有一个结构体类型的成员 registerdate。

该例说明结构体类型可以嵌套声明，即允许一个结构体类型的成员是其他结构体类型的变量。但是这种嵌套不能包含结构体自身，即不能把结构体自身作为自己的一个成员。

小贴士：

在结构体类型中，可以含有指向自身结构体类型的指针变量，但不能含有自身结构体类型的普通变量，因为结构体类型在声明时，也就是构造阶段，尚且不知道需要分配多少内存空间，而指向该结构体类型的指针变量，在内存分配到的内存空间固定为4个字节，所以不影响该结构体的构造。

任务4　职工工资数据结构的设计与结构体变量的定义

1. 声明结构体类型

职工工资由岗位工资、薪级工资、职务津贴、绩效工资4个基本数据项组成，4项之和就是职工的应发工资，应发工资减去个人所得税就是实发工资。以上几项与职工的工号和姓名组合在一起形成一个整体，用于描述一个职工的工资信息。所以职工工资管理系统的数据结构设计为：使用结构体类型作为职工工资的数据类型。职工工资结构体的声明如下。

```
struct zhigong                        /* 声明职工工资结构体 */
{
    char gonghao[10];                 /* 职工工号 */
    char xingming[10];                /* 职工姓名 */
    float gwgz;                       /* 岗位工资 */
    float xjgz;                       /* 薪级工资 */
    float zwjt;                       /* 职务津贴 */
    float jxgz;                       /* 绩效工资 */
    float yfgz;                       /* 应发工资 */
    float grsds;                      /* 个人所得税 */
    float sfgz;                       /* 实发工资 */
};
```

以上代码只是声明了结构体类型struct zhigong，系统不为该类型分配内存空间。只有在定义结构体变量时系统才为其分配内存空间，之后才能在结构体变量所分配的内存空间中存放具体的内容。

小贴士：

变量声明与变量定义的区别如下。

在声明部分出现变量有两种情况。

①需要建立存储空间的，如“int a;”。

②不需要建立存储空间的，如“extern a;”。

前者是定义性声明（defining declaration），或者称为定义（definition）；后者是引用性声明（referencing declaration）。从广义上讲，声明包括定义，但并非所有的声明都是定义。对“int a;”来说，它既是定义又是声明；对“extern a;”而言，它是声明但不是定义。为了叙述方便，一般把建立存储空间的声明称为定义，而把不建立存储空间的声明称为声明。

2. 定义结构体变量

定义结构体变量有以下 3 种方法。

（1）先声明结构体类型，再定义结构体变量

声明结构体类型 struct zhigong 之后，可以定义 struct zhigong 类型的变量。

定义结构体变量的格式如下：

```
类型说明符 变量名 1[, 变量名 2…];
```

例如：

```
struct zhigong      z1,      z2;
  类型说明符       变量名1   变量名2
```

z1 和 z2 为 struct zhigong 类型的变量，即它们具有 struct zhigong 类型的结构，结构体变量的构成如表 5-2 所示。

表 5-2　结构体变量的构成

结构体类型及其成员	zhigong	gonghao[10]	name[10]	gwgz	xjgz	zwjt	jxgz	yfgz	grsds	sfgz
结构体变量及其成员	z1	0101	李思墨	10000	5000	5000	5000	25000	4370	20630
结构体变量及其成员	z2	0102	李道宣	8000	3000	3000	3000	17000	2370	14630

在定义结构体变量时，系统会为之分配内存空间。

应当注意，在一个 C 语言程序中，可能声明了多个结构体类型，在定义结构体变量时，必须指定变量是其中哪一个结构体类型。例如，程序中声明了 struct zhigong、struct student 和 struct date 三个结构体类型，“struct zhigong x,y;”和“struct student x,y;”都是正确的变量定义语句，而“struct x,y”是错误的变量定义语句。

（2）在声明结构体类型的同时定义结构体变量

例如：

```
struct zhigong                          /* 声明职工工资结构体 */
{
    char gonghao[10];                   /* 职工工号 */
    char xingming[10];                  /* 职工姓名 */
    float gwgz;                         /* 岗位工资 */
    float xjgz;                         /* 薪级工资 */
    float zwjt;                         /* 职务津贴 */
    float jxgz;                         /* 绩效工资 */
    float yfgz;                         /* 应发工资 */
```

```
    float grsds;                              /* 个人所得税 */
    float sfgz;                               /* 实发工资 */
}z1,z2;
```

上面代码的功能与第一种方法相同，即定义了两个 struct zhigong 类型的变量 z1 和 z2。这种定义形式的一般格式如下。

```
struct  结构体类型名
{
    成员列表
} 变量名列表；
```

（3）直接定义结构体变量

```
struct
{
    成员列表
} 变量名列表；
```

这种定义形式不出现结构体类型名，而是直接定义结构体变量。

例如：

```
struct
{
    char gonghao[10];                /* 职工工号 */
    char xingming[10];               /* 职工姓名 */
    float gwgz;                      /* 岗位工资 */
    float xjgz;                      /* 薪级工资 */
    float zwjt;                      /* 职务津贴 */
    float jxgz;                      /* 绩效工资 */
    float yfgz;                      /* 应发工资 */
    float grsds;                     /* 个人所得税 */
    float sfgz;                      /* 实发工资 */
}z1,z2;
```

这种方法和前两种方法一样，都定义了成员为职工工号、职工姓名、岗位工资、薪级工资、职务津贴、绩效工资、应发工资、个人所得税和实发工资的两个结构体变量 z1 和 z2，不同的是，这种方法没有给这个结构体类型命名。如果要在不同的作用域内定义此结构体类型的变量 z3，就必须写成如下形式。

```
struct
{
    char gonghao[10];                /* 职工工号 */
    char xingming[20];               /* 职工姓名 */
    float gwgz;                      /* 岗位工资 */
    float xjgz;                      /* 薪级工资 */
    float zwjt;                      /* 职务津贴 */
```

```
    float jxgz;                          /* 绩效工资 */
    float yfgz;                          /* 应发工资 */
    float grsds;                         /* 个人所得税 */
    float sfgz;                          /* 实发工资 */
}z3;
```

显然，在不同作用域中使用这种方法定义结构体变量很不方便，这种方法更适合在同一作用域中定义结构体变量时使用。有关作用域的知识参阅第 6 章。

方法（3）不能像方法（1）和方法（2）一样直接利用已经声明过的结构体类型来定义新的变量。

3. 关于结构体类型的说明

①结构体类型与结构体变量是不同的概念。只能对结构体变量进行存取和运算，而不能对一个结构体类型进行存取和运算。在编译时，系统不为结构体类型分配空间，只为结构体变量分配空间。

②结构体变量的成员可以单独引用，其作用与地位等同于普通变量。

③结构体类型的成员也可以是另外一个结构体类型的变量。

④结构体类型的成员名可以与程序中的其他变量同名，二者不代表同一对象。例如，在工资管理系统的程序中，可以定义另一个基本类型的变量 gonghao，它与 struct zhigong 类型中的成员 gonghao 互不干扰。

⑤一个 C 程序中可以声明多个结构体类型。

⑥结构体变量占用内存的情况：各成员按定义顺序连续存储；结构体变量所占内存的字节数并不一定是各成员变量所占内存的字节数之和。

小贴士：

当需要计算结构体变量所占内存的字节数时，可以使用 sizeof 运算符获得。

例如，sizeof z3 或 sizeof(z3) 可以得到结构体变量 z3 所占内存是 48 个字节。

⑦结构体类型的声明语句可以放在函数内，也可以放在函数外，声明语句的位置决定结构体类型的有效范围，有效范围为从类型声明到程序结束。一般将结构体类型的声明语句置于程序前部，如 main( ) 函数之前，原因有三。

a）编译过程并不为声明的结构体类型分配存储空间，仅相当于此声明后的代码“知道”有一个新的数据类型可用。

b）在该声明语句之后，可以随时定义所声明的结构体变量，系统为该变量分配空间。

c）程序的可读性好。

例如：

```
声明结构体类型 struct st;
main( )                          \
{                                 |
    定义 struct st 类型的变量；    |
    …;                            > 结构体类型 struct st 的有效范围
}                                 |
fun1(…)                           |
{……;……;}                        /
```

⑧结构体变量作为函数参数及返回值的情况参见第 6 章。

任务 5　输入职工工资

1. 结构体变量的初始化

和其他基本类型的变量一样，结构体变量也可以在定义时指定其初始值。

【案例 5-1】 对结构体变量进行初始化。

```
#include <stdio.h>
main( )
{
    struct zhigong
    {
        char gonghao[10];                 /* 职工工号 */
        char xingming[20];                /* 职工姓名 */
        float gwgz;                       /* 岗位工资 */
        float xjgz;                       /* 薪级工资 */
        float zwjt;                       /* 职务津贴 */
        float jxgz;                       /* 绩效工资 */
    }m={"0101","李思雅",10000,5000,5000,5000};
    printf("工号 :%s\n 姓名 :%s\n 岗位工资 :%.2f\n",m.gonghao,m.xingming,m.gwgz);
    printf("薪级工资 :%.2f\n 职务津贴 :%.2f\n 绩效工资 :%.2f\n",m.xjgz,m.zwjt,m.jxgz);
}
```

程序运行结果如图 5-1 所示。

图 5-1　案例 5-1 运行结果

通过初始化给结构体变量赋值的方法灵活性差，实际上更多采用通过键盘输入（人机对话）的方法给变量赋值。

2. 结构体变量的引用规则

C 语言不能把一个结构体变量作为一个整体进行输入或输出，只能按成员进行输入或输出。结构体变量的引用规则如下所述。

①不能将一个结构体变量作为一个整体进行输入和输出。例如，已定义 z1 和 z2 为结构体变量，并且各成员已赋值。如下这种引用方式是错误的。

```
printf("%s,%s,%f,%f,%f,%f\n",z1);
```

只能对结构体变量中的各成员分别进行输入或输出。引用结构体变量的成员的格式如下。

```
结构体变量名.成员名
```

例如，z1.gwgz 表示结构体变量 z1 的成员 gwgz（岗位工资），可以对该变量的成员进行如下赋值。

```
z1.gwgz=8000.00;
```

“.” 是成员（分量）运算符，它是优先级最高的运算符之一，因此可以把 z1.gwgz 作为一个整体来看待。以上赋值语句的作用是将实数 8000.00 赋给 z1 变量中的成员 gwgz。

②如果结构体变量的成员也是一个结构体类型，则需要用多个成员运算符，逐级找到最低级的成员。只能对最低级的成员进行存取及运算。例如，对于表示学生信息的结构体类型如下。

```
struct student
{
    int num;                      /* 学号 */
    char name[20];                /* 姓名 */
    char sex;                     /* 性别 */
    int age;                      /* 年龄 */
    float score;                  /* 入学分数 */
    char addr[40];                /* 家庭住址 */
    struct date registerdate;  /* 入学时间，成员 registerdate 是 struct date 类型 */
}stu1,stu2,stu3;
```

其中，成员 registerdate 是另一个结构体类型的变量，该结构体类型如下。

```
struct date
{
    int year;
    int month;
    int day;
};
```

注意：访问结构体变量 stu1 的入学时间 registerdate 时，不能用 stu1.registerdate 的形式，因为 registerdate 本身是一个结构体类型的变量，只能分别访问结构体变量 registerdate 的每个成员，形式为 stu1.registerdate.year、stu1.registerdate.month 或 stu1.registerdate.day。

例如，输入结构体变量 stu1 的入学时间应采用如下形式。

```
scanf("%d,%d,%d",&stu1.registerdate.day,&stu1.registerdate.month,&stu1.
registerdate.year);
                                /* 运算符 "." 的优先级高于运算符 "&" */
```

③对结构体变量的成员可以像普通变量一样进行各种运算（其类型决定了可以进行的运算）。例如：

```
z2.gwgz=z1.gwgz;
sum=z1.gwgz+z2.gwgz;
z1.gwgz++;
++z1.gwgz;
```

由于“.”运算符的优先级最高，因此 z1.age++ 应理解为 (z1.age)++，而不是 z1.(age++)。

④可以引用结构体变量的成员的地址，也可以引用结构体变量的地址。例如，“scanf ("%f"，&z1.gwgz);”用于输入岗位工资，“printf("%x"，&z1);”用于输出结构体变量 z1 的首地址，但不能用以下语句整体读入结构体变量的各成员的值。

```
scanf("%s,%s,%f,%f,%f,%f",&z1);
```

工资管理系统中结构体变量的定义如下。

```
struct zhigong                              /* 声明职工工资结构体 */
{
    char gonghao[10];                       /* 职工工号 */
    char xingming[20];                      /* 职工姓名 */
    float gwgz;                             /* 岗位工资 */
    float xjgz;                             /* 薪级工资 */
    float zwjt;                             /* 职务津贴 */
    float jxgz;                             /* 绩效工资 */
}z1;
```

从键盘输入结构体变量 z1 的各成员值的代码如下。

```
printf("\t 请输入职工工号：");
gets(z1.gonghao);
printf("\t\t\t\t 请输入职工姓名：");
gets(z1.xingming);
printf("\n\t\t\t\t 请输入该职工新的岗位工资：");
scanf("%f",&z1.gwgz);
printf("\t\t\t\t 请输入该职工新的薪级工资：");
scanf("%f",&z1.xjgz);
printf("\t\t\t\t 请输入该职工新的职务津贴：");
scanf("%f",&z1.zwjt);
printf("\t\t\t\t 请输入该职工新的绩效工资：");
scanf("%f",&z1.jxgz);
```

运行工资管理系统的程序，在主界面选择选项 3，按提示依次输入职工工号、职工姓名、岗位工资、薪级工资、职务津贴和绩效工资等各个成员的值，如图 5-2 所示。

如果不使用提示语句，也可以用下面的代码实现输入。

```
scanf("%s%s%f%f%f%f",z1.gonghao,z1.name,&z1.gwgz,&z1.xjgz,&z1.zwjt,&z1.jxgz);
```

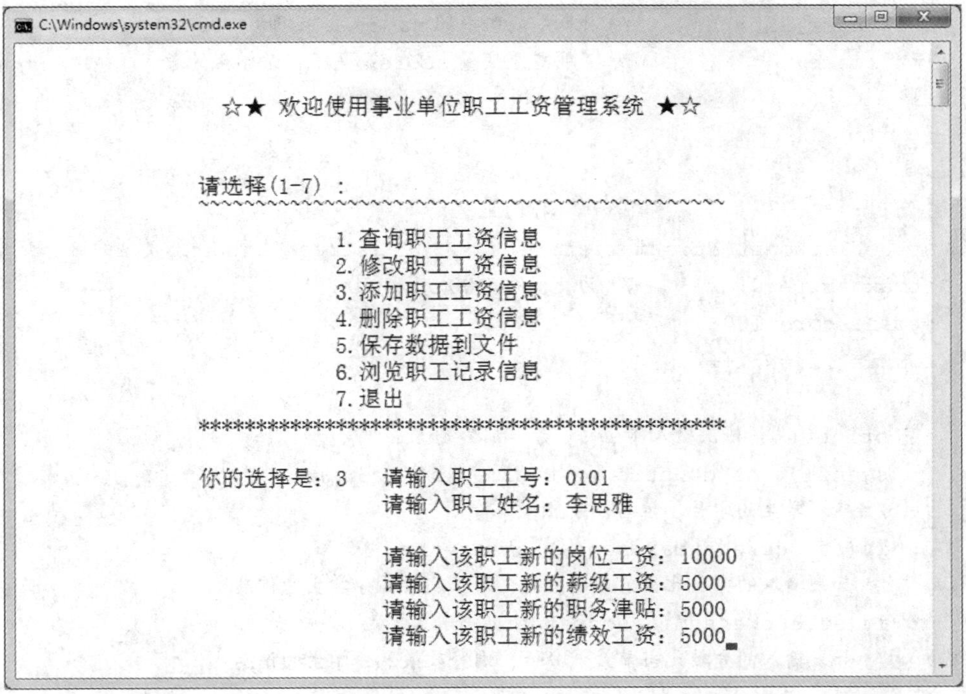

图 5-2　输入职工工资信息

由于成员 gonghao 和 xingming 是字符数组，数组名就是数组在内存的首地址，所以按 %s 格式输入 gonghao 和 xingming 时，不需要加取地址运算符，写成 &z1.gonghao 和 &z1.name 是错误的；而后面 4 个成员是 float 型的普通变量，在 scanf( ) 函数的地址列表中出现时应当加取地址运算符，&z1.gwgz 才表示成员 gwgz 的地址。

gets( ) 函数也可以用于输入结构体变量的字符数组成员的值。例如：

```
gets(z1.name);
gets(z1.gonghao);
```

3. 结构体的应用举例

【案例 5-2】 编写程序输入 100 个学生的学号、姓名和考试成绩，输出最高分学生和最低分学生的信息。

〖分析〗

①设计一个结构体，包含问题涉及的信息。

② 100 个学生的成绩使用循环结构进行输入，由于知道循环次数，所以选用 for 语句。

③输入 / 输出时要注意结构体变量的引用方法。

```
#include <stdio.h>
#define N 4              /* 定义记录学生数的宏名 N，为说明问题，定义为 4，题意要求是 100*/
struct student
{
    char num[8];         /* 声明整型变量 num，用来记录学生学号 */
```

```
    char name[20];          /* 声明字符型数组 name，用来记录学生姓名 */
    int score;              /* 声明整型变量 score，用来记录学生的考试成绩 */
};
main( )
{
    int i;                  /* 循环控制变量 */
    struct student st,stmax,stmin;    /* 定义 struct student 类型的 3 个变量 */
    stmax.score=0;          /* 为变量的部分成员赋值 */
    stmin.score=100;
    for(i=1;i<=N;i++)
    {
        printf("请依次输入学生的学号 姓名 分数：");
        scanf("%s%s%d",st.num,st.name,&st.score);
        /* 输入学生的学号、姓名、分数 */
        if(st.score>stmax.score) stmax=st;
        /* 如果输入的分数比当前最高分高，则修改最高分学生的信息 */
        if(st.score<stmin.score) stmin=st;
        /* 如果输入的分数比当前最低分低，则修改最低分学生的信息 */
    }
    printf("\n%10s%15s%5d",stmax.num,stmax.name,stmax.score);
    printf("\n%10s%15s%5d\n",stmin.num,stmin.name,stmin.score);
}
```

程序运行结果如图 5-3 所示。

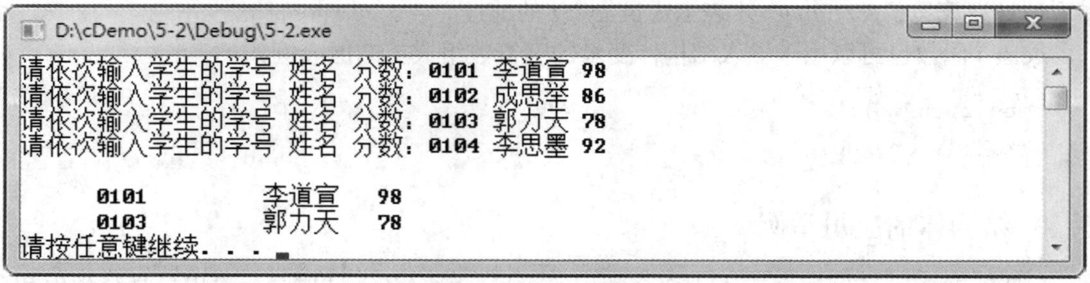

图 5-3 案例 5-2 运行结果

小贴士：

在程序调试期间可能需要反复运行程序，每次运行程序时输入很多数据将浪费大量时间，而调试期间运行程序的主要目的是检验程序是否正确，所以可以先通过输入少量数据验证程序的正确性。待程序开发结束，交由用户投入使用时，再输入大量的实际数据。具体做法是定义一个符号常量，调试时将符号常量的值设置为较小值，调试通过后再将符号常量的值设置为实际需要的值。本例截图就是将符号常量 N 改为 4 的运行结果。当程序调试通过后，再将 N 改为 100 即可。

任务 6　计算职工工资

在任务 5 中，完成了职工工资数据的输入。根据输入的岗位工资、薪级工资、职务津贴和绩效工资，可以计算出职工的应发工资，再根据个人所得税的征收标准和职工的应发工资，可以计算出职工应缴纳的个人所得税，应发工资减去应缴纳的个人所得税就是职工的实发工资。

职工的应发工资等于岗位工资 + 薪级工资 + 职务津贴 + 绩效工资。即

```
z1.yfgz=z1.gwgz+z1.xjgz+z1.zwjt+z1.jxgz;
```

个人所得税通过调用计算所得税的 grsds( ) 函数实现。

```
z1.grsds=grsds(z1.yfgz);
```

grsds( ) 函数及函数的相关知识将在第 6 章详细介绍。

职工的实发工资等于应发工资 − 个人所得税。即

```
z1.sfgz=z1.yfgz-z1.grsds;
```

以下代码实现结构体变量 z1 的数据输入与计算。

```
/* 输入岗位工资、薪级工资、职务津贴和绩效工资 */
printf("\n\t\t\t\t 请输入该职工新的岗位工资: ");
scanf("%f",&z1.gwgz);
printf("\t\t\t\t 请输入该职工新的薪级工资: ");
scanf("%f",&z1.xjgz);
printf("\t\t\t\t 请输入该职工新的职务津贴: ");
scanf("%f",&z1.zwjt);
printf("\t\t\t\t 请输入该职工新的绩效工资: ");
scanf("%f",&z1.jxgz);
/* 计算应发工资、个人所得税、实发工资 */
z1.yfgz=z1.gwgz+z1.xjgz+z1.zwjt+z1.jxgz;
z1.grsds=grsds(z1.yfgz);
z1.sfgz=z1.yfgz-z1.grsds;
```

任务 7　输出职工工资

没有输出的算法是没有价值的。完成了职工工资的计算，下一个任务就是把职工的各项工资在屏幕上输出。输出时注意不能把一个结构体变量作为一个整体进行输出，只能按成员分别输出。例如，对于如下结构体变量：

```
struct zhigong                      /* 声明职工工资结构体 */
{
    char gonghao[10];               /* 职工工号 */
    char xingming[10];              /* 职工姓名 */
    float gwgz;                     /* 岗位工资 */
    float xjgz;                     /* 薪级工资 */
    float zwjt;                     /* 职务津贴 */
    float jxgz;                     /* 绩效工资 */
    float yfgz;                     /* 应发工资 */
    float grsds;                    /* 个人所得税 */
    float sfgz;                     /* 实发工资 */
}z1={"0101","唐僧",10000,5000,5000,5000};
```

要输出职工工资，可以使用如下方式。

```
printf("%s,%s,%f,%f,%f,%f\n",z1.gonghao,z1.name,z1.gwgz,z1.xjgz,z1.zwjt,
z1.jxgz);
```

也可以使用多条语句分别输出每个成员的值。

```
puts(z1.gonghao);                   /* 输出字符数组 z1.gonghao 需要调用 puts() 函数 */
puts(z1.xingming);
printf("\n\t\t\t\t 该职工的岗位工资：%f",z1.gwgz);
printf("\n\t\t\t\t 该职工的薪级工资：%f",z1.xjgz);
printf("\n\t\t\t\t 该职工的职务津贴：%f",z1.zwjt);
printf("\n\t\t\t\t 该职工的绩效工资：%f",z1.jxgz);
```

任务 8 精选案例

结构体：学生成绩管理

【案例 5-3】 结构体变量的赋值与输出。定义两个记录学生学号、姓名、性别和成绩的结构体变量 s1、s2，为变量 s1 赋值，然后将变量 s1 的值赋给变量 s2，最后输出变量 s2 的各成员的值。

〖分析〗 在 ANSI C 中允许具有相同类型的结构体变量相互赋值，但通常对结构体变量的使用是通过引用结构体变量的成员来实现的。

```
#include <stdio.h>
#include <string.h>
struct student                      /* 声明记录学生学号、姓名、性别和成绩的结构体 */
{
    int num;
    char name[20];
    char sex;
    float score;
```

```
};
main( )
{
    struct student s1,s2;                /* 定义两个结构体变量 */
    printf(" 为 s1 结构体变量赋值 \n\n");
    s1.num= 910508;                      /* 用赋值语句给成员 num 赋值 */
    strcpy(s1.name," 李兴颢 ");           /* 用字符串函数给成员 name 赋值 */
    printf(" ★☆请输入 \"%s\" 的性别 (m/f) 与分数, 可用空格分隔数据: \n",s1.name);
    scanf("%c%f",&s1.sex,&s1.score);       /* 用 scanf( ) 函数从键盘输入成员 sex 和
                                             score 的值 */
    s2=s1;                  /* 把变量 s1 的所有成员的值对应赋予变量 s2 的成员 */
    printf("\n ★☆执行 s2=s1 之后输出 s2 数据如下 :\n");
    printf(" 学号 =%d\n 姓名 =%s\n",s2.num,s2.name);  /* 输出变量 s2 的各成员的值 */
    printf(" 性别 =%c\n 分数 =%.2f\n\n",s2.sex,s2.score);
}
```

程序运行结果如图 5-4 所示。

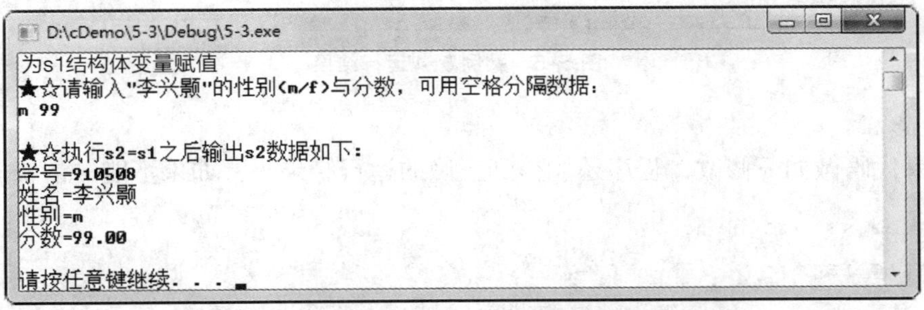

图 5-4　案例 5-3 运行结果

小贴士：

对结构体变量的整体操作只限于初始化和函数的参数传递，而且要求类型一致。不能对结构体变量进行整体输入 / 输出。

【案例 5-4】在所有参加老年运动会的运动员中找到年龄最大的，并输出其信息。

〖分析〗

①把所有运动员的信息用结构体数组变量存储。

②比较各个结构体变量的年龄成员，找到年龄最大的，并输出其信息。

```
#include <stdio.h>
struct person
{
    char name[20];                     /* 定义字符数组 name, 用来存放运动员姓名 */
    int age;                           /* 定义整型变量 age, 用来存放运动员年龄 */
}m[ ]={{"Zhao",64},{"Qian",70},{"Sun",73},{"Li",66}};
```

```
                                                /* 定义结构体数组变量并初始化 */
main( )
{
    struct person n;                            /* 结构体变量 n 用来存放年龄最大的运动员信息 */
    n.age=0;
    printf(" ★☆四名老年运动员中年龄最大的是：\n");
    if(m[0].age>n.age) n=m[0];  /* 以下 4 行把年龄最大运动员的信息存入结构体变量 n 中 */
    if(m[1].age>n.age) n=m[1];
    if(m[2].age>n.age) n=m[2];
    if(m[3].age>n.age) n=m[3];
    printf("%s,%d\n",n.name,n.age);  /* 输出年龄最大运动员的信息 */
}
```

程序运行结果如图 5-5 所示。

图 5-5　案例 5-4 运行结果

〖思考〗

①如果代码做如下修改，程序还能得到正确的运行结果吗？如果不能，请找出原因。

```
#include <stdio.h>
struct person
{
    char name[20];
    int age;
  } m[ ];                                                    /* 定义结构体数组 */
 main( )
 {
    struct person n;
    n.age=0;
    m[ ]={{"zhang",64},{"wang",70},{"shen",73},{"yang",66}};  /* 为数组赋值 */
    printf(" ★☆四名老年运动员中年龄最大的是：\n");
    if(m[0].age>n.age) n=m[0];
    if(m[1].age>n.age) n=m[1];
    if(m[2].age>n.age) n=m[2];
    if(m[3].age>n.age) n=m[3];
    printf("%s,%d\n",n.name,n.age);  /* 输出年龄最大运动员的信息 */
}
```

②将该程序修改为以“人机对话”形式为结构体数组赋值，以适合运动员人数更多的情况；输入结束后自动显示最年长和最年轻运动员的信息。

【案例 5–5】计算结构体类型所需字节数。

〖分析〗

①结构体类型所占内存的字节数不一定是各成员所占内存的字节数之和。

②使用 sizeof 运算符计算结构体类型在内存中所需分配空间的字节数。

```
#include <stdio.h>
struct t1                                    /* 定义结构体类型 t1*/
{
    char gonghao[10];
    char name[10];
    float yfgz;
};
struct t2                                    /* 定义结构体类型 t2*/
{
    char gonghao[10];
    float yfgz;
    char name[10];
};
main( )
{
    printf(" 成员相同，顺序不同的 t1、t2 结构体类型所需分配空间分别是：\n");
    printf("t1:%d\tt2:%d\n",sizeof(struct t1),sizeof(struct t2));
                          /* 用 sizeof 运算符计算 t1、t2 所需分配空间的字节数 */
}
```

程序运行结果如图 5–6 所示。

图 5–6　案例 5–5 运行结果

〖小结〗由运行结果可见，结构体类型所占内存空间的大小不一定是各成员所占内存的字节数之和，而且分配空间的字节数与结构体类型成员的顺序有关。因此，在实际编程中，当需要分析或使用结构体变量所需的字节数时，必须使用 sizeof 运算符计算所需分配空间的字节数。第 7 章中的双向链表是动态存储的典型应用。

任务 9　本章要点汇总

①结构体可以把有联系的多种类型的数据组合成一种新的数据结构。结构体的使用包括结构体类型的声明、结构体变量的定义、结构体变量的初始化和结构体变量的成员引用。一个结构体变量占用内存的字节数与开发环境有关，可用 sizeof 运算符计算出来。结构体声

明允许嵌套。

②结构体变量的定义有以下 3 种形式。

a）先声明结构体类型再定义结构体变量。

b）在声明结构体类型的同时定义结构体变量。

c）直接定义结构体变量。

③结构体变量的成员引用可以采用以下 3 种形式。

a）结构体变量名 . 成员名。

b）(* 指针变量名). 成员名。

c）指针变量名 -> 成员名（关于指针的内容请参阅第 7 章）。

任务 10 知 识 扩 展

1. 共用体

共用体和结构体一样，也是一种组合类型。

共用体与结构体的相同之处：由不同类型的数据项组成。

共用体与结构体的不同之处：内存空间的分配方式不同。

（1）共用体的概念

对于同一个变量，有时需要在其中存储不同类型的数据。例如，可以把一个整型数据、一个字符型数据和一个实型数据存放在同一个地址开始的内存空间中。3 个数据占用不同数量的内存单元，但在内存空间中都是从同一地址开始存放（假设地址为 2000）的。需要注意的是，在系统为它们分配的内存空间里，某一时刻只能存放其中的一个数据。这种使几个不同类型的数据共用同一段内存空间的数据结构，称为共用体。

定义共用体变量的一般格式如下。

```
union  共用体类型名
{
    成员列表 ;
} 变量列表 ;
```

例如：

```
union un
{
    int i;
    char c;
    float f;
}x,y,z;
```

也可以将共用体的类型声明与变量定义分开。

```
union un
{
   int i;
   char c;
   float f;
};
union un  x,y,z;
```

即先声明一个 union un 类型，再将 x、y、z 定义为 union un 类型的变量。当然也可以直接定义共用体变量。例如：

```
union
{
   int i;
   char c;
   float f;
} x,y,z;
```

可见，共用体类型与结构体类型的声明形式完全相同，把结构体类型中的关键字 struct 换成 union 即可。

在内存空间的分配方式上，系统为结构体变量的每个成员都分配内存空间，而为共用体变量只分配其最长成员所需的内存空间。例如，上面定义的共用体变量 x、y、z 各分配 4 个字节（因为其最长成员为实型变量）。

（2）共用体变量的引用

只有先定义了共用体变量才能引用它。与结构体变量一样，不能整体引用共用体变量，只能分别引用其各个成员。例如，对于前面定义的共用体变量 x，下面的引用方式是正确的。

```
x.i        /* 引用共用体变量中的整型成员 i */
x.c        /* 引用共用体变量中的字符型成员 c */
x.f        /* 引用共用体变量中的实型成员 f */
```

整体引用“printf("%d",a);”是错误的，共用体变量 x 包含 3 个不同类型的成员，分别占用不同数量的内存单元，仅写共用体变量名 x，系统无法确定究竟引用哪一个成员的值。应该写成“printf("%d",x.i);”或“printf("%c",x.c);”或“printf("%f ",x.f);”。

（3）共用体类型数据的特点

①同一段内存空间可以存放几种不同类型的成员，但在某一时刻只能存放其中一个成员的值，而不是同时存放所有成员的值。也就是说，某一时刻只有一个成员的值是有效的。

②共用体变量中有效的成员的值是最后一次存放的成员的值，在存入一个新的成员的值后原有的成员的值就失去作用。例如，有以下赋值语句：

```
x.i=10;
x.c='A';
x.f=3,14;
```

在完成以上 3 个赋值运算以后，只有 x.f 的值是有效的，x.i 和 x.c 的值已经不存在了。

在引用共用体变量时，应注意当前存放在共用体变量中的究竟是哪个成员的数据。

③共用体变量中各成员的地址相同。例如，&x、&x.i、&x.c、&x.f 的地址相同。

④不能整体引用共用体变量，也不能在定义共用体变量时对它进行初始化。例如，下面的用法都是不合法的。

```
int m;
union un
{
    int i;
    char c;
    float f;
}x={10,'A',3.14};           /* 不能对共用体变量进行初始化 */
x=5;                        /* 不能对共用体变量赋值 */
m=x;                        /* 不能整体引用共用体变量 */
```

特例：两个相同类型的共用体变量之间可以整体赋值。例如，同一个共用体类型的两个变量 a 和 b，可以执行“a=b;”或“b=a;”。需要注意当前是哪个成员的数据可用。

⑤共用体变量和结构体变量可以互为成员，数组也可以作为共用体变量的成员。

⑥共用体变量作为函数参数及返回值的情况与结构体变量类似。

2. 用 typedef 定义类型

C 语言不仅提供了丰富的数据类型，而且允许由用户自己定义类型说明符，也就是说，允许由用户为现有的数据类型起别名。typedef 即可用来完成此功能。

用 typedef 定义类型说明符的一般格式如下。

```
typedef  <原类型名>  <新类型名>
```

其中，原类型名可以是 C 语言中所有的基本数据类型名和构造类型名，新类型名是程序员为已有数据类型起的新名字，新名字一般使用大写字母表示。

（1）使用 typedef 为基本数据类型起别名

例如：

```
typedef  int  INTEGER;          /* 指定用 INTEGER 代表 int 型 */
typedef  float  REAL;           /* 指定用 REAL 代表 float 型 */
```

定义了类型 INTEGER 和类型 REAL 之后，以下两种写法等价。

```
int i,j;                        /* 用法一 */
float f1,f2;
```

```
INTEGER i,j;                    /* 用法二 */
REAL f1,f2;
```

为数据类型引入别名后，对于习惯使用其他语言（如 FORTRAN）的编程人员，可以使用 typedef 将 C 语言中数据类型的关键字定义为自己习惯使用的关键字（如 INTEGER 和

REAL）。

为数据类型起别名，可以提高程序的可读性。例如，某程序中变量 i 和 j 用于计数，通过以下类型与变量定义，将变量 i、j 定义为 COUNT 型，而 COUNT 型等价于 int 型，因此 i、j 是整型变量。

```
typedef int COUNT;
COUNT i,j;
```

在程序中将变量 i、j 定义为 COUNT 型，可以使变量 i、j 的作用一目了然，从而可以提高程序的可读性。

（2）使用 typedef 为数组和指针类型等起别名

例如：

```
typedef char NAME[20];          /*表示定义 NAME 是字符数组类型，数组长度为 20*/
NAME m1,m2,n1,n2;
```

等价于

```
char m1[20],m2[20],n1[20],n2[20];
```

又如：

```
typedef char   *  STRING;   /* 定义 STRING 为字符指针类型 */
STRING p,s[15];             /* 定义 p 为字符指针变量，s 为字符指针数组 */
typedef int  (*POINTER)( )  /* 定义 POINTER 为指向函数的指针类型，函数返回整型数据 */
POINTER p1,p2;              /* 定义 p1、p2 为 POINTER 型的指针变量 */
```

（3）使用 typedef 为自定义数据类型起别名

自定义数据类型包括结构体、共用体等。给自定义数据类型起别外后，不仅使程序书写简单，而且使程序的意义更为明确。

例如，可以定义如下结构体类型。

```
typedef  struct
{
   int  year;
   int  month;
   int  day;
}DATE;
```

这样就定义了新类型 DATE，它代表的是一个结构体类型。

```
DATE birthday;                /* 不要写成 struct DATE birthday */
DATE *p;                      /* 定义 p 为指向结构体类型的指针 */
```

（4）说明

①用 typedef 可以定义类型，但不能用来定义变量。

②用 typedef 只是给已存在的类型起一个别名，并没有创造新的类型。

③使用 typedef 可以提高程序的通用性，并使程序便于移植。

〖分析〗 在 TC 环境下，int 型数据占用 2 个字节，数值范围为 −32 768 ～ 32 767，而在 VS 环境下，int 型数据占用 4 个字节，数值范围为 −2 147 483 648−2 147 483 647。要把一个 C 程序从一个用 2 个字节存放整数的环境中移植到用 4 个字节存放整数的环境中，一般需要将每个变量的定义语句中的 int 改为 long，如果程序中在多处定义了 int 型变量，则要进行多次改动。如果有类型定义语句“typedef int INTEGER;”，且程序中所有整型变量都使用 INTEGER 定义，处理起来就简单得多，只需改动 typedef 类型定义语句为“typedef long INTEGER;”即可。

任务 11 实 力 检 验

1. 下面结构体的定义语句中，错误的是（ ）。

A. struct ord{int x;int y;int z;} struct ord a;

B. struct ord{int x;int y;int z;}; struct ord a;

C. struct ord{int x;int y;int z;} a;

D. struct {int x;int y;int z;} a;

2. 以下程序是输出结构体变量 ex 所占内存空间的字节数，请在横线处填写适当的语句。

```
struct st
{
    char name[20];
    double score;
};
main( )
{
    struct st ex;
    printf("ex size:%d\n",sizeof(________));
}
```

3. 有以下程序：

```
#include <stdio.h>
struct S
{
    int a,b;
}data[2]={10,100,20,200};
main( )
{
    struct S p=data[1];
    printf("%d\n",++(p.a));
}
```

程序运行后的输出结果是（　　）。

A. 10　　B. 11　　C. 20　　D. 21

4. 有以下程序：

```
#include <stdio.h>
struct STU{
   char name[9];
   char sex;
   int score[2];
};
void f(struct STU a[ ])
{
   struct STU b={"zhao",'m',85,90};
   a[1]=b;
}
main( )
{
   struct STU c[2]={{"Qian",'f',95,92},{"Sun",'m',98,99}};
   f(c);
   printf("%s,%c,%d,%d,",c[0].name,c[0].sex,c[0].score[0],c[0].score[1]);
   printf("%s,%c,%d,%d\n,",c[1].name,c[1].sex,c[1].score[0],c[1].score[1]);
}
```

程序运行后的输出结果是（　　）。

A. Zhao,m,85,90,Sun,m,98,99　　B. Zhao,m,85,90,Qian,f,95,92

C. Qian,f,95,92,Sun,m,98,99　　D. Qian,f,95,92,Zhao,m,85,90

5. 有 10 个学生，每个学生的数据信息包括学号、姓名、3 门课的成绩，从键盘输入 10 个学生的数据并依次输出各门课的平均成绩。

6. 编写一个统计宿舍成员的生活费情况的程序，完成以下功能：输入每个宿舍成员一个学期中各个月的生活费，计算出该宿舍所有成员本学期总的月平均生活费，以及个人的月平均生活费高于总的月平均生活费的成员的数据（包括姓名、各月的生活费、月平均生活费），并将结果输出。

7. 编程计算今天是今年的第几天，要求使用包含“年”“月”“日”的结构体类型实现。

8. 我国有句俗语“三天打鱼两天晒网”。某人从 2000 年 1 月 1 日起开始“三天打鱼两天晒网”，编程计算这个人在之后的某一天中是在打鱼还是在晒网。

9. 编写程序，定义一个结构体变量，用于存放一个人的名字和对应的电话号码（可能包括手机、办公电话、住宅电话等多个号码）。该程序允许输入多个人的名字和对应的电话号码（提示：通过结构体数组实现）。当输入的名字已经存在时，直接输出与这个名字对应的所有号码。最后输出所有人的名字和对应的号码。

10. 做一个学籍管理系统的小项目。

〖项目要求〗 假设一个学生的信息包括学号、姓名、性别、出生日期和 3 门课的成绩，其中姓名为字符串，学号为整型，性别为字符型，出生日期为结构体类型（成员为年、月、日），成绩为实型数组。用结构体类型编写学籍管理系统的程序。

第 6 章

函数——工资管理系统之模块功能的实现

九章算术

任务 1 学习目标

掌握函数的基本概念；理解模块化设计理念；理解标准库函数与自定义函数；掌握函数的定义和函数的调用；理解并掌握形式参数与实际参数的关系及应用；了解局部变量与全局变量、动态存储变量与静态存储变量的区别和意义；理解主调函数与被调函数的关系。

任务 2 引言

在前面相关章节中已经介绍过，C 语言的源程序是由函数组成的。前面各章的程序大都只有一个 main( ) 主函数，而实际应用中的程序往往是由多个函数组成的。

在 C 语言中，函数是程序的基本模块，通过对函数的调用来实现相应的功能。C 语言不仅提供了大量的标准库函数，而且允许用户自己定义函数，即用户可以将实现某个功能的代码编写成一个函数，然后通过调用函数来实现相应的功能。这样不仅实现了代码复用，而且实现了程序的模块化，使程序设计变得简单和直观，使程序的结构层次清晰，提高了程序的易读性和可维护性。

本章将要学习的内容有：模块化程序设计、函数的分类、函数的定义、函数的调用及参数传递、函数的递归调用和嵌套调用，以及变量的作用域和存储方式等。

任务 3　了解模块化程序设计

一般来说，使用函数的主要目的有两个：一是代码复用，例如，可以反复使用 C 语言提供的标准库函数，这样大大减轻了编程的工作量，提高了工作效率；二是实现模块化程序设计，例如，可以将不同的功能划分到不同的函数中分别实现，这样降低了程序的开发难度，便于团队合作。

在学习 C 语言的函数之前，首先简要了解一下模块化程序设计思想。

在求解一个复杂问题时，通常采用逐步分解的方法，也就是把一个大问题分解成多个比较容易解决的小问题，然后对小问题分别求解。程序员在设计一个较大的、较复杂的程序时，通常把整个程序划分为多个较小的、功能较为单一的程序模块，对每个程序模块分别进行设计，再把所有的程序模块像搭积木一样装配起来。用模块化程序设计方法设计出来的程序，逻辑关系明确，结构清晰，可读性好，便于查错和修改。模块化程序设计的结构如图 6-1 所示。

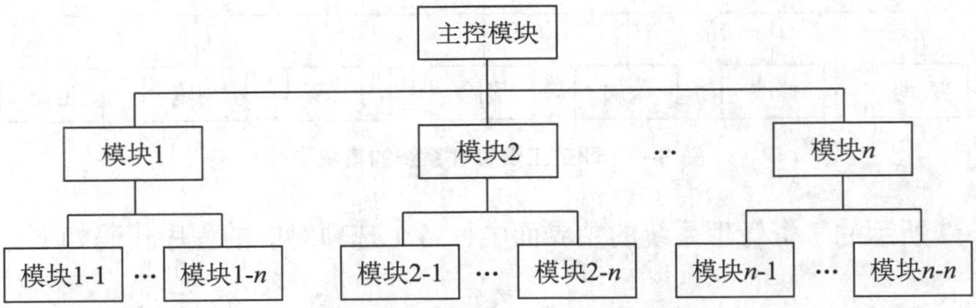

图 6-1　模块化程序设计的结构

模块化是一种设计策略，旨在提供一种管理编程的方法，通过这种方法可以将一个大的应用程序分解为有限数量的模块，将大程序细分为一系列更小的、逻辑相关的模块，这些模块均可以独立开发和测试，每次编写一个模块比一次性完成整个大的项目要容易得多。

任务 4　了解函数的概念与作用

事业单位职工工资管理系统的主界面如图 6-2 所示。从主界面可以看出，工资管理系统这个较大的系统被划分成“查询”“修改”“添加”“删除”“保存”“浏览”“退出”这样几个功能较为单一的模块，然后分别实现各个模块。职工工资管理系统的模块结构如图 6-3 所示。

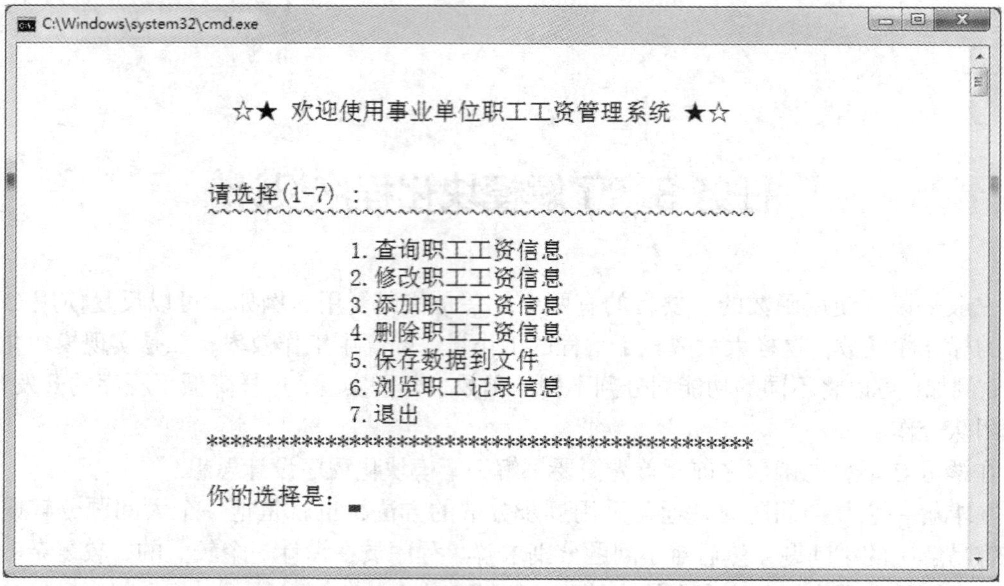

图 6-2　事业单位职工工资管理系统的主界面

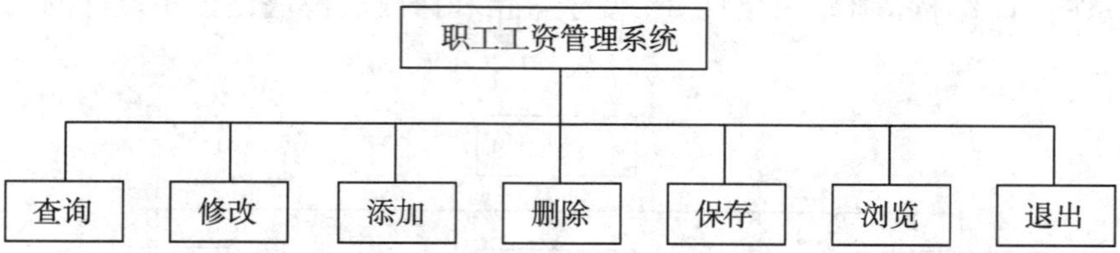

图 6-3　职工工资管理系统的模块结构

在图 6-2 所示的工资管理系统的主界面中，各个选项对应的程序代码如下。

```
switch(c)
{
    case '1': find(n);break;                    /* 查询 */
    case '2': modify(n);break;                  /* 修改 */
    case '3': n=add(n);break;                   /* 添加 */
    case '4': n=del(n);break;                   /* 删除 */
    case '5': write(n);break;                   /* 保存 */
    case '6': list(n);break;                    /* 浏览 */
    case '7': return;                           /* 退出 */
    default: printf("\t\t 请按任意键返回重新选择 (1-7)\n");
}
```

这是用 switch 语句实现的选择结构。当选择（输入）1 ～ 7 中不同的选项时，转去执行不同的操作，完成不同的功能。这些不同的功能是如何实现的呢？答案是：使用函数。

数学中的函数反映的是自变量与因变量的一种关系。在 C 语言中，函数是独立完成某个功能的语句块，是组成程序的基本单位。使用函数可以进行数值运算、信息处理、控制决策等，即把一个相对独立的功能放在函数中实现。

上面的程序段中，在选择某一个选项后，程序就由 switch 结构选择执行不同的函数。如选择“1”后，即 switch(c) 中变量 c 的值为 1，就会执行 case '1' 后的语句，也就是调用 find( ) 函数，从而实现“查询职工工资信息”的功能。当选择其他不同的选项时，调用相应的函数，从而实现不同的功能。

利用函数，不仅可以实现程序的模块化，使程序代码变得简单、直观、易读，而且可以把程序中经常用到的一些计算或操作写成自定义函数，以供多次调用，从而可以减少大量的重复工作。

综上分析，函数是可以被重复使用的、功能相对独立的完整的程序段，其实现了层次清楚的模块化和代码复用功能，提高了软件的开发效率。

任务 5　函数的分类

C 语言从不同的角度对函数做了如下分类。

1. 从函数定义的角度分类

从函数定义的角度看，函数分为标准库函数和用户自定义函数两类。

（1）标准库函数

这类函数由 C 语言系统提供。如果用户在程序中想调用标准库函数，只需要在程序前用 #include < 头文件名 > 或 #include " 头文件名 " 命令把相应的头文件包含到程序中即可。例如，下面的程序中用到了 3 个标准库函数 scanf( )、printf( ) 和 sqrt( )，只需在程序前包含两个头文件 stdio.h 和 math.h 即可。

```
#include "stdio.h"    /* 包含输入输出函数 scanf() 和 printf() 等的头文件 stdio.h */
#include "math.h"     /* 包含数学函数 sqrt() 等的头文件 math.h */
main( )
{
    int a;
    double b;
    scanf("%d",&a);
    if(a>=0)
    {
        b=sqrt(a);
        printf("%6.2lf",b);
    }
}
```

在工资管理系统中，用到了如下几个头文件。

```
#include "stdio.h"              /* 包含输入输出函数的头文件 */
#include "conio.h"              /*getch() 及 getche() 函数包含在此文件中 */
```

```
#include "string.h"          /* 字符串相关函数包含在此文件中 */
#include "windows.h"         /*Sleep() 函数包含在此文件中 */
```

不同的库函数对应的头文件，请参见附录 5。

（2）用户自定义函数

这类函数是用户根据需要自己编写的函数。用户自定义函数必须遵循“声明、调用、定义”或“先定义后调用”的原则。“声明、调用、定义”要求不仅要在程序中定义函数本身，而且必须在主调函数中或在主调函数之前对该函数进行类型说明，然后才能使用自定义函数。

2. 从兼有的其他语言函数和过程分类

C 语言的函数兼有其他语言中的函数和过程两种功能，从这个角度看，函数分为有返回值函数和无返回值函数两类。

（1）有返回值函数

此类函数被调用执行完以后，会向主调函数返回一个执行结果，这个执行结果称为函数的返回值。对于这类函数，用户在函数定义和函数声明时必须明确返回值的类型。

（2）无返回值函数

此类函数一般用于完成某项特定的处理过程，执行完后不向主调函数返回任何值。此类函数类似于其他语言中所讲的过程。用户在定义此类函数时可指定其返回值的类型为空类型，空类型的说明符为 void。

3. 从主调函数和被调函数之间数据传递的角度分类

从主调函数和被调函数之间数据传递的角度看，函数分为无参函数和有参函数两类。

（1）无参函数

此类函数在函数定义、函数说明、函数调用时均不带参数。主调函数和被调函数之间不进行参数传递。

（2）有参函数

此类函数在函数定义和函数说明时必须有参数，函数定义和函数声明时的参数称为形式参数（简称形参）。在函数调用时也必须给出参数，这时的参数称为实际参数（简称实参）。在函数的调用过程中，主调函数通过实参把具体的值或地址传给形参，供被调函数使用。

除以上分类外，还可以按照不同的标准对函数进行分类。例如，按功能分类，函数可以分为输入输出函数、数学函数、字符串处理函数、动态分配内存函数和中断函数等。

小贴士：

许多 C 语言标准库函数的定义都包含在不同的头文件中，只需要在程序的适当位置（一般是程序的前部）加入包含命令，后续代码中即可使用。

常用的函数应该记住，不常用的函数应学会查手册、查帮助文件或在互联网中搜索。

任务 6　函数的定义

任务 4 中提到，函数的本质是程序段，因此，对函数的定义就是把函数要执行的程序段用代码写出来。函数分为标准库函数和用户自定义函数，库函数是系统已经提供的。对于用户自定义函数，必须遵循“声明、调用、定义”或“先定义后调用”的原则。

函数定义的格式如下。

```
类型标识符  函数名( )
{
    变量定义
    语句块
}
```

无参函数的定义格式

```
类型标识符  函数名(带有类型说明的参数列表)
{
    变量定义
    语句块
}
```

有参函数的定义格式

函数分为两大部分：函数头和函数体。

函数头为函数定义格式中的第一行，其中，“类型标识符”用于指明本函数的类型，函数的类型实际上是函数返回值的类型，“函数名”是由用户定义的标识符，必须符合标识符的命名规则。“{}”括起来的部分称为函数体，其中，“变量定义”是对该函数体内用到的变量的类型说明，“语句块”是完成该函数功能的执行语句。

有参函数和无参函数的定义格式的区别，仅在于函数头的小括号内是否有参数。有参数时，形参可以是各种类型的变量，当有多个形参时，各个形参之间用逗号分隔，其类型也必须在小括号内进行说明，而且要求逐一说明；没有参数时，也不能省略小括号。

例如，定义一个求两个数中较大数的函数如下。

```
int  max(int a,int b)
{
    int z;
    if(a>b) z=a;
       else z=b;
    return z;
}
```

这是一个类型为整型（int），函数名为 max，带有 a 和 b 两个形参的有参函数。第一行“int　max(int a,int b)”是函数头，对形参进行了逐一说明。注意，有多个类型相同的形参时要求逐一说明，不能省去任何一个形参的类型说明，如上例中形参不能写成“int a,b”。“{}”括起来的部分是函数体，其中“int z;”是变量定义，“if(a>b) z=a;else z=b;return z;”是执行语句。

定义函数时，函数体内的“变量定义”不一定出现。例如，上例可以改写为

```
int  max(int a,int b)
{
   if(a>b) return a;
   else return b;
}
```

或

```
int  max(int a,int b)
{
   return a>b?a:b;
}
```

函数体中的 return 语句是把 a 或 b 的值作为函数值返回给主调函数。有返回值的函数中至少要有一个 return 语句。

工资管理系统的 grsds( ) 函数中，个人所得税的计算公式与代码如下。

$$y=\sum_{i=1}^{k} x_i \times \text{rate}_i$$

其中，x_i 为第 i 级工资每月的应纳税所得额，rate_i 为第 i 级工资的税率。个人所得税的税率表如表 6–1 所示。

表 6–1　个人所得税的税率表

级　数	每月的应纳税所得额	税　率
1	不超过 3 000 元的部分	3%
2	超过 3 000 元至 12 000 元的部分	10%
3	超过 12 000 元至 25 000 元的部分	20%
4	超过 25 000 元至 35 000 元的部分	25%
5	超过 35 000 元至 55 000 元的部分	30%
6	超过 55 000 元至 80 000 元的部分	35%
7	超过 80 000 元的部分	45%

```
float grsds(float m)                  /* 计算个人所得税的函数 */
{
   float x;                           /* 定义存放当月应纳税所得额的变量 x*/
   float y=0;                         /* 定义存放当月应纳税额的变量 y*/
   int n;                             /* 开关变量 */

   x=m-5000                           /* 个人所得税起征点 */

   if(x>0)
```

```
    if(x<3000) n=1;                       /* 应纳税所得额小于 3000 元 */
    else if(x<12000) n=2;                 /* 应纳税所得额小于 12000 元 */
    else if(x<25000) n=3;                 /* 应纳税所得额小于 25000 元 */
    else if(x<35000) n=4;                 /* 应纳税所得额小于 35000 元 */
    else if(x<55000) n=5;                 /* 应纳税所得额小于 55000 元 */
    else if(x<80000) n=6;                 /* 应纳税所得额小于 80000 元 */
    else n=7;                             /* 应纳税所得额大于或等于 80000 元 */

  switch(n)          /* 由于需分段计税，应当从入口处顺序执行才能实现计算应缴税额，
                        故下面 switch 语句的各分支没有 break 语句 */
  {
    case 7:y+=(x-80000)*0.45;x=80000;
    case 6:y+=(x-55000)*0.35;x=55000;
    case 5:y+=(x-35000)*0.30;x=35000;
    case 4:y+=(x-9000)*0.25;x=25000;
    case 3:y+=(x-4500)*0.20;x=12000;
    case 2:y+=(x-1500)*0.10;x=3000;
    case 1:y+=x*0.03;
  }
  return y;                               /* 返回计算得出的应缴税额 */
}
```

grsds( ) 函数的类型为单精度实型，函数名为 grsds，形参只有一个类型为 float 的 m。函数体中先定义了 3 个局部变量 x、y、n，之后是若干执行语句。在执行语句中有一个 return 语句，把计算结果返回给主调函数。

函数体可以是空的，该函数称为空函数。空函数并不是完全没有意义，可以起形式上的作用，这样的函数只是暂时没有代码，等待后续进一步扩充。这样有利于实现模块化程序设计，防止遗漏某些功能。

还应该指出的是，在 C 语言中，所有函数的定义，包括主函数 main( ) 在内，都是平行的。一个函数的定义中不能包含另一个函数的定义。也就是说，函数的定义不能嵌套。

例如，下面函数的定义是错误的。

```
void f1( )
{
   putchar('*');
   void f2( )          /* 错误。对 f2() 函数的定义不能放在 f1() 函数的定义内 */
   {
      putchar('\n');
   }
}
```

任务 7 函数的类型和返回值

1. 函数的类型

函数的类型是指函数返回值的类型，一般与 return 语句中表达式的类型一致。如果函数不提供返回值，可以定义函数为空类型，即 void。

> **小贴士：**
>
> 如果函数不提供返回值，且未定义为空类型时，系统默认为整型，而有些编译系统在编译时会报告出现编译错误。

2. 函数的返回值

函数的返回值是指函数被调用之后返回给主调函数的值。函数的值只能通过 return 语句返回给主调函数。

return 语句的一般形式如下。

```
return(表达式);
```

或

```
return 表达式;
```

在函数中允许有多个 return 语句，但每次调用时只能有一个 return 语句被执行，因此只能返回一个值。

执行 return 语句时，先计算表达式的值（表达式可以是常量、变量或表达式），再将该值返回给主调函数。如果 return 语句中表达式的类型与函数的类型不一致，则以函数的类型为准，返回时自动进行数据类型转换。计算个人所得税的 grsds( ) 函数中，就是先根据 x 的值计算出 y 的值，然后将 y 值返回给主调函数。

return 语句有两个重要作用。第一，结束本函数的运行，返回到主调函数中继续执行；第二，将表达式的值返回到主调函数的调用处。下面分别进行说明。

（1）结束本函数，返回到主调函数

有两种方式可以结束函数的运行并返回。

①执行完函数的最后一个语句后，从代码上看就是遇到函数体的结束符“}”后，函数自动结束，如案例 6-1。

【案例 6-1】 编写一个函数，功能是在屏幕上显示一个字符串。

〖分析〗 不需要返回值，故将函数类型定义为 void；定义字符数组，用于存放字符串；

接收输入的字符串并输出。

```
void print( )
{
    char s[100];            /* 定义一个字符数组 */
    gets(s);                /* 输入一个字符串 */
    puts(s);                /* 输出（在屏幕上显示）该字符串 */
}
```

这是一个无参函数，在执行完最后一个语句“puts(s);”，即显示字符串 s 后，遇到“}”时函数自动结束并返回到主调函数中。

②执行 return 语句后，返回到主调函数，如下例和案例 6-2。

```
void fun( )
{
    printf("#####");
    return;
}
```

fun( ) 函数没有返回值，仅输出 5 个“#”。这里 return 语句的作用是结束该函数，返回到调用它的主调函数中。

在实际应用中，从程序的易读性考虑，习惯上 void 类型的函数用 return 语句返回。

（2）将表达式的值返回到主调函数的调用处

除空类型的函数外，其他类型的函数均会返回一个数据，该数据由 return 语句确定。

【案例 6-2】 编写一个函数，当 a、b 相等时，返回 1，否则返回 -1。

〖分析〗 返回值 1 和 -1 都是整型数，所以函数类型应定义为 int 型；要有两个对应的 return 语句，分别返回 1 和 -1；参数 a、b 的类型无具体要求。

```
int comp(char a,char b)     /*a、b 为字符型，当 a、b 为其他基本数据类型时与此类似 */
{
    if(a==b)
        return 1;
    else
        return -1;
}
```

如果函数为非空类型，函数的返回值就可以作为一个确定的数值被用在任何表达式中。例如，下面的表达式中都用到了函数的返回值。

```
x=f(y);
if(max(x,y)>100) printf("Great!");
for(;ch=getchar( );)
```

需要注意的是，函数不能作为赋值对象，如下列语句是非法的。

```
sort(x,y)=100;
```

C 编译程序认为上面这个语句是错误的，编译时将报错。

小贴士：

用户自定义函数大部分属于如下 3 种类型：第一类是简单计算型，函数设计成对变量进行运算，并且返回计算结果；第二类是信息处理型，处理后返回一个值，仅以此值表示处理成功或失败；第三类是功能独立型，完成指定功能，没有返回值，这类函数应当被定义为空类型。

当函数有返回值时，对函数的返回值可以有不同的处理方式。

【案例 6-3】 对函数的返回值有不同的处理方式。

〖分析〗 本程序对同一个函数的返回值做了不同的处理。

```
#include "stdio.h"
int max(int x,int y);              /* 函数声明 */
main( )
{
    int x,y,z;
    x=10;y=20;
    z=max(x,y);                    /* 第 1 次调用，max() 函数的返回值被赋给变量 z*/
    printf("%d\n",max(x,y));       /* 第 2 次调用，返回值没有被赋给任何变量，但该值作为
                                      printf() 函数的参数被输出 */
    max(x,y);                      /* 第 3 次调用，返回值被丢弃不用 */
}
int max(int x,int y)         /* 自定义函数，求两个整数的较大数并将其作为函数的返回值 */
{
    return x>y?x:y;
}
```

程序运行结果如图 6-4 所示。

图 6-4 案例 6-3 运行结果

任务8　函数调用及参数传递

一个C程序是由一个主函数和多个其他功能函数组成的。main( )函数是主函数，它可以调用其他函数，一般不被其他函数调用。除主函数外的其他函数可以相互调用，同一个函数可以被一个或多个函数多次调用。

C语言的函数遵循"先定义后使用"的原则。如果对某函数的调用出现在该函数定义之前，则必须在调用函数之前用声明语句对函数进行声明；否则，编译会出错。函数声明的作用是告知编译程序该函数返回值的类型、函数名、参数等信息。

1. 函数声明

函数声明语句的格式如下。

```
类型  函数名( );                        /* 无参函数声明语句的格式 */
```

或

```
类型  函数名(参数类型说明列表);           /* 有参函数声明语句的格式 */
```

可以看出：函数声明语句是由函数定义中的函数头加分号";"构成的。有参函数在声明时，参数列表中的参数类型、次序和数目必须和函数定义时一致。例如，在案例6-3中，第二行的"int max(int x,int y);"语句就是对后面定义的max( )函数的声明。

工资管理系统中的如下语句，就是对后面将调用的自定义函数的声明。

```
int read( );                    /* 从数据文件中读取职工工资数据 */
void write(int n);              /* 向职工工资数据文件中写入记录 */
void find(int n) ;              /* 查询职工工资数据记录 */
void modify(int n);             /* 修改职工工资数据记录 */
int add(int n);                 /* 向职工工资数据文件中增加记录 */
int del(int n);                 /* 从职工工资数据文件中删除记录 */
float grsds(float m);           /* 计算个人所得税 */
void list(int n);               /* 浏览职工记录 */
void workersinfo(int i);        /* 职工个人信息列表，在find( )、del( )、modify( )
                                   函数中均会使用 */
```

小贴士：

①函数声明应放在该函数被调用之前。习惯上函数声明与文件包含语句都写在程序的最前面。

②函数声明与函数定义不同。函数定义用来建立和实现函数的功能，必须有函数体。而函数声明仅仅给出函数类型、函数名及参数情况的信息，便于编译时进行检查。

若未对被调函数进行声明，函数返回值的数据类型可能与主调函数所要求的不一致，其结果是难以预料的。如果两者处于同一个文件中，编译程序不一定会发现该错误并停止编译。如果两者不在同一个文件中，编译程序将无法发现这种错误。类型检查仅在编译时进行，连接和运行时均不检查。

当被说明为整型的函数返回字符型数据时，这个字符型数据将被转换为整型数据。因为C语言以不加说明的方式进行字符型与整型之间的数据类型转换，因而在多数情况下，返回字符型数据的函数并不声明为char型数据，而是由函数的这种字符型数据向整型数据的默认类型转换隐含实现的。

2. 函数调用

函数调用分为有参函数调用和无参函数调用两种。

（1）有参函数调用的一般形式

```
函数名（实参列表）;
```

（2）无参函数调用的一般形式

```
函数名（）;
```

在C语言中，可以用以下几种方式调用函数。

①函数调用语句：函数调用的一般格式加上分号就构成了函数调用语句。例如：

```
scanf("%s",s);
printf("%s\n",s);
```

②函数表达式：函数作为表达式的一项出现在表达式中，以函数的返回值参与表达式的运算。例如：

```
x+sin(x);
```

③函数调用作为实参：即用一个函数的返回值作为另一个函数的参数。例如：

```
printf("%d\n",max(x,y));
printf("%8.4f\n",fun(x,3));
y=x+sin(x+fun(sin(x),3));
```

3. 参数传递

主调函数调用被调函数时，参数传递是通过实参向形参传递完成的。

（1）形参和实参

形参是变量，只能在函数体内使用，离开该函数不能再使用。

实参可以是常量、变量或表达式，但无论是什么形式，实参必须有确定的值。实参出现在主调函数中，进入被调函数后也不能使用实参。

形参和实参的功能是实现数据传送。函数调用时，主调函数把实参的值传送给被调函数的形参，从而实现主调函数向被调函数的数据传送。被调函数运行时，形参作为局部变量被分配内存，函数调用中的实参把数据传送给形参，被调函数执行完后释放形参所占的内存。

函数调用时，必须保证实参与形参的类型及次序一致。

（2）参数传递方式

一般说来，参数传递方式有值传递和地址传递两种。

①值传递。这种方式是把实参（普通数据的值）复制到函数的形参中，函数中形参的任何变化不影响实参。

C 语言中，实参赋值给形参的顺序是自右向左进行的，即最右侧的实参最先赋值给最右侧的形参，自右向左依次进行赋值。

②地址传递。这种方式是把实参（内存单元的地址值）复制给形参（要求形参必须是能接收地址的变量），即形参和实参具有相同的地址。在被调函数中，通过这个地址可以访问主调函数中的数据，即形参的变化会影响到实参。

多数情况下，C 语言使用值传递方式调用函数，被调函数根据传递来的数据进行加工处理，然后将处理结果返回到调用位置。

【案例 6–4】 值传递方式示例。

```
#include <stdio.h>
void swap(int a,int b);                  /* 声明被调函数 */
main( )
{
   int x=7,y=11;
   printf("调用交换函数前：");
   printf("x=%d,y=%d\n",x,y);            /* 输出调用被调函数之前的实参值 */
   swap(x,y);                            /* 调用交换函数 */
   printf("调用交换函数后：");
   printf("x=%d,y=%d\n",x,y);            /* 输出调用被调函数之后的实参值 */
}

void swap(int a,int b)                   /*swap() 函数：交换两个形参的值 */
{
   int temp;
   temp=a;
   a=b;
   b=temp;
}
```

〖分析〗 当主函数调用 swap( ) 函数时，先把实参 y 的值 11 传递给形参 b，使 b 的值为 11，然后把实参 x 的值 7 传递给形参 a，使 a 的值为 7。实参和形参之间的值传递如图 6–5 所示。

程序运行结果如图 6–6 所示，可以看出，形参的变化（交换）没有影响到实参。原因是实参和形参分别占用不同的内存空间。

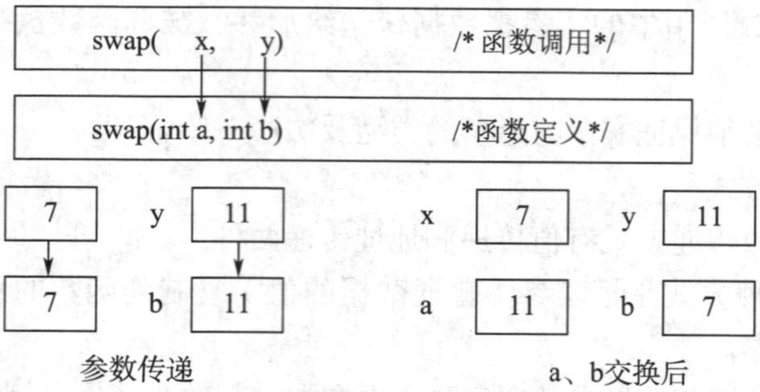

图 6–5　实参和形参之间的值传递

图 6–6　案例 6–4 运行结果

如何通过函数调用实现实参值的交换呢？有两种方法，一种方法是数组名作为实参和形参，另一种方法是指针作为实参和形参。指针作为函数参数的内容参见第 7 章。

除基本类型的变量作为函数参数外，数组、结构体变量也可作为函数参数。

【案例 6–5】 数组名作为函数参数。从键盘输入 7 个整数，按由小到大的顺序输出。要求用自定义函数实现排序功能。

〖分析〗

这是一个数组作为函数的参数的案例。

①从键盘输入的数据放在数组 a 中。

②在主函数中调用 sort( ) 函数。

③在 sort( ) 函数中进行排序。

④输出排序后的结果。

```
#include <stdio.h>
#define N 7
void sort(int x[N]);                    /* 声明完成排序功能的函数 */
main( )
{
   int a[N],i;                          /* 声明数组 a[N], 用来存放输入的数据 */
   printf(" 请输入 7 个整数 , 以空格分隔: ");
   for(i=0;i<N;i++)                     /* 本循环完成数组元素的输入 */
      scanf("%d",&a[i]);
   sort(a);                             /* 调用函数完成排序功能 */
   printf(" 由小到大排序后的数据是: \n");
   for(i=0;i<N;i++)                     /* 本循环完成排序后数组元素的输出 */
      printf("%6d",a[i]);
   printf("\n");
```

```
}
void sort(int x[N])                                      /* 自定义函数：用冒泡法排序 */
{
    int i,j,t;
    for(i=0;i<N-1;i++)
    {
        for(j=i+1;j<N;j++)
            if(x[i]>x[j])
            {
                t=x[i];
                x[i]=x[j];
                x[j]=t;
            }
    }
}
```

程序运行结果如图 6-7 所示。

图 6-7　案例 6-5 运行结果

【案例 6-6】 结构体变量作为参数。编程实现在主函数中输入一个学生的信息（包括学号、姓名、年龄、性别），在自定义函数中输出该学生的信息，在主函数中调用自定义函数。

〖分析〗

①学生的信息中包含多个不同类型的数据，所以用结构体类型表示。

②自定义函数 print( ) 进行输出，函数没有返回值，因此定义函数为空类型，其形参应为结构体变量。

③在主函数中调用 print( ) 函数。

```
#include "stdio.h"
struct stu                              /* 声明结构体类型 */
{
    long num;                           /* 存放学号 */
    char name[20];                      /* 存放姓名 */
    int age;                            /* 存放年龄 */
    char sex;                           /* 存放性别 */
};
void print(struct stu student);         /* 声明 print() 函数 */
main( )
{
```

```
    struct stu student;
    printf ("输入学生的信息：学号 姓名 年龄 性别\n");
    scanf("%ld%s%d%c",&student.num,&student.name,&student.age,&student.sex);
    print(student);                     /*调用自定义函数，完成各成员信息的输出*/
}

void print(struct stu student)          /*自定义函数：输出各成员信息*/
{
    printf ("学号：%ld\t姓名：%s\t年龄：%d\t性别：%c\n",student.num,student.
name,student.age,student.sex);
}
```

程序运行时，输入 120428　李又东　18f<回车>，运行结果如图 6-8 所示。

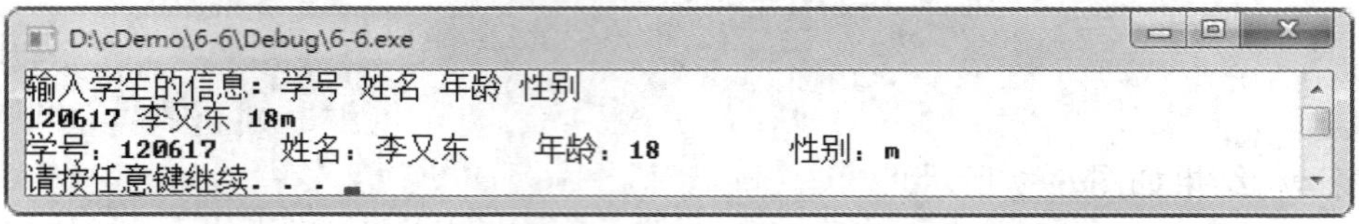

图 6-8　案例 6-6 运行结果

任务 9　函数的嵌套调用与递归调用

函数：计算器

1. 函数的嵌套调用

在函数的调用过程中，主调函数调用被调函数，在被调函数的执行过程中又调用另一个函数，这种情况称为函数的嵌套调用。例如：

```
int b( )                                /*定义函数b()*/
{
    ……
}
int a( )                                /*定义函数a()*/
{
    ……
    b( );                               /*在函数a()中调用函数b()*/
    ……
}
main( )
{
    ……
    a( );                               /*在主函数中调用函数b()*/
    ……
}
```

函数的调用过程如下。

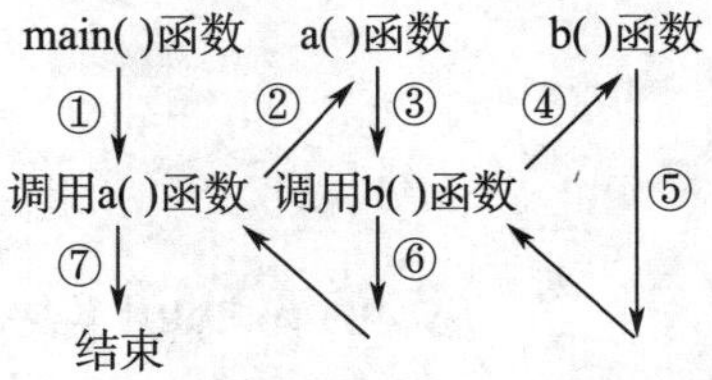

执行过程：从 main( ) 函数开始执行，调用 a( ) 函数的语句时，程序转去执行 a( ) 函数，在 a( ) 函数中调用 b( ) 函数时，程序又转去执行 b( ) 函数，b( ) 函数执行完毕，返回到 a( ) 函数的断点处继续执行，a( ) 函数执行完毕，返回到 main( ) 函数的断点处继续执行，直至程序结束。案例 6-7 就是一个函数嵌套调用的例子。

【案例 6-7】 编程求组合数。

$$C_n^m=\frac{n!}{m!(n-m)!}$$

〖分析〗

这是一个函数嵌套调用的案例。

①根据组合数的计算公式，求组合数的函数中有 m 和 n 两个参数。

②要求出组合数需要计算 3 次阶乘。所以，定义一个函数 fac(int k)，用于计算 k 的阶乘，实现代码复用。

③定义一个计算组合数的函数 comb(int n,int m)，该函数通过调用计算阶乘的函数 fac(int k) 来完成求解组合数，计算公式为 fac(n)/(fac(m)*fac(n−m))。

④在主函数中调用计算组合数的函数，这就构成了函数的嵌套调用。

```
#include "stdio.h"
long fac(int k);                         /* 声明计算阶乘的函数 */
long comb(int n,int m);                  /* 声明计算组合数的函数 */
main( )                                  /* 主函数 */
{
    int n,m;
    long c;                              /* 变量 c 存放组合数的结果 */
    printf("这是一个求组合数的程序：\n");
    printf("请输入 2 个整数 n,m,以逗号分隔 (n>m)：");
    scanf("%d,%d",&n,&m);                /* 输入实参的值 */
    c=comb(n,m);               /* 调用计算组合数的函数 comb()，在调用该函数的过程中，
                                  它又调用求阶乘的函数 fac()*/
    printf("组合数为：%ld\n",c);
}
long fac(int k)                          /* 定义计算阶乘的函数 */
{
    long f=1;
    int i;
```

```
    for(i=1;i<=k;i++)
        f=f*i;
        return f;
}

long comb (int n,int m)                    /* 定义计算组合数的函数 */
{
    long c;
    c=fac(n)/(fac(m)*fac(n-m));            /* 调用计算阶乘的函数 */
    return c;
}
```

程序运行时输入 6,3< 回车 >，结果如图 6-9 所示。

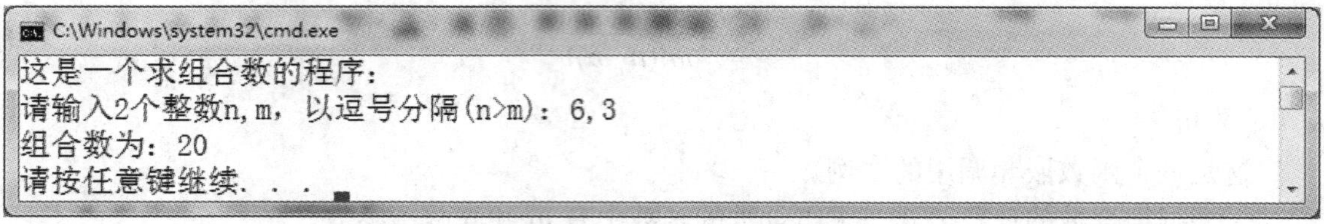

图 6–9　案例 6–7 运行结果

在程序中，求阶乘的函数的定义和求组合数的函数的定义均放在主函数的后面，所以这两个函数要在被调用之前进行声明。程序的运行从主函数 main( ) 开始，输入两个整数 n、m 后，首先调用求组合数的函数 comb(int n,int m)，在求组合数的函数的执行过程中，3 次调用计算阶乘的函数 fac(int k)，分别求出 n 的阶乘、m 的阶乘和 n−m 的阶乘并返回到计算组合数的函数中，然后由计算组合数的函数计算出组合数并给主函数返回值，主函数输出结果。

2. 函数的递归调用

C 语言中，函数可以自己调用自己，称为递归调用，这样的函数称为递归函数。递归调用分为直接递归调用和间接递归调用两种情况。如果某函数的函数体内有调用函数本身的语句，这种递归称为直接递归；一个函数调用其他函数，而其他函数又调用了该函数，这种递归称为间接递归。在递归调用中，递归函数既是主调函数，也是被调函数。

直接递归和间接递归的形式如下所列。

（1）直接递归

```
void a( )
{
    ……
    a( );                              /* 函数 a() 中调用函数 a() */
    ……
}
```

（2）间接递归

```
void a( )
{
    ……
    b( );                                /* 函数 a() 中调用函数 b()*/
    ……
}
void b( )
{
    ……
    a( );                                /* 函数 b() 中调用函数 a()*/
    ……
}
```

在解决某些问题时，递归是十分有效的。原因有两个：其一，有的问题本身就是递归定义的；其二，它可以使某些看起来不易解决的问题变得容易解决和容易描述，使一个包含递归关系且结构复杂的程序变得简洁，使程序的可读性提高。但是，从形式上看，无论是直接递归还是间接递归，递归函数执行时都将无休止地调用它本身，这显然是行不通的。所以，为了防止递归调用无休止地进行，在函数内必须有终止递归的语句。通常是在函数中使用条件判断（if 语句），当条件满足时，执行 return 语句，返回主调函数，从而避免递归无休止地进行。

【案例 6-8】 用递归的方法计算 $n!$。

$$n!=\begin{cases}1, & n=0\\ n(n-1)!, & n>0\end{cases}$$

〖分析〗

①从问题描述可见，$n!$ 是以递归的形式定义的。要计算 $n!$，应先计算 $(n-1)!$，而计算 $(n-1)!$ 又需要先计算 $(n-2)!$，而计算 $(n-2)!$ 又需要先计算 $(n-3)!$，以此类推，直到最后变成计算 0! 的问题，根据公式有 0!=1。再反过来依次计算出 1!，2!，…，直到最后计算出 $n!$。

②计算 $n!$ 的函数定义为 fac(n)，函数体内计算 $n!$ 用 n*fac(n−1) 实现。于是在 fac(n) 的函数体内调用 fac(n−1)，此处就是直接递归调用，只不过再次调用时实参的值为 n−1。

```
#include "stdio.h"
long fac(int n);                         /* 函数声明 */
main( )                                  /* 主函数 */
{
    long y;                              /*y 用于存放阶乘结果 */
    int n;                               /*n 用于存放阶乘数 */
    printf(" 这是一个用递归法求 n! 的程序：\n");
    printf(" 请输入 1 个整数 (<13)：");
    scanf("%d",&n);                      /* 输入实参的值 */
    y=fac(n);                            /* 调用函数 fac()，求 n!*/
    printf("%d!=%ld\n",n,y);             /* 输出结果 */
```

```
}

long fac(int n)                          /* 定义求阶乘的函数 */
{
    long f;
    if (n==0)
        f=1;
    else
        f=n*fac(n-1);                    /* 递归调用，求 (n-1)!*/
    return(f);
}
```

程序运行时输入 10 < 回车 >，结果如图 6-10 所示。

图 6-10　案例 6-8 运行结果

函数递归调用的主要优点是，可以把算法写得比使用非递归函数更清晰简洁，而且某些问题，特别是与人工智能有关的问题，更适合使用这种方法。

任务 10　精 选 案 例

函数：日期计算器

【案例 6-9】 编程计算 $s=1^k+2^k+3^k+\cdots+n^k$（$0 \leqslant k \leqslant 5$）。要求用函数的嵌套调用实现。

〖分析〗

①算式 $s=1^k+2^k+3^k+\cdots+n^k$ 是计算 n 个自然数的 k 次方之和。

②定义一个计算 n^k 的函数 pow( )。

③定义一个实现累加的求和函数 sum( )。

④在主函数中调用求和函数。

```
#include "stdio.h"
long pow(int n,int k);                   /* 声明计算 n 的 k 次方的函数 */
void sum(int n,int k);                   /* 声明计算 n 的 k 次方的多项累加和的函数 */
main( )
{
    int n,k;
    printf("请输入 n 和 k，以空格分隔 (0≤k≤5): ");
    scanf("%d%d",&n,&k);
```

```
    sum(n,k);                          /* 调用计算 n 的 k 次方的多项累加和的函数 */
}

long pow(int n,int k)                  /* 计算 n 的 k 次方 */
{
    long f=1;
    int i;
    for(i=1;i<=k;i++)
        f*=n;
    return f;
}

void sum(int n,int k)                  /* 计算 1 到 n 的 k 次方的累加和 */
{
    long s=0;
    int i;
    printf("s=");
    for(i=1;i<=n;i++)
    {
        i!=n?printf("%ld+",pow(i,k)):printf("%ld",pow(i,k));
                                       /* 调用求 n 的 k 次方的函数 */
        s+=pow(i,k);
    }
    printf("=%ld\n",s);
}
```

程序运行结果如图 6-11 所示。

图 6-11　案例 6-9 运行结果

【案例 6-10】 用递归调用实现案例 6-9。

〖分析〗

①算式可以改写如下：

$$f(n,k)=\begin{cases}1, & n=1\\ n^k+f(n-1), & n>1\end{cases}$$

②定义一个计算 n^k 的函数 pow( )。

③定义一个函数 $f(n,k)$，每次调用该函数时，先判断 n 是不是 1，如果是，则返回 1；否则，返回 $n^k+f(n-1)$，继续递归调用，直到 $f(n,k)$ 中的 n 值为 1。

```
#include "stdio.h"
long f(int n,int k);                    /* 声明函数 f(n,k)*/
long pow(int n,int k);                  /* 声明计算 n 的 k 次方的函数 */
main( )
{
    int n,k;
    printf("请输入 n 和 k，以空格分隔 (0≤k≤5): ");
    scanf("%d%d",&n,&k);
    printf("s=%ld\n",f(n,k));
}
long pow(int n,int k)                   /* 定义计算 n 的 k 次方的函数 pow()*/
{
    long f=1;
    int i;
    for(i=1;i<=k;i++)
        f*= n;
    return f;
}
long f(int n,int k)                     /* 定义递归函数 f(n,k) */
{
    long s;
    if (n==1)
        s=1;
    else
        s=pow(n,k)+f(n-1,k);            /* 递归调用 */
    return(s);
}
```

程序运行结果如图 6-12 所示。

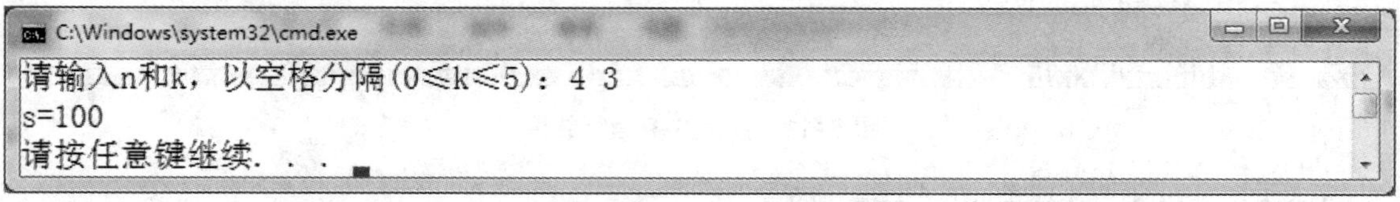

图 6-12 案例 6-10 运行结果

【案例 6-11】 已知某个学生 5 门课程的成绩，计算其平均成绩。要求主函数中 5 门课程的成绩用数组记录，而平均成绩用自定义函数计算，而且用数组作为函数参数。

〖分析〗

①在主函数中定义数组 a，输入 5 门课程的成绩，存放到数组 a 中。

②在主函数中调用函数 aver( )。

③在函数 aver( ) 中计算数组元素的平均值并返回主函数。

④输出结果。

```
#include "stdio.h"
float aver(float a[ ])              /* 定义计算平均值的函数，形参为数组 */
{
   int i;                           /* 循环控制变量 */
   float av,s=a[0];                 /* 变量 av 存放平均成绩的值，变量 s 存放总成绩的值 */
   for(i=1;i<5;i++)  s+=a[i];
   av=s/5;
   return av;
}
main( )
{
   float score[5],av;
   int i;
   printf("请输入 5 门课程的成绩：\n");
   for(i=0;i<5;i++)
      scanf("%f",&score[i]);    /* 将输入的 5 门课程的成绩存放到数组 score 中 */
   av=aver(score);               /* 调用函数 aver()，实参为数组名 */
   printf("average score is %5.2f\n",av);
}
```

程序运行结果如图 6-13 所示。

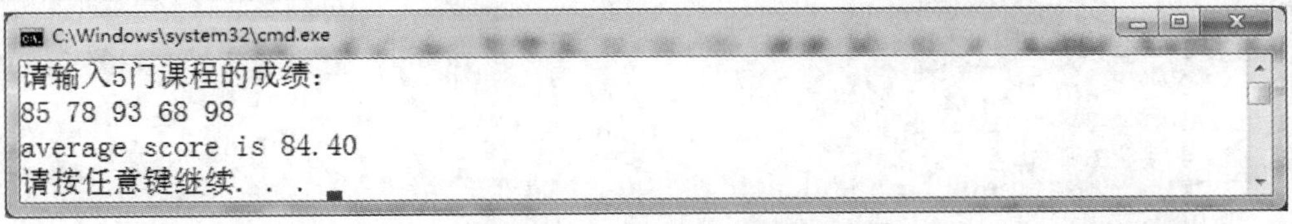

图 6-13　案例 6-11 运行结果

〖思考〗 试着将函数 aver( ) 改写成通用的计算 *n* 个数的平均值的函数。

【案例 6-12】 编写程序，输出杨辉三角形（前 10 行）。

```
1
1    1
1    2    1
1    3    3    1
1    4    6    4    1
1    5    10   10   5    1
……
```

〖分析〗

杨辉三角形有如下两个特点。

①第 *i* 行上有 *i*+1 个数（从 0 行计数）。

②第 *i*（*i* ≥ 1）行第 *j* 列值的规律是：当 *j*=1 或 *j*=*i*+1 时，为 1；否则，为它上一行（*i*−1 行）的第 *j*−1 个值和第 *j* 个值的和。

```
#include "stdio.h"
#define N 10                    /*N 为行数，当要求输出的行数改变时，只改变 N 的值即可 */
int fun(int a,int b);
main( )
{
    int i,j;
    for(i=0;i<N;i++)            /* 用双重循环完成杨辉三角形的输出 */
    {
        for(j=0;j<=i;j++)
            printf("%-6d",fun(i,j));
        printf("\n");
    }
}
int fun(int a,int b)            /* 自定义函数：生成杨辉三角形 */
{
    if(b==0||b==a) return(1);
    else return(fun(a-1,b-1)+fun(a-1,b));
}
```

程序运行结果如图 6-14 所示。

```
C:\Windows\system32\cmd.exe
1
1     1
1     2     1
1     3     3     1
1     4     6     4     1
1     5     10    10    5     1
1     6     15    20    15    6     1
1     7     21    35    35    21    7     1
1     8     28    56    70    56    28    8     1
1     9     36    84    126   126   84    36    9     1
请按任意键继续. . .
```

图 6-14　案例 6-12 运行结果

【案例 6-13】 用二维数组实现案例 6-12。

〖分析〗

①定义一个整型二维数组 a，用来存放杨辉三角形的各个值。第 *i* 行第 0 列与第 *i* 行第 *i* 列（本行行尾）的元素值均为 1，即 a[*i*][0]=a[*i*][*i*]=1，其他位置（第 *i* 行第 *j* 列）的元素值可表示为 a[*i*][*j*]=a[*i*−1][*j*−1]+a[*i*−1][*j*]。

②编写一个自定义函数 yhsj(int a[ ][N],int n)，计算杨辉三角形的各个值。在主函数中调用该函数并输出。

```
#include "stdio.h"
#define N 10
void yhsj(int a[ ][N],int n);
main( )
```

```
{
    int i,j,a[N][N];                        /*a[N][N] 存放杨辉三角形的各个值 */
    yhsj(a,N);
    for(i=0;i<N;i++)                        /* 用双重循环完成杨辉三角形的输出 */
    {
        for(j=0;j<=i;j++)
            printf("%-6d",a[i][j]);
        printf("\n");
    }
}
void yhsj(int a[ ][N],int n)                /* 自定义函数：生成杨辉三角形 */
{
    int i,j;
    for(i=0;i<N;i++)                        /* 用双重循环生成杨辉三角形 */
        for(j=0;j<=i;j++)
        {
            if(j==0||j==i) a[i][j]=1;
            else a[i][j]=a[i-1][j-1]+a[i-1][j];
        }
}
```

程序运行结果如图 6-15 所示。

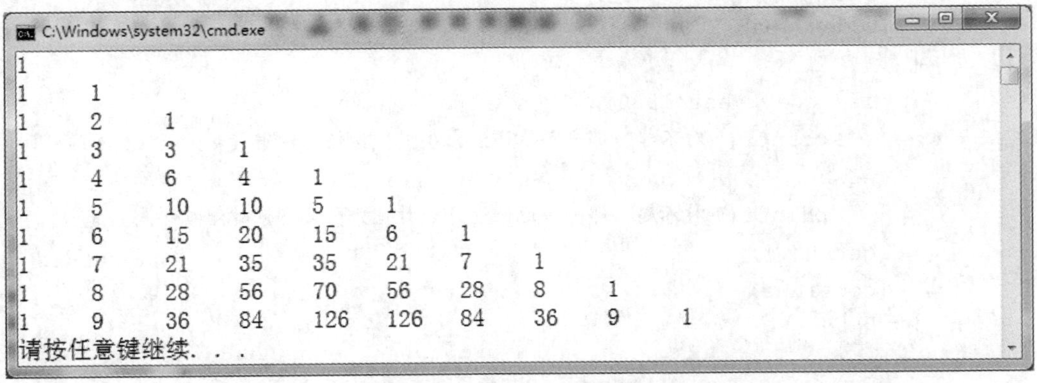

图 6-15　案例 6-13 运行结果

【案例 6-14】 2000 年 1 月 1 日某人 20 岁，开始“三天打鱼两天晒网”，编程判断此人之后的某一天是在“打鱼”还是在“晒网”。要求使用结构体。

〖分析〗

①自定义函数 days( )，计算出从 2000 年 1 月 1 日起到指定日期之间的天数。

②“打鱼”加“晒网”的周期为 5 天，将①中算得的天数模 5 取余，若余数为 1、2、3，则说明此人在“打鱼”；若余数为 0、4，则说明此人在“晒网”。

```
#include "stdio.h"
#include "conio.h"                          /* 包含函数 getch() 的头文件 */
```

```
struct date                                /* 声明日期结构体 */
{
    int year;
    int month;
    int day;
}
main( )
{
    struct date today,term;      /* 声明结构体变量：today 用于存放输入的日期，
                                    term 用于存放计算的间隔日期 */
    int all,year,day;            /* 声明整型变量：all 存放计算出的天数，year 存放
                                    输入的年份和 2000 年相差的年数，day 存放余数 */
    int days(struct date day);   /* 声明计算相差天数的函数 */
    printf("**************************************************\n");
    printf("*                 打鱼还是晒网                     *\n");
    printf("* 某人 20 岁从 2000 年 1 月 1 日起开始三天打鱼两天晒网，  *\n");
    printf("*  请问这个人在以后的某一天是在打鱼还是在晒网？       *\n");
    printf("**************************************************\n");
    while(1)
    {
        printf("请输入年 月 日（输入 2000 1 1退出：)\n");
        scanf("%d%d%d",&today.year,&today.month,&today.day);
        if(today.year<2000)
        {
            if(today.year<1980)
                printf("对不起，那一年他还没出生呢！按任意键继续...\n\n");
            else
                printf("对不起，那一年他还没开始打鱼呢！按任意键继续...\n\n");
            getch( );
            continue;
        }
        if(today.year==2000&&today.month==1&&today.day==1)
            break;
        term.month=12;
        term.day=31;
        for(all=0,year=2000;year<today.year;year++)     /* 输入的年份大于 2000 时，
                                                          完成间隔天数的计算 */
        {
            term.year=year;
            all+=days(term);
        }
        all+=days(today);                     /* 输入年份为 2000 时，完成间隔天数的计算 */
        day=all%5;
```

```
        if(day>0&&day<4)
            printf("%d 年 %d 月 %d 日在打鱼。\n\n",today.year,today.month,today.day);
        else
            printf("%d 年 %d 月 %d 日在晒网。\n\n",today.year,today.month,today.day);
    }
    printf(" 按任意键退出 ...\n\n");
    getch( );
}
int days(struct date day)
{
    int day_s[2][13]={{0,31,28,31,30,31,30,31,31,30,31,30,31},{0,31,29,31,
30,31,30,31,31,30,31,30,31}};
    int i,lpy;
    lpy=day.year%4==0&&day.year%100!=0||day.year%400==0;
                                        /* 不是闰年时 lpy=0，是闰年时 lpy=1*/
    for(i=1;i<day.month;i++)
        day.day+=day_s[lpy][i];
    return day.day;
}
```

程序运行结果如图 6-16 所示。

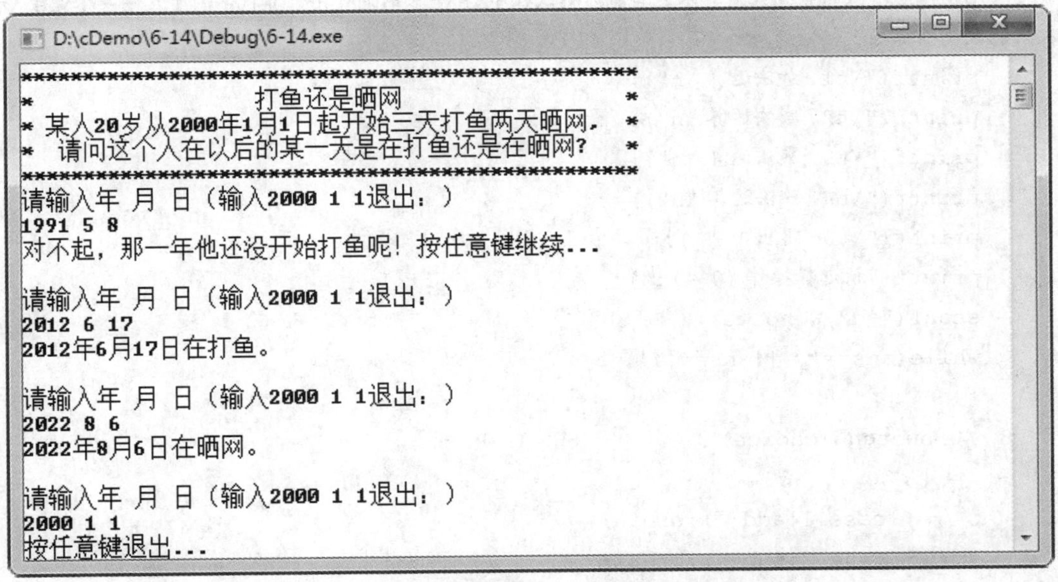

图 6-16　案例 6-14 运行结果

【案例 6-15】 编写一个训练儿童的加、减、乘、除算术运算能力的程序。

〖分析〗 运用模块化程序设计的思想，本例的程序可以分为 6 个模块：主界面、加法计算、减法计算、乘法计算、除法计算和退出；其次，编写函数实现每个模块的功能；最后组合成一个完整的程序。

```
#include <stdio.h>
#include <conio.h>
#include <stdlib.h>                /* 包含函数 exit()、rand() 和 srand() 的头文件 */
#include <time.h>                  /* 包含函数 time() 的头文件 */
void add( );                       /* 声明加法函数 */
void sub( );                       /* 声明减法函数 */
void mul( );                       /* 声明乘法函数 */
void divi( );                      /* 声明除法函数 */
void mark(int c);                  /* 声明显示得分函数 */
void judge(int z,int result);      /* 判断计算结果 z 与结果 result 是否一致 */

int rand10();                      /* 声明产生小于 10 的正整数的函数 */
int count=0,sum=0;                 /* 定义并初始化两个全局变量：count 存放做题的题数，
                                      sum 存放总得分 */
main( )
{
    int choice;                    /* 存放用户的选择 */
    char ans='y';                  /* 存放是否继续的回答 */
    srand(time(NULL));             /* 初始化随机数发生器 */
    printf("欢迎使用儿童算术运算能力测试程序\n\n长时间使用计算机不利于儿童身体健康\n\n
每次只能做一项练习：\n\n");
    printf("\t1. 加法运算 \n");
    printf("\t2. 减法运算 \n");
    printf("\t3. 乘法运算 \n");
    printf("\t4. 除法运算 \n");
    printf("\t0. 退出 \n" );
    printf("请选择操作 (0-4):");
    scanf("%d",&choice);
    while(ans=='y'||ans=='Y')
    {
        switch (choice)
        {
            case 1:add( );break;
            case 2:sub( );break;
            case 3:mul( );break;
            case 4:divi( );break;
            case 0:printf("欢迎下次使用，再见！ \n\n");exit(0);
            default:printf("输入有误！ \n\n");exit(0);
        }
        printf("是否继续？ 按 y 继续，按 n 退出。\n");
```

```
        ans=getche();
    }
    mark(choice);                         /* 调用显示得分函数，给出总得分的结果 */
    return;
}

void add( )                               /* 定义加法函数 */
{
    int x,y,z,result;
    x=rand10( ),y=rand10( );
    result =x+y;
    printf("\n%d+%d= ",x,y);
    scanf("%d",&z);
    judge(z,result);
}

void sub( )                               /* 定义减法函数 */
{
    int x,y,z,result;
    x=rand10( ),y=rand10( );
    while(x<y)
    {
        x=rand( )%10;                     /* 防止 x<y*/
    }
    result=x-y;
    printf("\n%d-%d= ",x,y);
    scanf("%d",&z);
    judge(z,result);
}

void mul( )                               /* 定义乘法函数 */
{
    int x,y,z,result;
    x=rand10( ),y=rand10( );
    result =x*y;
    printf("\n%d*%d= ",x,y);
    scanf("%d",&z);
    judge(z,result);
}

void divi( )                              /* 定义除法函数 */
{
```

```
    int x,y,z,result;
    x=rand10( ),y=rand10( );
    while(y==0||x==0||x%y!=0)            /* 用 while 循环确保分母不为 0 且能整除 */
       x=rand10( ),y=rand10( );
    result=x/y;
    printf("\n%d/%d= ",x,y);
    scanf("%d",&z);
    judge(z,result);
 }

 int rand10( )                           /* 定义产生小于 10 的正整数的函数 */
 {
       return rand( )%10;
 }

 void judge(int z,int result)            /* 判断计算结果 z 与结果 result 是否一致 */
 {
    if(z==result)
    {
       printf("恭喜你，答对了！加 10 分！ \n\n");
       sum+=10;
    }
    else
       printf("答错了，继续努力哦！ \n\n");
    count++;
 }

 void mark(int c)                        /* 定义显示得分函数 */
 {
    switch(c)
    {
       case 1:printf("\n 本次共做加法题 %d 道，总得分为 %d！\n",count,sum);break;
       case 2:printf("\n 本次共做减法题 %d 道，总得分为 %d！\n",count,sum);break;
       case 3:printf("\n 本次共做乘法题 %d 道，总得分为 %d！\n",count,sum);break;
       case 4:printf("\n 本次共做除法题 %d 道，总得分为 %d！\n",count,sum);break;
    }
    printf("欢迎下次使用，再见！\n");
 }
```

程序运行结果如图 6-17 所示。

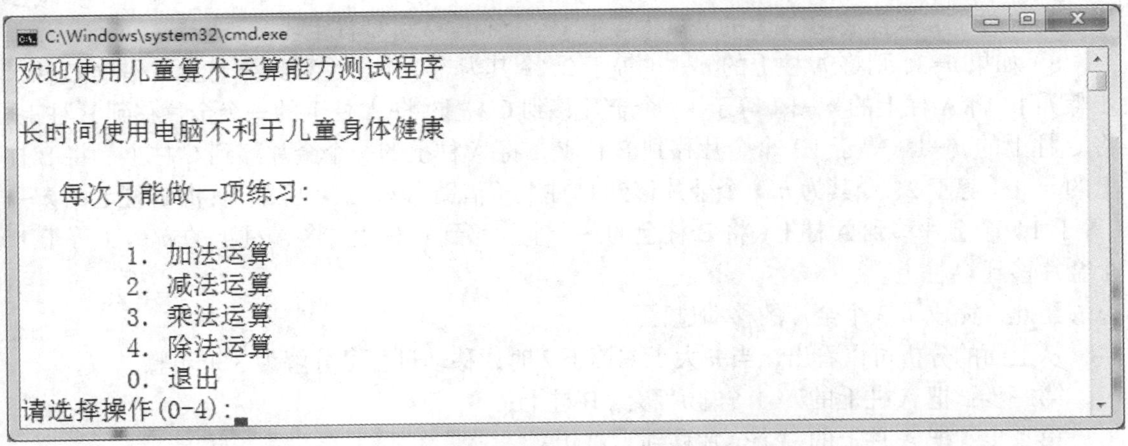

图 6-17　案例 6-15 运行结果

〖思考〗 试着将程序的功能进一步扩展，以适应中学生、大学生等不同人群的算术运算能力的训练。

【案例 6-16】 递归经典问题：汉诺塔（Tower of Hanoi)。

汉诺塔游戏来自印度的一个古老传说。开天辟地的神——勃拉玛（Brahma），在一个庙里留下了 3 根金刚石柱，第一根上面套着大小不同的 64 个金片，上小下大依次叠放。游戏的目标是将所有的金片搬移到第三根柱子上，搬移过程中，可利用中间的柱子作为辅助，但每次只能搬移一个金片，而且大的不能放在小的上面。庙里的众僧孜孜不倦地把它们一个个地从第一根柱子搬到第三根柱子上。试编程模拟搬移过程。

〖分析〗

①问题归纳。

a）有 3 根柱子 A、B、C。A 柱上有若干金片，上小下大顺序叠放，如图 6-18 所示。

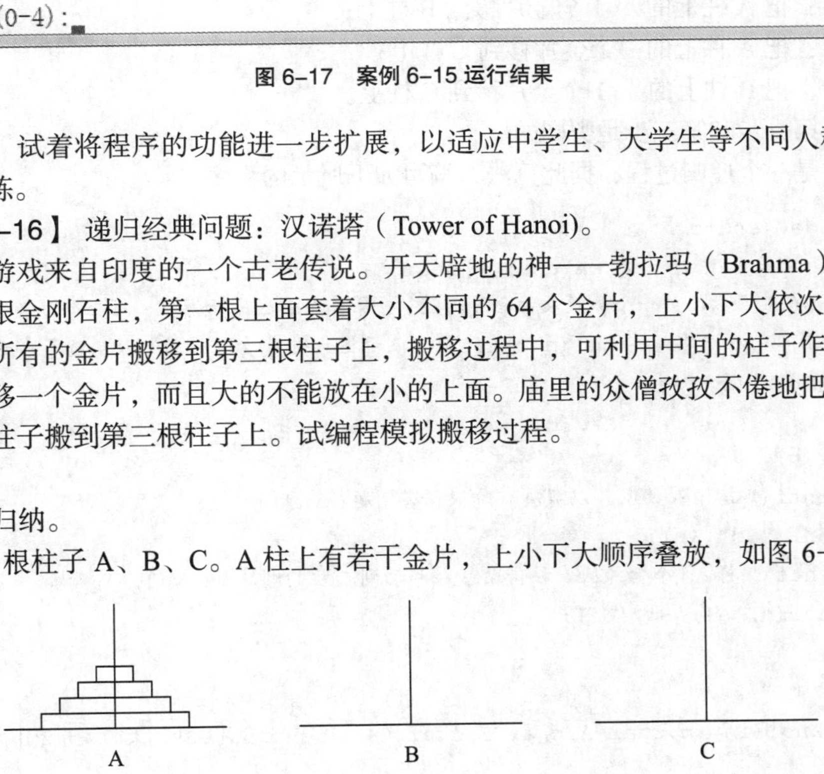

图 6-18　汉诺塔

b）每次移动一个金片，小的只能叠放在大的上面。

c）把所有金片从 A 柱全部移到 C 柱上。

②基本思路。

a）如果只有一个金片，则把该金片从 A 柱移动到 C 柱上，结束。

b）如果有 n 个金片，则先把前 $n-1$ 个金片移动到辅助的 B 柱上，其次把第 n 个金片移动到目标柱，最后再把前 $n-1$ 个金片移动到 C 柱上。

③算法分析：设 A 柱上有 n 个金片。

a）如果 $n=1$，则将金片从 A 柱直接移动到 C 柱上。

b）如果 $n=2$，则将 A 柱上的 $n-1$（等于 1）个金片移到 B 柱上，再将 A 柱上的一个金片移到 C 柱上，最后将 B 柱上的 $n-1$（等于 1）个金片移到 C 柱上。

c）如果 $n=3$，则将 A 柱上的 $n-1$（等于 2，令其为 n'）个金片移到 B 柱上（借助 C 柱），步骤如下：将 A 柱上的 $n'-1$（等于 1）个金片移到 C 柱上，将 A 柱上的一个金片移到 B 柱上，将 C 柱上的 $n'-1$（等于 1）个金片移到 B 柱上，将 A 柱上的一个金片移到 C 柱上。将 B 柱上的 $n-1$（等于 2，令其为 n'）个金片移到 C 柱上（借助 A 柱），步骤如下：将 B 柱上的 $n'-1$（等于 1）个金片移到 A 柱上，将 B 柱上的一个金片移到 C 柱上，将 A 柱上的 $n'-1$（等于 1）个金片移到 C 柱上。

至此，完成了 3 个金片的移动过程。

从上面的分析可以看出，当 n 大于或等于 2 时，移动过程可分解为 3 个步骤。

第一步：把 A 柱上的 $n-1$ 个金片移到 B 柱上；

第二步：把 A 柱上的一个金片移到 C 柱上；

第三步：把 B 柱上的 $n-1$ 个金片移到 C 柱上。

其中，第一步和第三步是类同的。

显然这是一个递归过程，据此算法，编写如下所示的程序。

```
#include <stdio.h>
void hanoi(int n,char A,char B,char C);
/*hanoi( ) 函数的第一个参数表示金片的数量，第二个参数表示源柱，第三个参数表示辅助柱，
第四个参数代表目的柱。比如 hanoi(n-1,A,C,B) 表示把 n-1 个金片借助 C 柱从 A 柱移动到 B 柱。*/
main( )
{
    int n;
    printf(" 请输入数字 n 以解决 n 阶汉诺塔问题：\n");
    scanf("%d",&n);
    printf(" 将 %d 个金片从 A 柱借助 B 柱移动到 C 柱的顺序是：\n",n);
    hanoi(n,'A','B','C');
}

void hanoi(int n,char A,char B,char C)        /* 金片从小到大的编号为 1、2、3、...*/
{
    if(n==1)                                  /* 检查当前的金片数量是不是 1*/
    {
        printf(" 将金片 %2d 从 %c 移至 %c\n",n,A,C);  /* 是 1，打印结果，不再递归 */
    }
    else                                      /* 数量大于 1，继续进行递归过程 */
    {
        hanoi(n-1,A,C,B);
        printf(" 将金片 %2d 从 %c 移至 %c\n",n,A,C);
        hanoi(n-1,B,A,C);
    }
}
```

程序运行结果如图 6-19 所示。

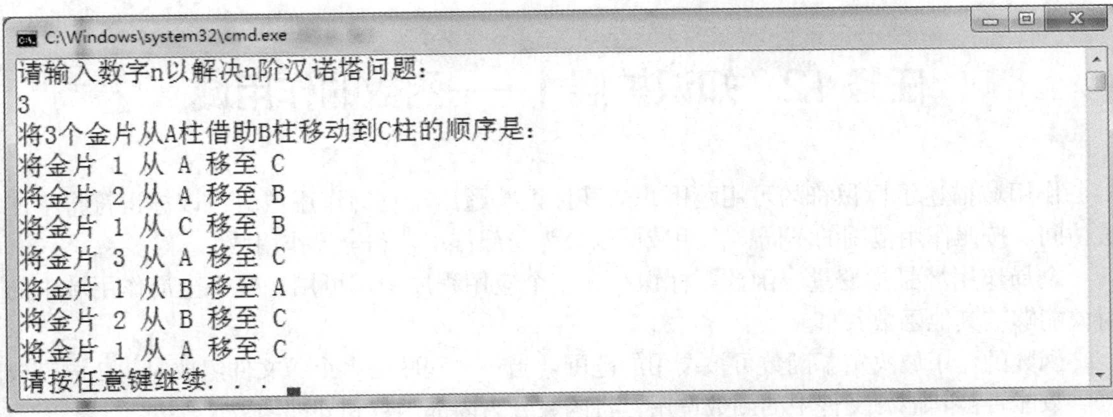

图 6-19　案例 6-16 运行结果

〖思考〗 如果金片数量为 64 个，总共需要完成多少次移动操作？假设计算机每 10 亿分之一秒完成一次移动操作，大约需要多长时间完成所有的移动任务？

任务 11　本章要点汇总

①C 语言程序设计遵从模块化的思想，C 语言程序一般由一个 main( ) 函数和多个其他函数组成。程序开始运行时，系统自动调用主函数，运行期间，主函数可以调用其他函数，其他函数之间可相互调用或调用自身。

②函数定义、函数调用和函数声明是遵循模块化程序设计思想进行的。函数定义用于指定函数的功能,未经定义的函数不能使用。函数声明的作用是告知编译系统该函数的类型、名称和参数的信息。函数调用的实质是转去执行被调函数，从被调函数的第一句执行到该函数的第一条返回语句。函数定义中的参数称为形式参数（形参），函数调用中的参数称为实际参数（实参）。

③如果一个函数带有返回值，此类函数必须使用显式的 return 语句向主调函数返回一个值，该值称为函数的返回值。如果用户自定义的函数需要返回值，必须在函数定义中明确指出返回值的类型。

④形参为基本数据类型时，若形参是单个变量，实参是表达式，则函数调用时，系统首先计算表达式（实参）的值，然后将该值传递给形参。（形参为指针类型时，实参传递给形参的是内存单元的地址。具体内容参见第 7 章。）

⑤一个函数执行期间又调用了另一个函数，这种调用称为嵌套调用；一个函数间接或直接调用自身，这种调用称为递归调用。采用递归方法解决问题时要注意递归结束的时机。

⑥在 C 语言中，除了对变量进行数据类型的说明外，还可以说明变量的存储类型。变量的定义位置决定其作用域，变量的存储类型决定其生存周期。

任务 12　知识扩展 1——函数的作用域

作用域描述了标识符的可用范围，当某标识符超出了它的作用域时，该标识符将不能被访问。按照作用范围的不同，作用域可以分为局部作用域和全局作用域。

全局作用域是指变量、函数等标识符在整个应用程序中都可用。处于全局作用域中的对象能够被其他函数共享。

函数的作用域决定了函数可被调用的范围。当一个程序由多个源文件组成时，C 语言根据函数能否被其他源文件中的函数调用，将函数分为内部函数和外部函数。

1. 内部函数

在一个源文件中定义的函数，只能在本文件中被调用，而不能被其他文件中的函数调用，这种函数称为内部函数。定义一个内部函数，只需在函数类型前再加一个 static 关键字即可。内部函数的定义格式如下。

```
static  函数类型  函数名（函数参数表）
{……}
```

关键字 static 的中文意思是“静态的”，所以内部函数又称为静态函数。此处 static 不是指存储方式，而是指将函数的作用域局限于本文件内。

使用内部函数的好处是：不同的程序设计人员在编写函数时，不用担心自己定义的函数是否与其他文件中的函数重名，从而避免了命名冲突。

2. 外部函数

在一个源文件中定义，可以被同一程序的其他文件中的函数调用的函数称为外部函数。

在定义函数时，如果没有加关键字 static，或冠以关键字 extern，表示此函数是外部函数。外部函数的定义格式如下。

```
[extern]  函数类型  函数名（函数参数表）
{……}
```

调用外部函数时，需要对其进行说明。

```
[extern]  函数类型  函数名（参数类型表）;
```

小贴士：

①函数的声明仅决定了其作用域，而不为其分配内存空间。

② ANSI C 规定了自定义函数不能重名，在不同的作用域中声明同一个自定义函数，仅决定本作用域是否调用该函数，这导致程序的可读性不好。所以，对自定义函数的声

明，多数情况下放在程序前部的全局位置处。

③ C++ 允许对同名函数进行重复定义，称为函数的重载。调用同名函数时，通过参数的不同进行区分。

任务 13　知识扩展 2——变量的作用域与存储方式

1. 变量的作用域

在知识扩展 1 中提到，作用域的概念也适用于变量。另外，任务 8 的参数传递部分提到，形参是变量，只能在函数体内使用，离开了该函数不能再使用。

变量的有效范围称为变量的作用域。C 语言中所有的变量都有自己的作用域。按作用域的不同，可将变量分为局部变量和全局变量。

（1）局部变量

局部变量也称为内部变量，是指在函数内或复合语句内定义的变量，其作用域仅限于定义它的函数内或复合语句内。在局部变量的作用域以外，无法使用该变量。

【案例 6-17】 在局部变量的作用域外使用该变量。

```
#include "stdio.h"
int sum( );                          /* 声明求和函数 */
main( )
{
   int a=5,b=6;                      /*a、b 为局部变量，其作用域仅限于 main() 函数中 */
   printf("a+b=%d\n",sum( ));
}
int sum( )
{
   int s;
   s=a+b;                            /* 错误，在局部变量 a、b 的作用域外使用 a、b*/
   return s;
}
```

编译时出现了如图 6-20 所示的错误信息。

图 6-20　非法使用局部变量的错误信息

〖分析〗 a和b是在main( )函数中定义的局部变量，它们的作用域仅限于main( )函数中，在自定义函数sum( )中引用main( )函数中的局部变量a和b是非法的。使用局部变量的好处是：可以在不同的函数或不同的复合语句中定义同名变量，不会影响变量各自的使用。

【案例 6-18】 在不同函数中使用同名的局部变量。

〖分析〗 局部变量的作用域为定义它的函数内或复合语句内，即使两个函数中的局部变量同名，也因为占据不同的内存空间而相互独立、互不影响。

```
#include "stdio.h"
void sum( );
main( )
{
    int a=1,b=2;                          /*main() 函数中的局部变量 a、b*/
    sum( );
    printf(" 主函数中: a+b=%d\n",a+b);
}
void sum( )
{
    int a=40,b=10;                        /*sum() 函数中的局部变量 a、b*/
    int c=a+b;
    printf("sum 函数中: a+b=%d\n",c);
}
```

程序运行结果如图 6-21 所示。

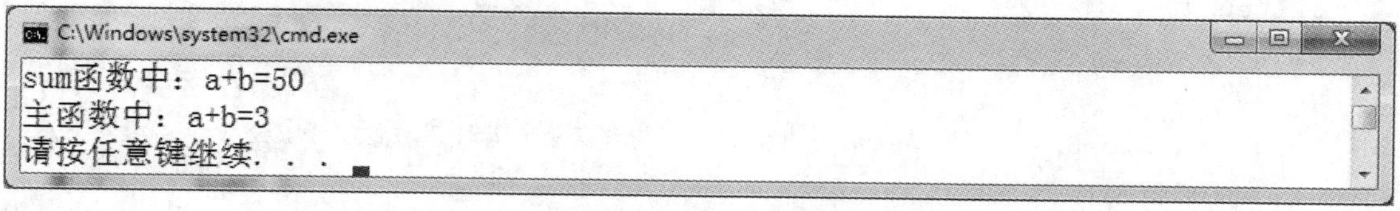

图 6-21　案例 6-18 运行结果

在每个函数的开始处定义需要的所有变量，是最常见的做法。这样使得任何人读此函数时都很容易了解其中使用了哪些变量。但并非必须这样做，因为局部变量可以在任何模块中定义。例如，有下面的函数定义。

```
fun( )
{
    int a=6;

    if(a==1)
    {
        char s[80];                   /* 此数组仅在这个复合语句中起作用 */
        printf("enter name:");
        gets(s);                      /* 输入字符串 */
    }
}
```

这里的数组 s 是在 if 语句块的入口处建立的，并在出口处释放其内存空间。因此数组 s 仅在 if 语句中有效，在其他位置均不可访问。

在一个条件语句块内定义局部变量的主要优点是，仅在需要时才为其分配内存。这是因为局部变量仅在控制转到它们被定义的语句块时才进入生存周期。虽然大多数情况下这并不十分重要，但当代码用于专用控制器（如识别数字安全码的车库门控制器）时，定义局部变量就变得十分重要了，因为随机存储器（RAM）的容量极其有限。

局部变量的作用域总结如下。

①在主函数中定义的变量也是局部变量，只能在主函数中使用，不能在其他函数中使用；同样，在其他函数中定义的局部变量也只能在定义它们的函数中起作用，主函数也不能使用其他函数中的局部变量。这是因为主函数也是一个函数，它和其他函数的关系是平行的。

②形参是被调函数的局部变量，实参往往是主调函数的局部变量。

③在不同的函数中可以定义同名变量，但它们代表不同的对象，分配不同的内存单元，互不干扰。

④在复合语句中定义的变量，其作用域只在定义它的复合语句内。

（2）全局变量

全局变量是定义在函数之外的变量，其作用域是从定义处开始，到所在文件结束。即在本文件中，从定义该变量之处起，后面的所有函数中都可以使用它。

【案例 6-19】 全局变量的作用域。

```
#include "stdio.h"
int count;                          /*count 是全局变量，作用域为从此开始的所有函数 */
void fun2( )
{
    int count=44;                   /*count 是局部变量 */
    printf("count in fun2 is %d\n",count);   /* 输出局部变量 count 的值 44*/
}
void fun1( )
{
    fun2( );
    printf("count in fun1 is %d\n",count);   /* 输出全局变量 count 的值 53*/
}

main( )
{
    count=53;                                /* 此处是给全局变量 count 赋值 */
    fun1( );
}
```

程序运行结果如图 6-22 所示。

图 6-22　案例 6-19 运行结果

〖分析〗

①在 main( ) 函数和 fun1( ) 函数中均未定义变量 count，它们使用的是外部定义的同一个全局变量 count。

②在 fun2( ) 函数中定义了一个局部变量 count。当 fun2( ) 函数访问变量 count 时，它仅访问自己定义的局部变量 count,而不是全局变量 count。这说明局部变量和全局变量同名时，优先使用局部变量。

在工资管理系统中有如下语句。

```
struct zhigong                     /* 声明职工工资结构体 */
{
    char gonghao[10];              /* 职工工号 */
    char xinming[10];              /* 职工姓名 */
    float gwgz;                    /* 岗位工资 */
    float xjgz;                    /* 薪级工资 */
    float zwjt;                    /* 职务津贴 */
    float jxgz;                    /* 绩效工资 */
    float yfgz;                    /* 应发工资 */
    float grsds;                   /* 个人所得税 */
    float sfgz;                    /* 实发工资 */
};
struct zhigong workers[100];   /* 声明记录职工工资情况的 100 个元素组成的结构体数组 */
```

全局变量定义在所有函数外，所以结构体数组 workers[100] 在整个工资管理系统中是全局有效的。而其他定义在函数内部的变量都是局部变量。

（3）外部变量

外部变量分两种情况：文件内的外部变量和文件间的外部变量。

①文件内的外部变量。

在同一个文件内，当局部变量与全局变量重名时，在局部的复合语句中可以声明使用全局变量，而非默认使用局部变量。

【案例 6-20】 文件内的外部变量的引用。

```
#include <stdio.h>

int a=44;                        /*a 为全局变量，其作用域是整个文件 */
main( )
{
    int a=53;                    /*a 为局部变量，其作用域仅限于 main() 函数 */
```

```
    printf("a1=%d\n",a);
    {
        extern int a;              /* 声明不使用局部变量而使用全局变量 */
        printf("a2=%d\n",a);
    }
    printf("a3=%d\n",a);
}
```

程序运行结果如图 6-23 所示。

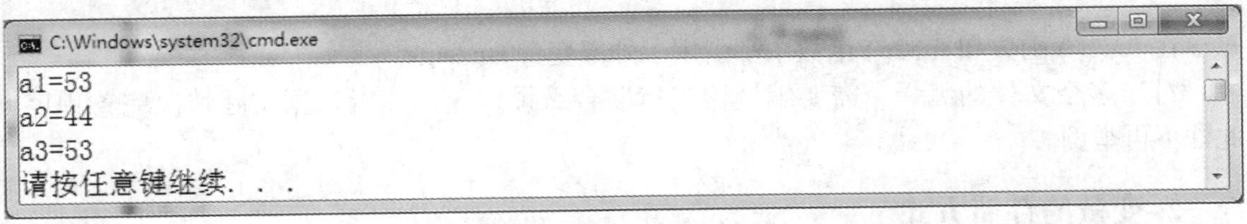

图 6-23　案例 6-20 运行结果

〖分析〗 在主函数中声明从 extern 语句开始，后续代码使用全局变量 a，这里 extern 语句的作用域符合局部变量的作用域，仅是其所在的复合语句内有效，也就是到第一个右大括号结束。

②文件间的外部变量。

全局变量的作用域是从其定义处至所在的文件结束，而一个文件中全局变量的作用域还可以扩展到其他文件。在某个文件中引用另一个文件中的全局变量，只需要用 extern 声明这个变量是在其他文件中已经定义过的外部变量即可。

C 语言中声明外部变量的语法格式如下。

```
extern  类型说明符  外部变量名；
```

例如，在 file1.c 中定义了如下全局变量。

```
int students;
```

如果需要在另一个文件 file2.c 的 fun1( ) 函数中使用 students 这个变量，则应进行如下处理。

```
int fun1( )
{
    extern int students;        /* 外部变量的声明语句 */
    ......
}
```

这样通过外部变量的声明语句，全局变量的作用域可以扩展到另一个文件的 fun1( ) 函数中。如果外部变量的声明语句写在了另一个文件的头部，就可以在该文件的任何地方对 students 这个变量进行操作了。例如：

```
extern int students;
int fun1( )
```

```
{
    students=10;
    ......
}
void fun2( )
{
    ......
    students=a+b;
}
```

在 fun1( ) 函数和 fun2( ) 函数中都引用了外部变量 students。

对于多个文件的编译，需要编译器支持联合编译，建议读者根据实际情况完善程序，此处不再举例。

2. 变量的存储方式

按变量值的存在时间（生存周期），变量的存储方式分为静态存储和动态存储两种方式。

静态存储方式是指在程序运行期间分配固定存储空间。动态存储方式是指在程序运行期间根据需要动态分配存储空间。

存储空间分为 3 个区：程序区、静态存储区和动态存储区。

（1）全局变量的存储方式

编译程序时，系统为全局变量在静态存储区分配存储空间。

在一个文件内定义了一个全局变量，如果在另一个文件中引用该全局变量，就必须在引用该变量的文件中用关键字“extern”加以声明。如果这个全局变量只允许在定义它的文件中使用，就用关键字“static”对其加以说明，将其作用域限定在定义它的文件内。即在 file1.c 文件中这样定义“static int students;”之后，在其他文件中就不能使用 file1.c 文件中的全局变量 students 了。

（2）局部变量的存储方式

①自动变量：在动态存储空间内存储的局部变量称为自动变量，如函数的形参、在函数内定义的变量以及在复合语句内定义的变量等都是自动变量，用关键字“auto”作存储类型说明。可以省略“auto”，未加“auto”说明又无其他存储类型说明的变量，均属于动态存储方式。

②局部静态变量：凡存入静态存储区的局部变量都称为局部静态变量，用关键字“static”加以说明。程序员可以对局部静态变量赋初值，如果没有赋初值，则编译系统自动将其初始化为 0。

无论是静态全局变量还是静态局部变量，其定义和初始化均在程序编译时进行。

局部变量的几点说明如下。

a）静态局部变量在静态存储区分配存储单元，在整个程序的运行期间都不释放该存储空间。自动变量在动态存储区分配存储单元，函数调用结束后释放所占用的存储空间。

b）静态局部变量在编译时赋初值，即只赋一次初值；自动变量是在函数调用时赋初值的，每调用一次函数则重新赋一次初值。

c）如果在定义静态局部变量时未赋初值，编译时系统自动赋初值 0（数值型变量）或空字符（字符型变量）。自动变量如果未赋初值，其值将是不确定的。

【案例 6-21】 局部静态变量的用法。

```
#include "stdio.h"
int fun( );                             /* 函数声明 */
main( )
{
    int j;
    printf (" 这是一个示例局部静态变量用法的程序 \n");
    for (j=0;j<3;j++)
        printf("%d\n",fun( ));
}
int fun( )                              /* 定义无参函数 */
{
    static int x=1;                     /* 声明 x 为局部静态变量 */
    x++ ;
    return x;
}
```

程序运行结果如图 6-24 所示。

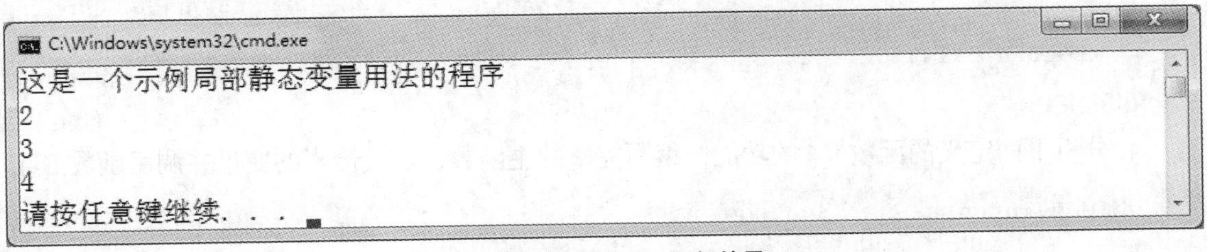

图 6-24　案例 6-21 运行结果

〖分析〗 fun( ) 函数被调用了 3 次，由于局部变量 x 是静态存储类型，在编译时为该变量分配存储空间，因此每次调用 fun( ) 函数时，变量 x 不再重新初始化，保留每次加 1 后的值，得到如图 6-24 所示的输出结果。

〖思考〗 将定义变量 x 时的存储类型 static 去掉，程序运行结果将如何？

存放在 CPU 的寄存器中的局部变量称为**寄存器变量**，其存储类型用关键字"register"说明。定义少量（2～3 个）寄存器变量可以提高程序的执行效率。因为寄存器数目有限，所以不能定义大量的寄存器变量。另外，局部静态变量不能定义为寄存器变量，某些编译器会优化某些变量为在寄存器中存储。

小贴士：

①变量的作用域是从变量有效范围的角度考虑的，而变量的存储类型决定了变量的生存周期的长短。

②静态存储区中的变量从程序开始执行到程序结束这段时间，始终拥有已分配到的固定存储空间。外部变量和静态变量存放在静态存储区中，在程序开始执行时拥有为其分配的固定存储空间，程序执行完毕时释放。

③在程序运行期间，根据需要动态地为动态存储类型的变量分配存储空间。函数的形参和函数内部定义的变量都存放在动态存储区中，在函数执行时为其分配存储空间，函数结束就释放其占用的存储空间。

④寄存器变量请求编译器尽可能地将变量存在CPU内部的寄存器中，而不是通过内存寻址访问，以提高效率。对于某些聪明的编译器，尽管代码中未明确将某个变量定义为寄存器类型,它也会在编译时根据变量的访问性质决定是否将该变量存入寄存器中。

任务14 实 力 检 验

1. 在C语言中，函数定义和函数声明分别指什么？

2. 在C语言中，函数是否允许嵌套定义？函数是否允许嵌套调用？

3. 下面定义了一个函数 f( )，分析该函数的功能。编写完整的主函数，定义恰当的变量，调用函数 f( )，输出该函数的返回值。

```
double f(double r)
{
   return 3.141592*r*r;
}
```

4. 分析下面定义的函数 f( ) 的功能，编写完整的主函数，定义恰当的变量并调用函数 f( )。

```
void f(int n)
{
   int i;
   double s=1;
   for(i=1;i<=n;i++)
      s=s*i;
   printf("d!=%.2lf",s);
}
```

5. 有以下程序：

```
#include <stdio.h>
int f(int x);
main( )
{
   int n=1,m;
   m=f(f(f(n)));
   printf("%d\n",m);
}
int f(int x)
{return x*2;}
```

程序运行后的输出结果是（　　）。

A.8　　B.2　　C.4　　D.1

6. 定义一个函数，返回两个数中的较大数。在主函数中通过调用该函数求 3 个数中的最大数并输出。

7. 定义两个函数，分别求两个整数的最大公约数和最小公倍数。在主函数中输入两个整数后调用这两个函数，并输出两个整数的最大公约数和最小公倍数。

8. 编写一个函数，由参数传入一个字符串，分别统计此字符串中字母、数字和其他字符的个数，在主函数中输入字符串并显示统计结果。

9. 已知 Fibonacci 数列如下：

$$\mathrm{Fib}(n)=\begin{cases}0, & n=0\\ 1, & n=1\\ \mathrm{Fib}(n-1)+\mathrm{Fib}(n-2), & n\geqslant 2\end{cases}$$

定义递归函数求 Fib(n)，并输出该数列的前 20 项。

10. 定义函数，求 $f=(n+m)!+n!$，m、n 均为任意正整数。要求使用递归调用实现。

11. 按以下要求编写 3 个函数，并在主函数中调用 3 个函数。

①接收职工姓名和职工号。

②按职工号由小到大排序。

③输入一个职工号，输出该职工号对应的职工姓名。

12. 设计程序完成下列公式的计算。

$$y=\frac{f(x,n)}{f(x+2.3,n)+f(x-3.2,n+3)}$$

其中

$$f(x,n)=1-\frac{x^2}{2!}+\frac{x^4}{4!}-\cdots+(-1)^n\frac{x^{2n}}{(2n)!}\quad(n\geqslant 0)$$

当 x=5.6，n=7 时，求 y 的值。要求通过函数嵌套和递归调用完成计算。

第 7 章

指针——事业单位职工工资管理系统之双向链表结构设计及应用

指针与指针变量的区分

任务 1 学 习 目 标

理解指针的概念，了解指针的作用和意义；掌握指针变量的定义、初始化及一般应用；理解指针与数组的关系；理解使用指针指向数组和结构体给程序设计带来的便利；了解指向函数的指针、返回指针值的函数、多级指针等；学习并掌握动态数据结构——双向链表的编程实现。

任务 2 了解指针的概念

指针是 C 语言的精华。谁掌握了指针，能够用指针编写有效、正确和灵活的程序，就认为他真正学好 C 语言了。指针、地址、数组及其相互关系是 C 语言中最具特色的部分。规范地使用指针，可以使程序简洁、明了、高效。因此，应该学会在各种情况下正确地使用指针。

C 语言中指针的应用十分广泛，总结起来有 3 个方面：一是可以实现修改函数或令函数返回多个值；二是可以实现动态调用函数（在系统开发中得到普遍应用）；三是为实现动态数据结构提供支持。

1. 内存的地址

在程序运行时，程序的代码和程序运行所需的数据都被调入内存，但它们并不是被随意地堆砌在内存空间的，操作系统要为它们分配特定的存储空间。程序运行中要访问某数据

（变量）时，其实现过程就是访问为该数据分配的特定的存储空间。前面的程序都是通过变量名对内存单元进行存取操作的，实际上，对 CPU 而言，它并不关心变量名、数组名、函数名是什么，在编译过程中这些名字已被翻译成地址，CPU 直接到某个地址取数据或代码。为了便于管理内存，每个存储单元（可以存放一个字节的存储空间）都有一个唯一的编号，编号从 0 开始，第一个存储单元的编号为 0，以后各单元按顺序连续编号，将这些存储单元的编号称为**内存单元的地址**。利用地址来使用具体的内存单元，就像一栋大楼用房间号来指示各个房间一样。

2. 变量的地址

在 C 语言程序中定义变量时，根据变量类型的不同，系统会为其分配一定字节数的存储空间，所分配存储空间的第一个存储单元的地址即为该**变量的地址**。这里要注意：变量的地址和变量的值是两个完全不同的概念。

变量的三要素是名字、类型与值。凡是程序中定义的变量，编译时系统都会给它们分配相应的存储空间。例如，有如下程序。

```
main( )
{
    int a=3;
    scanf("%d",&a);
    printf("%d",a);
}
```

编译“int a=3;”时，假设系统分配给变量 a 的存储单元的地址分别为 2000、2001、2002 和 2003，则“&a”即变量 a 在内存中的地址就是 2000，运算符“&”称为取地址运算符。变量的值是指相应存储单元中存放的内容，如 a 的值为 3。程序编译以后，将变量名 a 与相应的存储单元关联，以后再访问变量 a 时仍然由 C 编译系统完成变量名到对应的存储单元的地址的变换，变量所分配存储空间的大小由数据类型决定，变量 a 是整型，系统会给它分配 4 个字节的存储空间（若系统为 32 位平台，编译器又允许的话）。

3. 直接寻址和间接寻址

上面的程序在执行“scanf("%d",&a);”语句时，若从键盘输入 6，则 6 将被送往起始地址为 2000 的 2000、2001、2002 和 2003 这 4 个字节的存储空间中。执行“printf("%d",a);”语句时，系统根据变量名和地址的对应关系找到地址 2000，然后从 2000 开始的 4 个字节中取出整数 6 并输出。这种按变量地址存取变量值的方式称为直接寻址。

在 C 语言中还可以定义一种特殊的变量 p，用以存放变量 a 的地址 2000。假设系统分配给变量 p 的存储单元为 3000、3001、3002 和 3003。要通过变量 p 存取变量 a 的值，首先找到存放变量 p 的地址 3000，从中取出变量 a 的地址 2000，再从 2000 ～ 2003 存储单元中取出变量 a 的值 3。这种将变量 a 的地址存放到变量 p 中，通过变量 p 访问变量 a 的方式称为间接寻址。变量存储的间接寻址示意图如图 7-1 所示。

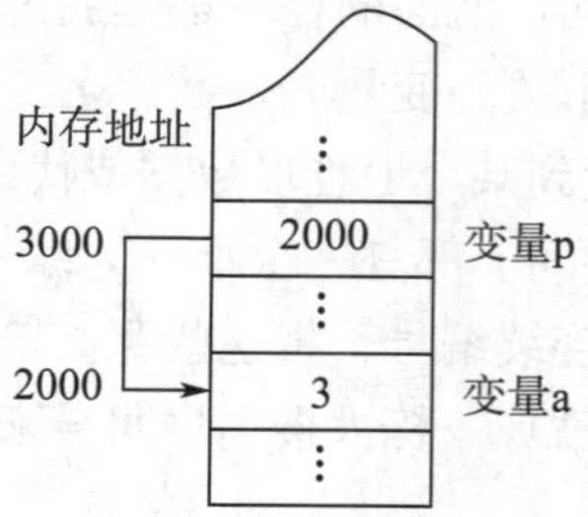

图 7-1 变量存储的间接寻址示意图

4. 指针与指针变量

C 语言允许定义一种专门用来存放地址的特殊变量，称为**指针变量**。一个变量的地址称为该变量的指针。指针变量的值就是该变量的地址（指针）。

指针与指针变量的区别类似于变量的值与变量的区别。指针就是地址，变量的指针就是变量的地址，指针变量就是存放另一个变量的地址的变量，也可以说一个指针变量指向了另一个变量。指针变量习惯上简称为**指针**。

指针变量所指向的变量可以通过指针运算符“*”和指针变量名表示。图 7-1 所示的内存状态可用程序描述如下。

```
main( )
{
    int a,*p;
    p=&a;
    a=3;
    printf("%d",*p);
}
```

程序运行后输出 3。p 为 int 型指针变量，用于存放整型变量 a 的地址。“*”在引用时表示“指向”操作，因此，下面两条语句的作用相同。

```
a=3;
*p=3;
```

第一条语句的功能是将 3 赋给变量 a，也就是将数据 3 存放到 2000 ～ 2003 存储单元中。

第二条语句的功能是将 3 存放到变量 p 的值——2000 为起始地址的 2000 ～ 2003 存储单元中，也可以理解为将 3 赋给指针变量 p 所指向的目标变量，即 a。故此处“*p”和“a”是等价的。

任务 3 指针变量的定义与初始化

1. 指针变量的定义

C 语言规定所有变量都必须先定义后使用，指针变量也不例外。定义指针变量的一般格式如下。

```
[存储属性] 类型标识符 *指针变量名;
```

例如：

```
int *ip1,*ip2;
float *fp;
```

```
char *name;
double *dp;
```

以上 4 行语句中的“*”仅起到标识作用，表示该变量为指针变量而不是普通变量，不是变量名的一部分，即指针变量名不包括“*”。前面的 int、float、char、double 等数据类型表示该指针变量所指向的目标变量的数据类型（基类型）。一个指针变量只能指向同一种类型的变量，原因是不同类型的数据所需存储单元的字节数可能是不同的。第一行语句中，ip1 和 ip2 是指向 int 型变量的指针变量，其类型是 int 型，即指针变量 ip1 和 ip2 的目标变量是整型变量；后 3 行语句中分别定义了一个指向 float 型变量的指针变量 fp、指向 char 型变量的指针变量 name 和指向 double 型变量的指针变量 dp。

这里要注意：如果删除 fp 前面的“*”，fp 就是 float 型变量了。定义指针变量后，其变量值不确定，引用前必须先赋值。

指针类型用来描述地址数据，图 7-1 所示的指针变量 p 指向存储单元 2000，当指针变量参与运算时，如 p+1，表示指针变量指向存储单元 2004。

小贴士：

①查看表 3-2，可以了解 VS 与 TC 环境下整型数据占用的字节数与取值范围。也可以用 sizeof 运算符计算某类型数据占用的字节数。

②编译系统会为程序中定义的指针变量分配存储空间，VS 环境下由编译系统分配 4 个字节，TC 环境下分配 2 个字节。

2. 指针变量的初始化

同普通变量一样，如果某个指针变量是非静态局部变量且未初始化，那么它的值是不确定的。定义指针变量时最好进行初始化，或者定义指针变量之后先赋值，让它有一个确定的指向再引用它。

指针变量初始化的一般格式如下。

```
[存储属性]  类型标识符  *指针变量名=地址表达式;
```

上述格式中前半部分同指针变量的定义。地址表达式可以是取地址表达式，也可以是另外一个已经赋值的指针变量。例如：

```
int a;
int *p=&a;                        //同语句“int a,*p=&a;”
```

注意事项：

①用于初始化的变量必须已定义且类型一致。

②可以用已初始化的指针变量来初始化另一个相同类型的指针变量。例如：

```
int a,*p=&a;
int *q=p;
```

③不能用 0 以外的常量作为指针变量的初值，但可以将一个指针变量初始化为一个空

指针。例如：

```
int *p=2000;  // Intelli Sense:"int" 类型的值不能用于初始化 "int" 类型的实体
```

是不对的，不同的编译器有不同的处理，可能会给出警告提示，也可能给出错误提示，或干脆异常地终止程序。但 0 值的意义不同，例如：

```
int *p=0;
```

是将指针初始化为空指针，同“int *p=NULL”。应该在程序中包含 stdio.h 头文件。

和普通变量一样，对于外部指针变量或静态指针变量，若未初始化，则自动被初始化为 NULL，即值为 0。NULL 是在 C 语言的 stdio.h 头文件中定义好的一个符号常量，其值为 0，在使用时应加上文件包含命令。不同的编译器对 NULL 有不同的解释，但都遵循 C 语言的规定，当指针值为 0 时，表示该指针不指向任何存储单元，也称其为**空指针**。

若局部指针变量未初始化，则它的值是不确定的，因而指向一个不确定的单元，若这时引用指针变量，可能产生不可预料的后果（如破坏系统的正常工作状态等）。为了避免这一问题，可以给指针变量赋空值，使该指针不指向任何变量。例如：

```
#include "stdio.h"
p=NULL;                              /* 这 3 种形式都可以 */
p=0;
p='\0';
```

④不能用一个 auto 型变量的地址去初始化一个 static 型指针变量。例如：

```
int a;
static int *p=&a;
```

是错误的，因为 auto 型变量保存在内存的动态存储区。

⑤声明为 void * 类型的指针表示空类型指针，可以指向任意类型的数据，无须进行强制类型转换。

空类型指针的定义格式如下。

```
void * 指针变量名 ;
```

例如：

```
char c1,*c=&c1;
void *p;
p=c;
```

但反过来不行，例如：

```
char *c,c1;
void *p=&c1;
c=p;                              // 程序可能会异常终止或给出错误提示
```

想将 void * 类型的指针赋给其他类型的指针变量，必须进行强制类型转换。例如：

```
char c1,*c;
```

```
void *p=&c1;
c=(char *)p;
```

注意：空指针和空类型指针的区别。

①空指针，不管其指向的类型是什么，其值都是 NULL（或 0）。例如：

```
int *p;
double *d;
p=NULL;
d=0;
```

此时 p 和 d 都是空指针。

②空类型指针，其指向的类型是 void。空类型指针变量可以存储任何类型指针的值。当指针变量指向的内容不明时，采用 void * 的形式定义。例如：

```
int i=3;
int *pi=&i;
void *p=pi;
```

此时 p 是 void * 类型，指向变量 i 的地址。

学习了以上知识，读者可以对以下程序进行编辑、运行、分析。

```
#include <stdio.h>
main( )
{
    int x=5,*p;
    p=&x;

    printf("x1=%d\n",x*2);
    printf("x2=%d\n",*p*3);
}
```

任务 4　掌握指针的常规应用

指针就是地址，指针变量就是存放其他变量的地址的变量。指针运算的实质就是地址运算，因此它仅限于取地址、赋值、取内容、加减一个整数等。当两个指针指向同一数组时，还可以对指针进行关系运算。

1. 指针的赋值运算

（1）将变量的地址赋给指针变量，使指针指向该变量

例如：

```
int a,b,*pa,*pb;
```

```
a=1;b=2;
pa=&a;pb=&b;
```

第一行语句定义了整型变量 a、b 及整型指针变量 pa、pb。pa、pb 未初始化，因此 pa、pb 没有指向任何变量，如图 7-2（a）所示。第三行语句将变量 a、b 的地址分别赋给指针变量 pa、pb，使得 pa 指向了变量 a，pb 指向了变量 b。这样，变量 a 可以表示为 *pa，变量 b 可以表示为 *pb，如图 7-2（b）所示。

（2）指针变量间的赋值

pa 与 pb 都是整型指针变量，它们之间可以相互赋值。例如：

```
pa=&a;
pb=pa;
```

pa、pb 都指向变量 a，a、*pa、*pb 是等价的，如图 7-2（c）所示。

2. 通过取内容运算符访问目标变量

通过取内容运算符“*”，可以访问目标变量。例如：

```
int a=1,b=2,c=3,*pa,*pb;
pa=&a;pb=&b;
*pa=c;                          /* 将变量 c 的值赋给以 pa 的值为地址的存储区域 */
c=*pb;                          /* 将以 pb 的值为地址的存储区域中的数据赋给变量 c*/
```

赋值结果如图 7-2（d）所示。

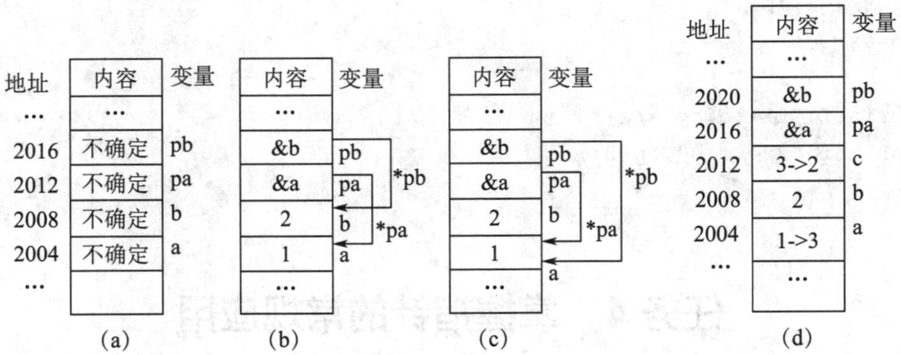

图 7-2　指针地址赋值示意

3. 指针的加减运算

（1）指针和整数可以进行加、减运算

设指针变量 p 指向某数组的第一个元素，n 为一个整数，则 p+n 表示指向下标为 n 的元素。不论指针变量指向何种数据类型，指针加（或减）一个整数 n 时，其结果是指针向地址大的方向（或小的方向）移动 n × sizeof(指针的数据类型) 个字节的距离。对于结构体或共用体，也遵守这一原则。例如，当 n=1 时，char 型指针移动 1 个字节，short 型指针移动 2 个字节，int、long 和 float 型指针移动 4 个字节，double 型指针移动 8 个字节。读者可以参阅第 3 章任务 4 的相关内容加深理解。

（2）在一定条件下两个指针变量可以进行减法运算

设两个指针变量 p 和 q 指向同一数组，则 p-q 的绝对值表示 p 所指数组元素与 q 所指数组元素之间相差的元素个数，值为 1 时，表示两个元素相邻。除数组外，两个指针变量的相减运算没有意义。

4. 指针的关系运算

两个指针指向同一个对象时，如两个指针变量 p 和 q 指向同一数组，则 <、>、>=、<=、== 等关系运算都能正常进行。若 p==q 为真，表示 p 和 q 指向数组的同一元素；若 p>q 为真，则表示 p 所指元素在 q 所指元素之后。

注意：只有相同类型的指针才能进行关系运算。另外，指针变量还可以和数值 0 进行关系相等或不等的运算，但不能和其他数值进行关系运算。

【案例 7-1】 编写一个指针运算程序，使指针变量指向数组，对指针变量进行赋值、加、减、比较等运算。

〖分析〗

①本例中定义了一个包含 4 个元素的数组 a 及两个指针变量 p1 和 p2。

②先使 p1 和 p2 都指向数组 a，再对其进行各类指针运算，分析运行结果。

```
#include <stdio.h>
void main( )
{
    int  a[4]={10,20,30,40};
    int  *p1,*p2;
    p1=a;                    /* 将数组 a 的首地址赋给指针变量 p1，相当于 p1=&a[0]*/
    p2=p1;                   /* 相同类型的指针变量之间的赋值 */
    p2+=2;                   /* 指针和一个整数相加 */
    printf("\na[4]={10,20,30,40},p1=a;p2=p1+2");
    printf("\np1=%d,*p1=%d,p2=%d,*p2=%d",p1,*p1,p2,*p2);
    printf("\np1-p2=%d",p1-p2);                          /* 两个指针变量相减 */
    printf("\np1>p2=%d",p1>p2);                          /* 指针的关系运算 */
    printf("\n*p1-*p2=%d",*p1-*p2);                      /* 两个指针取内容后相减 */
    printf("\n(int)p1-(int)p2=%d\n",(int)p1-(int)p2);    /* 两个地址相减 */
}
```

程序运行结果如图 7-3 所示。

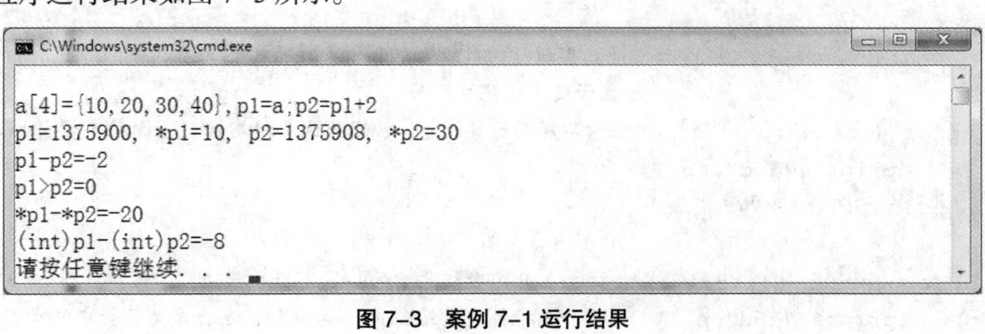

图 7-3　案例 7-1 运行结果

注意：指针变量相减和地址相减的区别。

任务5　了解指针与数组

指针：单词排序

如前所述，指针可以指向数组和数组元素（把数组起始地址或某一元素的地址存放到指针变量中）。因为数组的各元素在内存中是连续存储的，因此通过指针变量及其运算可以间接访问数组中的任意元素。使用指针的方法能提高程序的质量（占内存少，运行速度快）。

1. 一维数组与指针

实际上，数组名就是一个指针，是数组在内存中的起始地址（**数组的指针**），下标为0的元素的地址，**是一个地址常量**。**数组元素的指针**是指数组元素在内存中的地址。

【案例7-2】 从键盘输入5个整数到数组a中，然后输出。

〖分析〗 包括第4章的常规方法在内，遍历数组的所有元素共有4种方法。

```
#include <stdio.h>
main( )
{
    int a[5];              /* 设a[5]={1,3,5,7,9}，常量a的值是&a[0]*/
    int *p,i;              /* 定义一个指向整型变量的指针变量p和一个普通的整型变量i*/
    p=a;                               /* 相当于p=&a[0]*/
    for (;p<a+5;p++)
        scanf("%d",p);                 /* 注意不能写成&p++，因为p的值就是地址量*/
    printf("\n1: ");

    for (i=0;i<5;i++)                  /* 此为数组元素最常见的应用*/
        printf("%6d",a[i] );
    printf("\n2: ");
    for (i=0;i<5;i++)                  /* 此为数组元素的指针表示法，不常用*/
        printf("%6d",*(a+i) );         /* a为数组的首地址，a+i就是a+
                                          i*sizeof(int)，再执行"*" */
    printf("\n3: ");                   /* 此为数组元素的指针表示，常用*/

    p=a;                   /* 将p重新指向数组a的第一个元素，因为在为数组赋值时指针
                              p已经发生变化*/
    for (;p<a+5;p++)       /* 注意不能写为(*p)++，因为这是对指针p指向的变量自加*/
        printf("%6d",*p );
    printf("\n4: ");

    for (p=a,i=0;i<5;i++)          /* 此为数组元素的指针下标表示法，不常用*/
        printf("%6d",p[i] );       /* 指针变量结合[ ]运算符，在自定义函数中较常用*/
```

```
    printf("\n");
}
```

程序运行结果如图 7-4 所示。

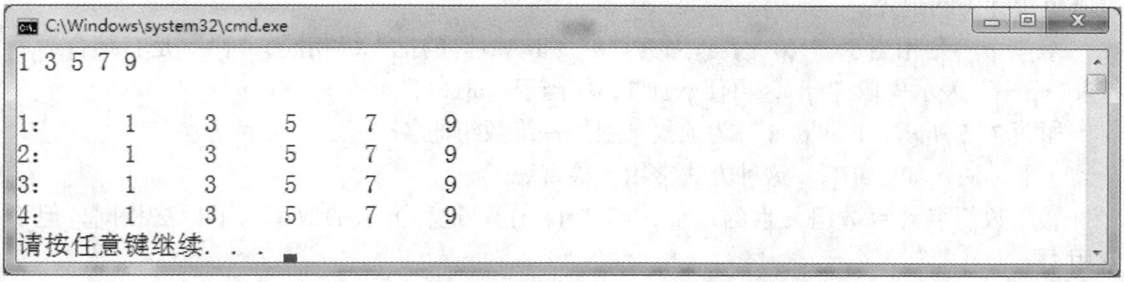

图 7-4　案例 7-2 运行结果

〖说明〗 案例 7-2 有一条语句：

```
p=a;
```

已知 p 是一个 int 型指针，而 a 是一个数组名。为什么能把数组名赋值给一个指针呢？这是因为数组名是数组分配到的内存空间的首地址。这里，a 是指向数组 a 的第一个元素的指针。或者说，a 也是一个 int 型指针，与 p 属于同一类型。只不过，a 是一个指针常量，它的值是不可改变的，而 p 是指针变量。“p=a;” 与下面的语句是等价的。

```
p=&a[0];
```

在 C 语言中，数组元素 a[i] 用指针可表示为

```
*(a+i)
```

其中，i=0,1,⋯,4。在指针表示法中，a+i 表示下标为 i 的数组元素的地址，等价于 “p=a;p+i;”，即 “p=&a[i];”。所以，“*(a+i)”“*(p+i)”“p[i]” 都与 a[i] 等价，如图 7-5 所示。因此案例 7-2 中数组 a 的元素有多种表示形式。

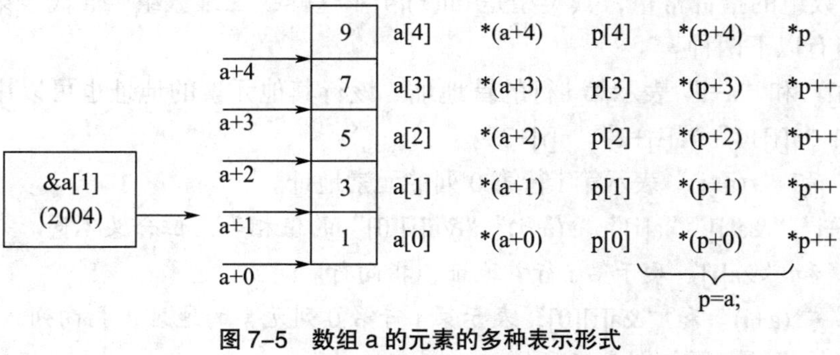

图 7-5　数组 a 的元素的多种表示形式

在循环输入时，每执行一次输入，指针 p 都自增一次，即指向下一个元素，因此在循环执行完之后，p 指向 a[4] 后面的整型单元。若仍使用指针 p 输出数组 a 的各个元素，必须先将 p 重新指向第一个元素，第 16 行的语句 “p=a;” 即完成此过程。

关于指向数组指针的处理有 4 点要注意。

①数组名 a 是指针常量，不能作为指针变量使用，像 a++ 这样的操作是非法的。

②利用指针变量访问数组元素时要注意指针变量的当前值，特别是在循环控制结构中。

③使用指针引用数组元素时，系统不作下标的越界检查。所以，使用指针时应特别注意避免指针访问越界。

④“*p++”相当于“*(p++)”。因为“*”和“++”的优先级相同，“++”是右结合运算符。“*p++”表示先取“*p”，再使 p 加 1，相当于“a[i++]”。

如图 7-5 所示，以“p=a;”为前提，引用一维数组的各个元素有 4 种方法。

①下标法，如“a[i]”。这种方法常用，很直观。

②用数组名计算数组元素的地址，如“*(a+i)”。这种方法的效率与下标法相同，但不常用。

③用指针下标法访问各元素，如“p[i]”。编译器会将 p 当作数组名，直接翻译成“*(p+i)”，同②。

④用指针访问各元素，如“*p”。这种方法常用，效率高。

2. 二维数组与指针

指针变量可以指向一维数组，也可以指向二维数组，甚至指向多维数组。

一维数组在内存中的起始地址是数组的指针，数组名是一维数组起始元素的指针常量。数组元素在内存中顺序存放。二维数组的表示方法与一维数组类似，也可以利用指针来表示二维数组。

对二维数组而言，可以这样理解：它也是一个一维数组，只不过其数组元素又是一个一维数组。例如，有下面的二维数组的定义：

```
int a[3][4]={{1,2,3,4},{5,6,7,8},{9,10,11,12}};
```

a 是数组名，包含 3 个元素：a[0]、a[1] 和 a[2]。每个元素 a[i] 又是一个包含 4 个元素的一维数组。例如，a[0][0]、a[0][1]、a[0][2]、a[0][3] 可以看成一维数组 a[0] 的 4 个元素。所以，a 是指向一维数组的指针常量，其类型是 int(*)[4]。这样，二维数组名 a 代表第 0 行的首地址，则该数组有以下两种。

①“&a[i]”和“a+i”表示第 i 行的首地址。该行其他元素的地址也可以用数组名加序号来表示，如“a[i]+1”“a[i]+2”“a[i]+3”。

②“a[i]”和“*(a+i)”表示第 i 行第 0 列的元素地址。

注意：“a+i”“&a[i]”“a[i]”“*(a+i)”“&a[i][0]”的值相等，但含义不同。

①“a+i”和“&a[i]”表示第 i 行首地址，指向行。

②“a[i]”“*(a+i)”和“&a[i][0]”表示第 i 行第 0 列元素的地址，指向列。

二维数组的指针表示如图 7-6 所示。

注意区分一个二维数组元素的 3 种表示形式：a[i][j]、*(a[i]+j) 及 *(*(a+i)+j)。二维数组 a(n 行 m 列) 中任意一个元素 a[i][j] 地址的 5 种表达方法如下所列。

```
&a[i][j];    a[i]+j;    *(a+i)+j;    &a[0][0]+i*m+j;    a[0]+i*m+j
```

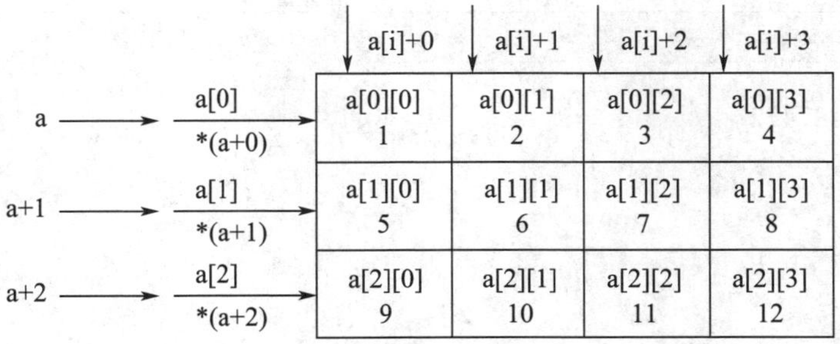

图 7–6　二维数组的指针表示

【案例 7–3】 用指向整型元素的指针变量输出二维数组的首地址、各行的首地址及各个元素的值。

```
#include <stdio.h>
main( )
{
   static int a[3][4]={{1,2,3,4},{5,6,7,8},{9,10,11,12}};
   int j,k;                                  /* 循环控制变量 */
   int *p;                                   /* 数组元素指针 */
   printf("\na=%d,a+0=%d\n",a,a+0);
   for(j=0;j<3;j++)                          /* 方法 1*/
   {
      printf("&a[%d]=%d\n",j,&a[j]);         /*  &a[j] 是 j 行的首地址 */
      for(k=0;k<4;k++)
         printf("%5d",*(a[j]+k));            /* 输出 j 行 k 列元素 */
      putchar('\n');
   }
   for(j=0;j<3;j++)                          /* 方法 2*/
   {
      printf("a+%d=%d\n",j,a+j);             /* a+j 是 j 行首地址 */
      for(k=0;k<4;k++)
         printf("%5d",*(*(a+j)+k));          /* 输出 j 行 k 列元素 */
      putchar('\n');
   }
   p=a[0];                                   /* p 指向数组的第一个元素 */
   for(j=0;j<3;j++)                          /* 方法 3*/
   {
      printf("p=%d\n",p);                    /* p 是 j 行首地址 */
      for(k=0;k<4;k++)
         printf("%5d",*(p++));               /* 输出 p 所指示的 j 行 k 列元素 */
      putchar('\n');
   }
}
```

程序运行结果如图 7-7 所示。

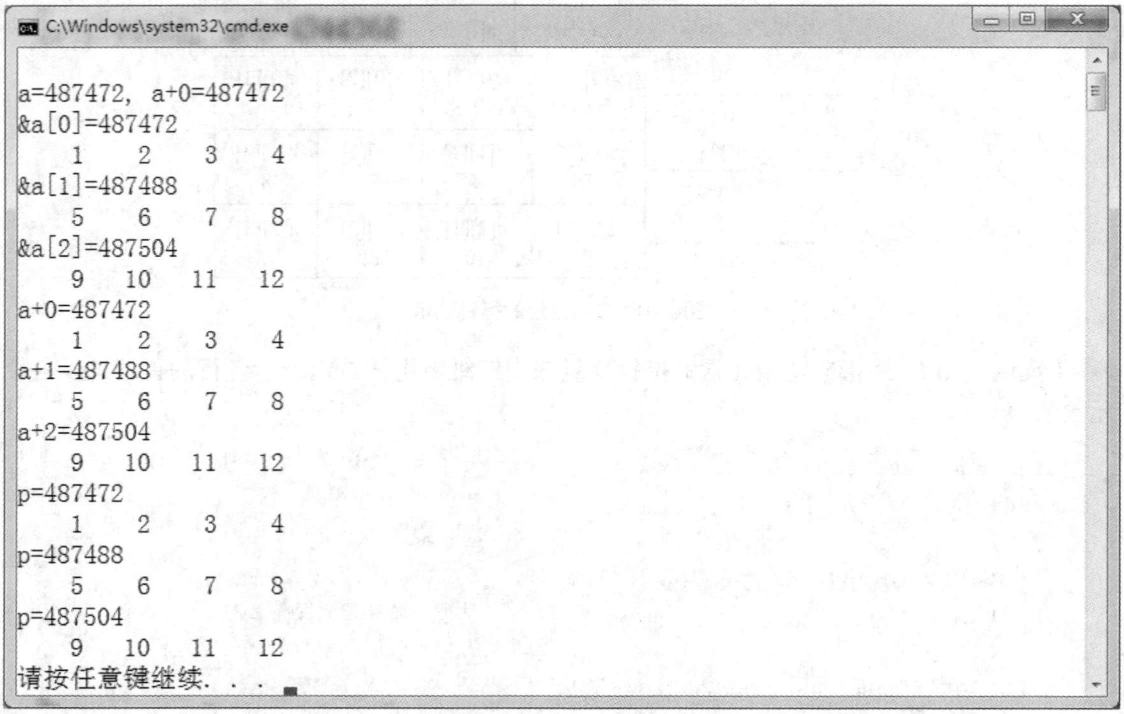

图 7–7　案例 7–3 运行结果

另外，也可以定义一个指向一维数组的指针变量，语法格式如下。

```
类型标识符 (* 指针变量名 ) [ 常量表达式 ];
```

【案例 7–4】 3 个学生分别学习 4 门课程，用指向数组的指针变量在 12 个成绩中找出最高成绩及位置。

```
#include "stdio.h"
main( )
{
      int a[3][4]={
                  {96,82,73,64},
                  {95,86,77,68},
                  {99,100,71,52}};
      int i,j,row,col,max;          /*i、j 为循环控制变量 */
      int (*p)[4]=a;   /* 定义 p 为指针变量，指向有 4 个 int 型元素的一维数组 */
      row=col=0;                    /* 假定 a[0][0] 为最高成绩 */
      max= a[0][0];
      for(i=0;i<3;i++)
        {
          for(j=0;j<4;j++)
            if(*(*p+j)>max)
            {
```

```
17                  max=*(*p+j);      /* 寻找最大值元素 */
18                  row=i;
19                  col=j;
20              }
21          p++;                          /* p 下移一行 */
22      }
23   printf("最高成绩为 %d，位于第 %d 行，第 %d 列 \n",max,row,col);
                                         /* 输出最高成绩及位置 */
24 }
```

程序运行结果如图 7-8 所示。

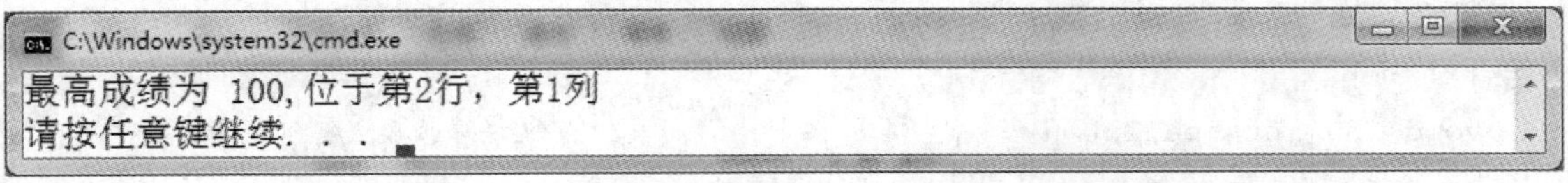

图 7-8　案例 7-4 运行结果

〖说明〗 第 9 行语句“int (*p)[4]=a;”中的圆括号不能省，它表明 p 是一个指向 int 型含 4 个元素的一维数组的指针变量。如果写为“int *p[4]=a;”，由于 [ ] 运算的优先级高于 *，p[4] 构成数组后再与前面的 * 结合，则成了指针数组（指针数组的问题将在后面介绍）。

第 9 行语句“int (*p)[4]=a;”不能改为“int (*p)[4]=a[0];”或“int (*p)[4]=&a[0][0];”。p 是指向一维数组的行指针（在定义时不仅指定了数组元素的类型，还包括数组的大小为 4），与 a，a+1……一样都是指向行的二级指针，因此可以直接赋值。而语句“int *q=a[0];”则表明 q 是指向第 0 行第 0 列元素的指针，它是整型元素的指针，是一级指针，它们虽然值相同，但类别不同。在使用过程中要注意其差别，以免出错。

第 15、第 17 行中的 *p 是当前行的首地址，*p+j 是当前行第 j 个元素的地址，*(*p+j) 是当前行第 j 个元素的值。

3. 数组名作为函数参数

在第 6 章中介绍了两种参数传递形式，一种是值传递，另一种是地址传递。数组名作为函数参数是地址传递，因为数组名代表数组的首地址，并且数组中的各元素都是连续存放的，通过数组首地址可以访问所有数组元素。 指向数组元素的指针变量也可以作为函数参数。

【案例 7-5】 将数组 a 中的 *n* 个整数按相反顺序存放在原数组中。要求用函数实现逆序数组元素。

〖分析〗

①前面介绍过衡量一个算法的优劣，空间是一方面。

②本案例只用到一个辅助存储单元，借助它，先将第一个数组元素与最后一个数组元素交换，再将第二个数组元素与倒数第二个数组元素交换，以此类推。

③本案例采用数组名作为函数参数的方式，调用函数实现数组元素逆序。

```c
#include <stdio.h>
void inv(int *pa,int n);                          /* 声明逆序函数 */
main( )
{
   int i,a[10]={0,1,2,3,4,5,6,7,8,9};
   printf(" 逆序前数组 :\n");
   for(i=0;i<10;i++)
      printf("a[%d]=%d  ",i,a[i]);
   inv(a,10);                                     /* 调用逆序函数 */
   printf("\n 逆序后数组 :\n");
   for(i=0;i<10;++i)
      printf("a[%d]=%d  ",i,a[i]);
}
void inv(int *pa,int n)                           /* 定义逆序函数 */
{
   int *p,*pf,*pt,t,m=n/2;
   pf=pa;                                         /* 指针 pf 指向数组的第一个元素 */
   pt=pa+n-1;                                     /* 指针 pt 指向数组的最后一个元素 */
   p=pa+m;                                        /* 指针 p 指向数组的中间元素 */
   for(;pf<p;pf++,pt--)
   {
      t=*pf;
      *pf=*pt;
      *pt=t;
   }
}
```

程序运行结果如图 7–9 所示。

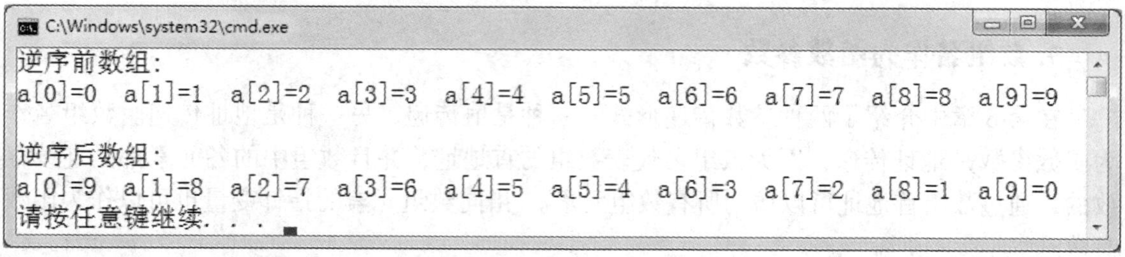

图 7–9　案例 7–5 运行结果

〖说明〗 本案例中形参是指向整型元素的指针变量，在函数 inv( ) 中没有定义数组，完全靠指针变量 pf 和 pt 指向的单元内容进行交换。通过 pf++、pt-- 使指针变量 pf、pt 从数组两端开始依次指向数组的不同元素。由于传递的是地址值，因此被调函数能在传来的地址空间上进行操作，实现被调函数和主调函数在同一个数组空间上操作。

这里也可以用指针变量作为实参，用数组作为形参或者实参和形参都用指针变量。归纳起来，实参和形参的对应关系为两者的 4 种组合。

4. 指针形式的字符串操作

字符串在内存中是以字符数组的形式组织的。字符数组具有一维数组的所有特点，因此可以定义一个字符指针变量来处理字符串。字符指针变量既可以指向一个字符串的首字符，也可以指向单个字符。

【案例 7–6】 通过字符指针变量处理字符串。

```
#include "stdio.h"
#include "string.h"
main( )
{
    char *from="computer";
    char ch[10],*to=ch;                 /* 此处定义字符数组和字符指针 */
    printf("string_from=%s\n",from);
    for(;*from!='\0';from++,to++)  /* 将 from 指向的字符串复制到 to 指向的数组 ch 中 */
        *to=*from;
    *to='\0';                           /* 字符串结尾加 '\0' */
    to=ch;                              /* 指针重新指向字符数组的第一个元素 */
    printf("\nstring_to=%s\n",to);
}
```

程序运行结果如图 7–10 所示。

图 7–10 案例 7–6 运行结果

字符指针的定义格式如下。

```
char * 指针变量名；
```

字符指针是非常有用的，它使得对字符串的操作更方便和灵活。在 C 语言的库函数中，与字符串处理有关的函数大量使用了字符指针。利用指针对字符串进行操作不外乎以下几种情况。

（1）定义时初始化指针变量，使指针指向一个字符串

例如，案例 7–6 中的语句：

```
char *from="computer";
```

编译系统将自动把存放字符串常量的存储空间的首地址赋给指针变量，使之指向该字符串的第一个字符，如图 7–11 所示。

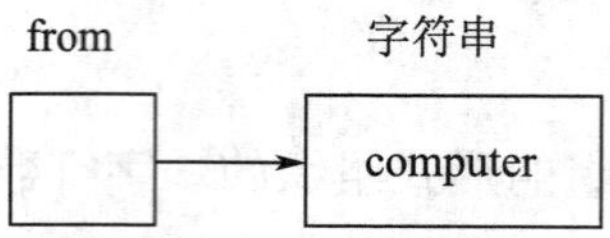

图 7-11　指针变量指向字符串

值得注意的是，上面语句中的 from 指向的是单个字符，而不是整个字符串。虽然可以利用“%s”控制输入或输出整个字符串，但不能把 from 看成一个字符串变量。例如：

```
printf("%s",from);
```

该语句不是对字符串的整体操作，其实质是从 from 地址开始连续输出单个字符，直到 '\0' 为止。也就是说，系统把字符串 "computer" 在内存中的首地址赋给了指针变量 from。在使用字符指针接受输入的字符串时，应先使指针指向一个存储空间，之后在接受输入的字符串时，也是将字符串的各字符自动地顺序存储在 from 指向的存储空间中，并在最后自动加上 '\0'。

小贴士：

因为字符串应用频繁，才有了“%s”的格式，其实质是连续输出若干单个字符：

```
#include <stdio.h>
void main( )
{
    int i;char str[]="computer",*p=str;
    for(i=0;str[i]!=0;i++)
        printf("%c",*p++);  /* 循环输出指针 p 当前指向的字符，直到 '\0' 结束 */
}
```

即以字符数组的形式连续输出单个字符，遇到 '\0' 结束，且 '\0' 不予输出。

（2）用指针变量实现对字符串的访问

例如，案例 7-6 中考虑去掉下面的语句：

```
to=ch;
```

其输出结果是什么？请读者试着分析原因。

注意： 字符指针接受输入的字符串时，必须先开辟存储空间。

例如：

```
char  ch[10];
scanf("%s",ch);
```

是正确的，而

```
char *to;
scanf("%s",to);
```

是错误的，因为指针 to 未初始化，其指向不确定，在程序运行时输入字符串是一种危险操作。应改为如下形式。

```
char *to,ch[10];
to=ch;
scanf("%s",to);
```

同案例 7-6，也回答了上面关于去掉语句“to=ch;”的问题。

利用字符数组可以存储多个字符串，定义形式如下。

```
char language[3][10];
```

数组的第一个下标决定字符串的个数，第二个下标是字符串的最大长度（实际最多 9 个字符，'\0' 占一个位置）。可以对字符串数组赋初值，例如：

```
char language[3][10]={"BASIC","C++","PASCAL"};
```

由于字符数组在定义时就确定了大小，每行的元素数是固定的，而字符串长度不等，这样就会浪费存储空间。使用字符型指针数组可以更方便地处理字符串数组和节省存储空间。

5. 指针数组

指针数组是相同类型指针变量的集合，即数组的每个元素都是指针，且都具有相同的存储类型，并指向相同的数据类型。指针数组可以提高字符串处理的灵活性，本节主要围绕字符型指针数组进行讨论。

指针数组的定义格式如下。

```
类型标识符　*数组名[常量表达式];
```

例如，定义一个指针数组，并进行如下初始化。

```
char *p[5]={"Programmer","Visual Basic","C++","Pascal","C#"};
```

由于“[ ]”比“*”的优先级高，因此 p 先与 [5] 结合成 p[5]，而 p[5] 正是数组的定义形式，数组共有 5 个元素。最后 p[5] 与“*”结合，表示它的每个元素都是指向字符型的指针变量。这里要注意和指向数组的指针区分开：char (*p)[4] 表示定义一个指针变量，它指向有 4 个元素的一维字符型数组。

上例中 p 是一维数组，它有 5 个元素，每个元素都是指向字符数据的指针型数据，如图 7-12 所示。

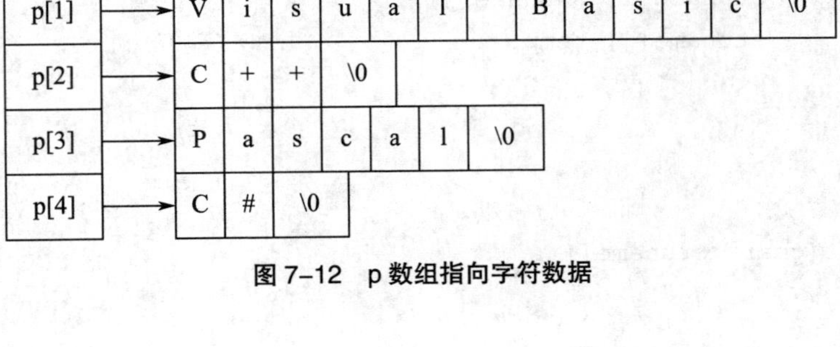

图 7-12　p 数组指向字符数据

二维数组和指针数组初始化时对内存的使用情况是不同的。用二维数组时，每行的长度都是相同的，需要按最大长度分配空间，可能会浪费内存。用指针数组时，没有定义行的长度，只是分别在内存中存储不同长度的字符串，每个字符串分配到的存储单元的数量为字符串长度 +1（字符串末尾加 '\0'），然后用指针数组的元素分别指向它们，不会浪费存储单元。

【案例 7–7】 将若干字符串排序输出。

〖分析〗

①字符串排序是字符串对应位置的字母比较大小，即字母的 ASCII 码值比较大小。

②用指针数组的元素分别指向各个字符串。对字符串排序时，只需改动指针数组中各元素的指向。

```
#include <stdio.h>
#include "string.h"
void sort(char *stuname[],int n);                    /* 声明排序函数 */
void print(char *stuname[]);                         /* 声明输出函数 */
main( )
{
   static char *stuname[]={"Lidaoxuan","Yanyitian","Chengsiju","Guolitian",
"Ningyibing",NULL};                                  /* 定义指针数组 stuname 并初始化 */
   int n=4;                                          /* 字符串个数 */
   sort(stuname,n);                                  /* 调用函数对字符串排序 */
   print(stuname);                                   /* 调用函数输出字符串 */
}

void sort(char *stuname[],int n)                     /* 用冒泡法对字符串排序 */
{
   char *temp;
   int i,j;
   for(i=0;i<n-1;i++)
      for(j=i+1;j<n;j++)
      {
         if(strcmp(stuname[i],stuname[j])>0) /* 如果字符串不相等，则交换 stuname[i]
                                                与 stuname[j] 的指向 */
         {
            temp=stuname[i];
            stuname[i]=stuname[j];
            stuname[j]=temp;
         }
      }
}

void print(char *stuname[])
{
```

```
    int i=0;
    while(stuname[i]!=NULL)                    /* 数组元素值为 NULL，则结束 */
    {
        printf("%s\n",stuname[i]);
        i++;
    }
}
```

程序运行结果如图 7-13 所示。

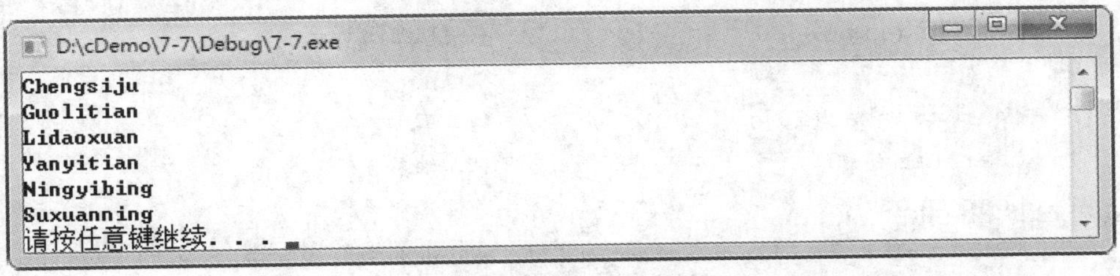

图 7-13　案例 7-7 运行结果

〖说明〗指针数组和一般数组一样，允许在定义时初始化。对指向字符串的指针数组赋初值，是把各字符串的首地址赋给指针数组的对应元素。因此对字符串排序时，只需改动指针数组中各元素的指向即可。

小贴士：

①指针数组，就是一个数组，其每个元素都是一个指针变量，每个元素都可以记录一个内存地址。

②数组指针，就是一个指针，它记录一个数组的内存地址，指针指向这个数组。

任务 6　了解指向结构体变量的指针

如果指针用来存放一个结构体变量的地址，那么该指针就是指向结构体变量的指针。指向结构体变量的指针的定义格式如下。

```
struct  结构体名  *指针变量名;
```

例如：

```
sturct zhigong zg,*p;
```

上述语句定义了指向 zhigong 结构体类型数据的指针变量 p，可以通过语句“p=&zg;”给 p 赋值。然后可以用符号“-”和“>”组合成的运算符“->”引用结构体变量的成员，该运算符号读作“指向”。其一般格式为

```
指针变量 -> 结构体成员名
```

还有一种不常用格式：

```
(* 指针变量 ). 结构体成员名
```

【案例 7-8】 用指向结构体的指针变量引用结构体成员。

```
#include "stdio.h"
main( )
{
    struct zhigong                          /* 声明职工工资结构体 */
    {
        char gonghao[10];                   /* 职工工号 */
        char name[10];                      /* 职工姓名 */
        float gwgz;                         /* 岗位工资 */
        float jxgz;                         /* 绩效工资 */
        float yfgz;                         /* 应发工资 */
    }zg,*p;
    p=&zg;                                  /* 将结构体变量的首地址赋给指针变量 p */
    strcpy(p->gonghao,"910508");
    strcpy(p->name,"Xiaoyang");
    p->gwgz=5200;
    p->jxgz=2800;
    p->yfgz=p->gwgz+p->jxgz;
    printf("\nNo:%s\nname:%s\ngwgz:%f\njxgz:%f\nyfgz:%f\n",
        (*p).gonghao,p->name,p->gwgz,p->jxgz,p->yfgz);
}
```

程序运行结果如图 7-14 所示。

图 7-14 案例 7-8 运行结果

〖说明〗

①案例 7-8 的程序中，第 13 行中的字符串不可整体赋值，不能写为“p->gonghao=910508";”，第 14 行同理。

②成员运算符“.”的优先级高于指针运算符“*”，(*p).gonghao 中的“( )”不能省略。

任务 7　了解指针与函数

1. 指针作为函数参数

（1）函数形参、实参均为指针变量

【案例 7-9】 编写一个交换两个变量的函数，在主调函数中使用改变后的值。

〖分析〗

①第 6 章的函数中采用值传递方式，形参值的改变无法回传给实参。

②用指针作为函数参数的作用是将一个变量的地址传送到另一个函数中。

③在函数执行过程中形参和实参指向相同的存储单元，在被调函数改变变量的值时，可以在主调函数中使用这些改变后的值。

```
#include "stdio.h"
void swap( int *p1,int *p2);
main( )
{
    int a,b;
    int *pa,*pb;
    scanf("%d%d",&a,&b);
    printf("before:a=%d,b=%d",a,b);
    pa=&a;                          /* pa 指向变量 a */
    pb=&b;                          /* pb 指向变量 b */
    swap(pa,pb);
    printf("\nafter:a=%d,b=%d\n",a,b);
}
void swap(int *p1,int *p2)
{
    int temp;
    temp=*p1;                       /* 以下 3 条语句交换指针 p1、p2 指向的变量的值 */
    *p1=*p2;
    *p2=temp;
}
```

程序运行结果如图 7-15 所示。

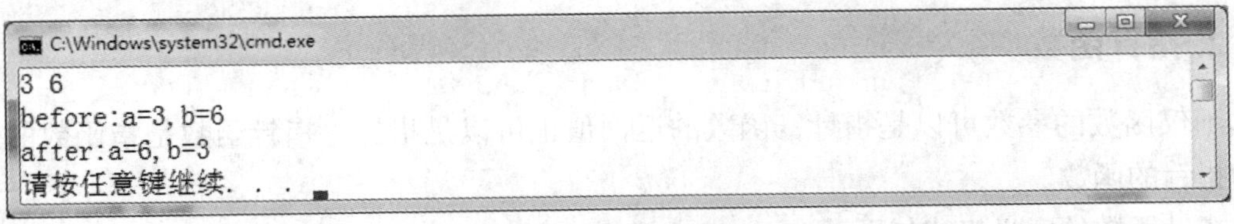

图 7-15　案例 7-9 运行结果

（2）函数形参为指针变量，实参为变量地址

【案例 7-10】 将案例 7-9 中的指针变量作为实参改为变量地址作为实参。

```
#include "stdio.h"
void swap (int *p1,int *p2);
main( )
{
    int a,b;
    scanf("%d%d",&a,&b);
    swap(&a,&b);                        /* 实参为变量地址 */
    printf("\n a=%d,b=%d\n",a,b);
}

void swap(int *p1,int *p2)
{
    int temp;
    temp=*p1;
    *p1=*p2;
    *p2=temp;
}
```

程序运行结果与案例 7-9 相同（见图 7-15）。

〖思考〗 若将函数写为如下形式，该函数完成的功能是什么？

```
void swap(int *p1,int *p2)
{
    int *p;
    p=p1;
    p1=p2;
    p2=p;
}
```

该函数的功能是交换两个指针变量 p1、p2 本身的值。虽然 p1 和 p2 的指针值被交换了，但指针变量的值也遵循单向传递的原则，不会因为指针形参值的改变而影响到指针实参值。主函数中变量 a 和 b 中的值并未被交换。因此，仅交换了函数中指针形参的值，并不能交换 a 和 b 的值，这是初学者容易出错的地方。

使用指针变量作为函数参数，虽然调用时仍然是传值方式，但传送的不再是普通变量的值而是地址值。被调函数可以在传来的地址空间上进行操作，实现被调函数和主调函数对同一变量的操作。

2. 指针函数

不仅函数的参数可以是指针，函数的返回值也可以是指针。**指针函数**是指函数的返回值为指针的函数。

指针函数的定义格式如下。

```
类型标识符 *函数名(形式参数列表)
{
    函数体部分
}
```

【案例 7-11】 有若干学生的成绩，每个学生学习 4 门课程，要求在输入学生的序号后，能输出该学生的全部成绩。用指针函数实现。

〖分析〗 该题目的关键是选择数据存储方式和对某个学生的定位。对于多个学生多门课程的成绩，可以用二维数组存储。定义指向含 4 个元素的一维数组的指针变量 pointer。学生的学号从 1 开始，如果 pointer 指向 1 号学生，那么“pointer+1”指向 2 号学生……“pointer+i-1”指向 i 号学生，“*(pointer+i)”指向 i+1 号学生的第 1 门课程的成绩。定义 search( ) 函数，根据所给学号 m 返回一个地址，该地址为 m 号学生第 1 门课程的成绩的存放地址，之后输出该学生各门课程的成绩。

```
#include "stdio.h"
float *search( );
main( )
{
    float score[][4]={{70,80,90,100},{60,89,77,88},{44,78,90,66}};
                                       /* 学生成绩 */
    float *p;                          /* p 为一级指针，用于指向某学生各门课程的成绩 */
    int i,m;
    printf("Input the number of student:");
    scanf("%d",&m);                    /* 从键盘指定学号 */
    printf("The scores of No. %d are:\n",m);
    p=search(score,m);                 /* 调用函数得到 m 号学生成绩的首地址，赋值给 p*/
    for(i=0;i<4;i++)
        printf("%5.2f\t",*(p+i));
    printf("\n");
}
float *search(float (*pointer)[4],int n)
{
    float *pt;
    pt=*(pointer+n-1);
    return(pt);
}
```

程序运行结果如图 7-16 所示。

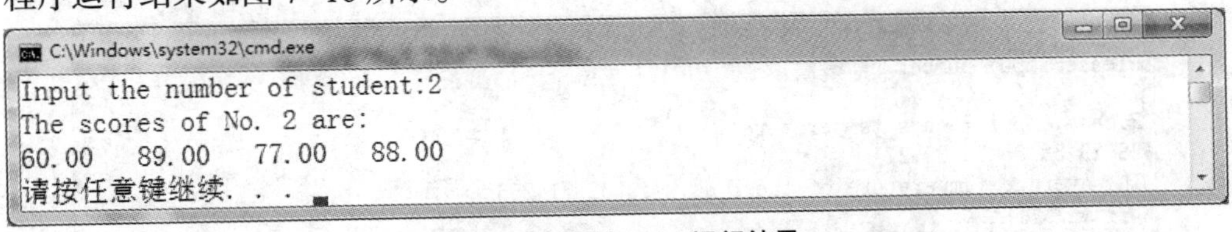

图 7-16　案例 7-11 运行结果

〖说明〗

① search 是函数名，search 后面的运算符“( )”的优先级高于前面的运算符“*”，因此 search 先与“( )”结合构成函数，前面的“*”表示此函数是一个指针函数。

②指针函数的返回值一定是地址，并且返回值的类型要与函数类型一致。

③指针函数在调用之前需要进行说明，说明的一般格式如下。

```
类型标识符  *函数名( );
```

④返回指针的函数是很有用的，许多标准库函数，如字符串函数 strcat( )、strcpy( )，以及动态存储分配函数 malloc( )、calloc( ) 等，均返回指针，在调用这些函数时应该明确其返回值的意义。

任务 8 精选案例

【案例 7-12】 求连续几天的平均气温。要求：用数组存放气温值，通过指针间接访问数组元素。

〖分析〗

①因为天数未知，故数组应有足够的长度。由用户从键盘给定天数 *n*，随后输入 *n* 天的气温值。

②由指向数组元素的指针逐一取出各个气温值后求和，再除以 *n* 即可。

```
#include "stdio.h"
main( )
{
   int a[60],n,i,*p=a;                 /* 用数组a存放n天的气温 */
   float s=0;                          /* s用于累计n天的气温 */
   printf("Please input number n(<61):\n");
   scanf("%d",&n);                     /* 输入天数n */
   printf("Please input %d days temperature:\n",n);
   for(i=0;i<n;i++)                    /* 输入n天的气温值 */
      scanf("%d",a+i);
   for(i=0;i<n;i++)
      s+=*p++;                         /* 求n天的气温值的总和 */
   printf("The average temperature of the %d days is:%f\n",n,s/n);
}
```

程序运行结果如图 7-17 所示。

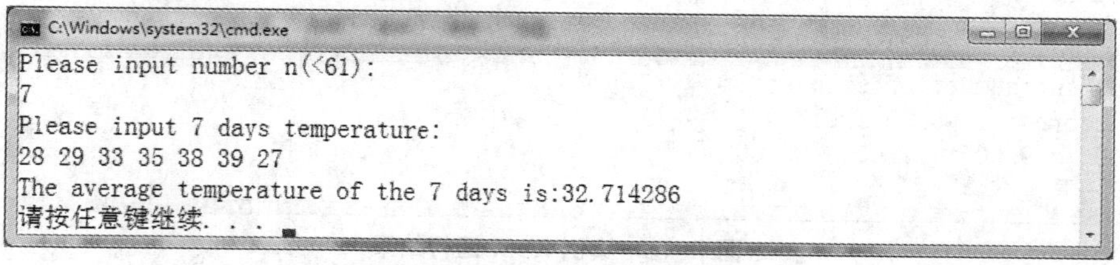

图 7-17　案例 7-12 运行结果

【案例 7-13】 从键盘输入两个字符串 a 和 b，再将 a 和 b 中对应位置的字符的 ASCII 码的较大值存放在数组 c 中。

〖分析〗

①两个字符串中对应位置的字符的定位和比较可以用两个字符指针来完成。

②两个字符串很可能不等长，调用库函数 strcat( ) 将较长字符串中的剩余字符连接到数组 c 中。

```
#include "stdio.h"
#include "string.h"
void main( )
{
    int k=0;
    char a[80],b[80],c[80]={'\0'},*p,*q;
    p=a;q=b;                          /* 指针变量 p、q 分别指向字符数组 a、b*/
    printf("a:\n");
    gets(a);                          /* 输入一个字符串存入数组 a 中 */
    printf("b:\n");
    gets(b);                          /* 输入一个字符串存入数组 b 中 */
    while(*p!='\0'&&*q!='\0')         /* 将数组 a 和 b 中对应位置的字符的较大者存放在
                                        数组 c 中 */
     {
        if(*p>*q) c[k]=*p;
        else c[k]=*q;
        p++;q++;k++;
     }
     if(*p!=0) strcat(c,p);           /* 将较长字符串中的剩余字符存放到数组 c 中 */
     else strcat(c,q);
     printf("c:\n");
     puts(c);
}
```

程序运行结果如图 7-18 所示。

图 7-18　案例 7-13 运行结果

【案例 7-14】 从键盘输入一句英文（各单词之间用空格隔开，用英文句号“.”结束），将这句英文中每个单词的第一个字母转换为大写字母并输出。

〖分析〗

①判断一个单词的起始标识就是空格，可以设置标识变量 flag，初始化为 0（非空格）。

②当 flag 为 0（非空格）且遇到空格字符时，修改 flag 为 1（空格）。

③当 flag 为 1（空格）且遇到非空格字符时，首先判断是不是小写字母，如果是小写字母则转换，否则保持原状；其次修改 flag 为 0（非空格）。如此处理，直至字符串结束。

```
#include "stdio.h"
int fun(char *p)
main( )
{
   int i=0;
   char ch,str[80];
   printf("Input string end by\'.\': \n") ;
   while((ch=getchar( ))!='.')  /* 将输入的一句英文以字符串形式存入字符数组 str 中 */
      str[i++]=ch;
   str[i++]='.';str[i]='\0';
   fun(str);                    /* 调用 fun() 函数完成单词的首字母的转换 */
   puts(str);
}

int fun(char *p)                /* 指针作为参数，对 str 中的字符串进行处理 */
{
   int flag=0;                  /* 初始化 flag 为 0（非空格）*/
   while(*p!='\0')
   {
      if(*p==' ') flag=1;
      if(*p>='a'&&*p<='z'&&flag==1){*p-=32;flag=0;}/* 单词的首字母为小写字母则转换 */
      p++;
   }
}
```

程序运行结果如图 7-19 所示。

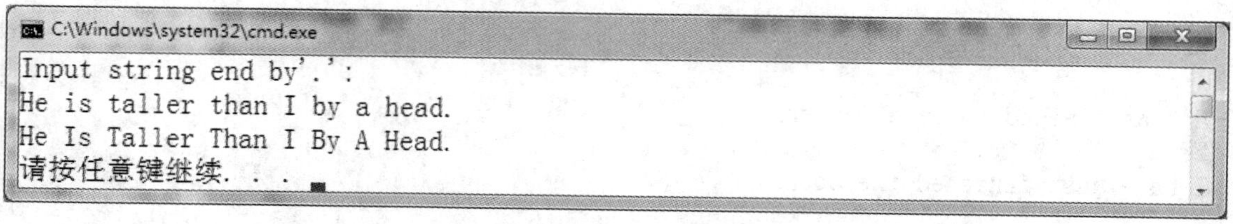

图 7-19　案例 7-14 运行结果

【案例 7-15】 从键盘输入 8 个数，用选择法按由小到大的顺序排列并输出，要求用指针实现。

〖分析〗

①选择排序算法的基本思想是：设有 *n* 个待排序数，首先选择最小数与第一个数交换，

再对剩余的 $n-1$ 个待排序数作类似处理，这样重复 $n-1$ 次即可完成排序。若要由大到小排序，则每次选择最大数进行交换。

②处理步骤：将 8 个待排序数存放在数组中，从 8 个元素中找出最小数，和第一个元素交换；从后 7 个元素中找出最小数和第二个元素交换；从后 6 个元素中找出最小数和第三个元素交换，以此类推。

```
#include "stdio.h"
main( )
{
   int a[8],i,*p1,*p2,*h,temp;     /* p1 控制排序趟数，每一趟排序过程中 p1 首先指向
   待排序数列的第一个元素，一趟排序过程中 p2 逐一指向每一个待排序元素（逐一比较）*/
   p1=a;
   printf("Input 8 numbers:\n");
   for(i=0;i<8;i++)
      scanf("%d",p1++);
   for(p1=a;p1<a+8-1;p1++)
   {
      h=p1;                          /* 先把第一个元素作为最小数 */
      for(p2=p1+1;p2<a+8;p2++)       /* *h 作为中间变量，临时存放当前循环中找到的
                                        最小值 */

         if(*h>*p2) h=p2;
      if(h!=p1)                      /* 比较一趟之后，第一个数和最小数交换 */
      {
         temp=*p1;
         *p1=*h;
         *h=temp;
      }
   }
   for(i=0,p1=a;i<8;i++)
      printf("%6d",*p1++);
   printf("\n");
}
```

程序运行结果如图 7-20 所示。

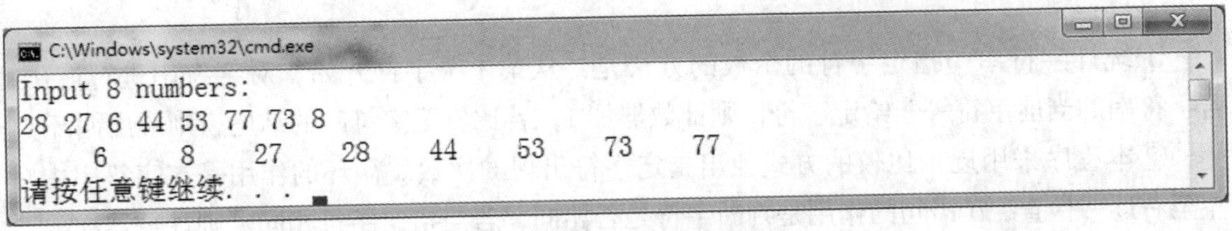

图 7-20　案例 7-15 运行结果

【案例 7-16】 用字符指针查找输入的字符串中有没有指定字符 'c'。

〖分析〗

①输入的字符串要存放在字符数组中，要定义的变量有字符数组和字符指针。

②处理步骤：获取字符串，用字符指针从头至尾扫描字符串，找到与给定字符相同的字符则输出提示信息，并终止程序运行；最终没有发现给定字符也要给出相应的提示。

```
#include "stdio.h"
main( )
{
    char s[80],*p=s;
    printf("Please input a string:\n");
    gets(s);
    while(*p!='\0')
    {
        if(*p=='c')
        {
            printf("Found it!\n");
            break;
        }
        p++;
    }
   if(*p==0)
       printf("Not found!\n");
}
```

程序运行结果如图 7-21 所示。

```
C:\Windows\system32\cmd.exe
Please input a string:
Good luck!
Found it!
请按任意键继续. . .
```

图 7-21　案例 7-16 运行结果

【案例 7-17】求字符串中指定字符的个数，并返回此值。例如，若输入字符串“123412132”，指定字符“1”，则输出 3。

〖分析〗

①统计字符串中指定字符的个数的方法是：从第 1 个字符开始，对字符串进行遍历；若字符串的当前字符等于给定字符，则计数器加 1；若比较至字符串的结尾，则跳出循环。

②本程序采用逐一比较的方式找出指定字符出现的次数。循环的作用是在字符串中自左至右逐一检查，if 语句的作用是判断字符是否相同，若与指定字符相同，则计数器加 1。

```
#include "stdio.h"
#include "conio.h"
#define M 81
int fun(char *ss,char c)
```

```
{   int i=0;
    for(;*ss!= '\0';ss++)
        if(*ss==c) i++;
    return i;
}
main()
{   char a[M],ch;
    printf("本程序功能为求出 ss 所指字符串中指定字符的个数。");
    printf("\n 请输入一个字符串：");
    gets(a);
    printf("\n 请输入指定字符：");
    ch=getchar();
    printf("\n 你所输入字符串中指定字符个数为：%d\n",fun(a,ch));
}
```

程序运行结果如图 7–22 所示。

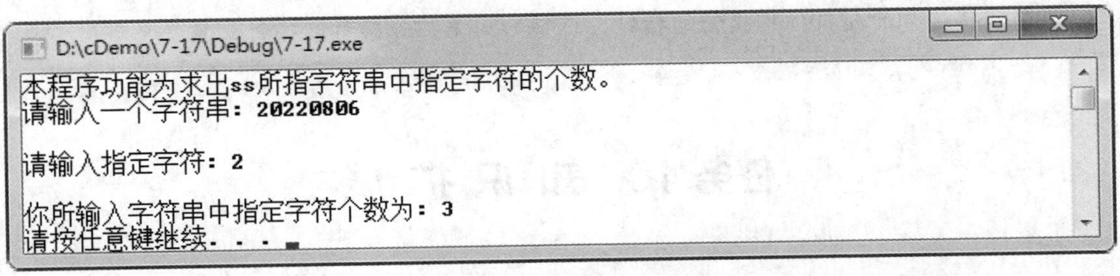

图 7–22　案例 7–17 运行结果

任务 9　本章要点汇总

指针是 C 语言的特色之一。使用指针进行程序设计，可以提高程序的编译效率和执行速度，可以实现主调函数和被调函数之间的双向数据传递。C 语言程序中，数组名和函数名本身就是一个指针常量。

本章主要内容如下。

①指针的基本概念：指针与指针类型、指针变量的定义和初始化、指针的常规应用及变量的间接引用。

②指针与数组的关系：指向一维数组的指针、指针与字符串、二维数组的指针表示法、函数间传递数组指针及指针数组。

③指针与函数：指针作为函数的参数及返回指针类型的函数。

④指针的数据类型汇总如表 7–1 所示。

表 7–1 指针的数据类型

定 义	含 义
int *pi;	pi 为指向整型数据的指针变量
int *p[n];	p 为指针数组，包含 n 个指向 int 型数据的指针
int (*p)[n];	p 为指向含 n 个元素的一维 int 型数组的指针
int *p( );	p 为返回指针的函数，返回的指针指向一个 int 型数据
int (*p)( );	p 为指向函数的指针变量，该函数返回 int 型数据
int **p;	p 为指针变量，它指向一个指向 int 型数据的指针变量

小贴士：

理解“int **p;”中 p 是一个指针变量；它只能记录另一个指针变量在内存中的地址；另一个指针变量必须指向 int 型数据。

通常将这样的指针称作指针的指针，这样的变量称作指针的指针变量。

任务 10 知识扩展

1. 动态存储之 malloc( ) 函数和 free( ) 函数

程序中的变量通过定义引入，在编译阶段就能确定为其分配的存储单元的数量及相对地址，这种存储管理称为**静态存储**。与之对应的**动态存储**就是能够在程序运行过程中向内存申请分配一段存储空间或者释放之前申请到的一段存储空间。C 语言中常用的内存动态申请和释放函数为 malloc( ) 函数和 free( ) 函数 。

（1）malloc( ) 函数

原型：void *malloc(size_t size);

功能：该函数向操作系统申请分配 size 个字节的内存空间。

返回值：成功时返回申请到的内存空间第一个字节的指针；失败时返回 NULL。

头文件：stdlib.h 或 malloc.h。

说明：在使用返回的指针之前，应当验证该指针是否有效。相关函数参阅 free( ) 函数。

小贴士：

size_t 是 C 语言内部预定义的一种类型：typedef unsigned int size_t，在 stddef.h 头文件中定义。

（2）free( ) 函数

原型：void free(void *p);

功能：该函数将 p 所指的、由 malloc( ) 函数申请到的内存空间交还操作系统，这部分内存由操作系统重新管理。

返回值：无。

头文件：stdlib.h 或 malloc.h。

说明：在使用返回的指针之前，应当验证该指针是否有效。

【案例 7-18】 动态内存空间的分配和回收。

〖分析〗 动态申请内存空间，存储职工数据，由指针变量 p 指向该内存空间。

```
#include "stdio.h"
#include "stdlib.h"
main( )
{
    struct zhigong
    {
        char gonghao[10];                /* 职工工号 */
        char name[10];                   /* 职工姓名 */
        float gwgz;                      /* 岗位工资 */
        float jxgz;                      /* 绩效工资 */
        float yfgz;                      /* 应发工资 */
    }*p;
    p=(struct zhigong *)malloc(sizeof(struct zhigong));/* 动态申请的内存空间的
    大小由 sizeof(struct zhigong) 计算得出；经强制类型转换，函数的返回值被转换为指向
    职工结构体的指针，再将其赋值给指针变量 p */
    if(!p)          /* 检查 malloc() 函数的返回值是不是 NULL，保证程序的健壮性 */
    {
        printf(" 内存分配失败！！ ");
        exit(1);                         /* 无条件退出程序运行 */
    }
    strcpy(p->gonghao,"111");
    strcpy(p->name,"Zhangsan");
    p->gwgz=1000;
    p->jxgz=800;
    p->yfgz=p->gwgz+p->jxgz;
    printf("\nNo:%s\nname:%s\ngwgz:%f\njxgz:%f\nyfgz:%f\n",
        (*p).gonghao,p->name,p->gwgz,p->jxgz,p->yfgz);
    free(p);                             /* 释放 p 所指内存空间 */
}
```

内存空间分配成功，程序运行结果如图 7-23 所示。

图 7-23　案例 7-18 运行结果

2. 动态存储管理应用之事业单位工资管理系统的双向链表结构设计

【案例 7-19】 用链表管理职工工资数据。

〖分析〗

①到目前为止，程序中的变量在生存周期中，其固有的数据结构是不能改变的，称为静态数据结构。比如数组，用顺序地址表示元素的先后关系，一旦元素个数改变（插入或删除）都会引起大量的数据移动，而且数据量的扩充还受最初申请的内存空间的限制。要突破这些限制，就需要设计动态数据结构。

②链表是最简单也是最常用的一种动态数据结构。链表由称为节点的元素组成（每位职工的信息称为一个节点），节点的多少根据需要而定，给节点分配内存空间时采用的是动态分配技术，即根据需要随时为节点所属数据结构分配内存空间，使用之后再释放。链表用指针表示两个元素之间的先后关系，因此在逻辑上相邻的两个链表元素不要求物理上一定相邻。双向链表由一个特殊的指针（如 first）开始，由指向下一个节点的指针（如 behind）和指向前一个节点的指针（如 front）链接而成，由另一个特殊的指针（如 NULL）结束。图 7-24 为采用双向链表管理职工工资的示意图。

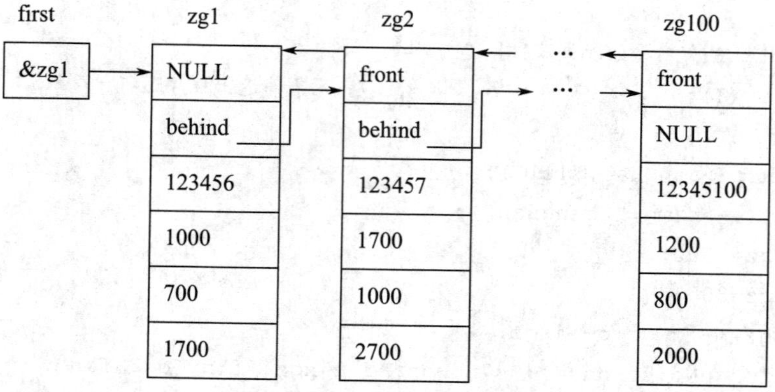

图 7-24　案例 7-19 双向链表的示意图

下面简单介绍链表的建立方法。

（1）定义节点

链表的节点是结构体类型，它包含若干成员，其中的一个或两个成员（单向链表有一个成员，双向链表有两个成员）是指向同类型结构体的指针，用来存放与之相邻的节点的地址。例如：

```
struct zhigong                          /* 声明职工工资结构体，采用双向链表 */
{
    struct zhigong *front;              /* 指针域 */
    struct zhigong *behind;             /* 指针域 */
    char gonghao[10];                   /* 数据域 */
    char name[10];                      /* 数据域 */
    float gwgz;                         /* 数据域 */
    float jxgz;                         /* 数据域 */
    float yfgz;                         /* 数据域 */
};
```

（2）建立链表（初始化链表）

建立链表有插表头和链表尾两种算法。链表尾算法的抽象描述如下。

① first=NULL;　　　　　/* 表头指向空，表示链表为空 */

②产生新节点，地址值赋给指针变量 adddata;

③如果链表中 first 为 NULL，则 first=adddata;first->front=NULL;first->behind=NULL;

/* 链表为空时，新节点作为表头，之后链表拥有一个节点 */

④否则，p->behind= adddata;adddata->front=p;p=adddata;　/* 链表操作，p 指向当前（或表尾）节点 */

⑤循环执行步骤②～④，可继续建立并链接新节点。

图 7-25 为在链表尾部链入节点 zg101 时的操作。

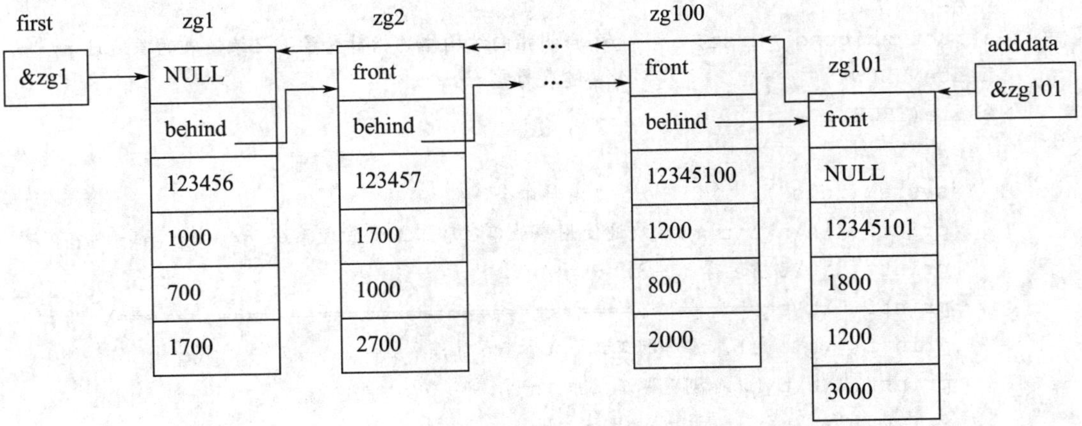

图 7-25　在链表尾部链入节点 zg101

（3）引用节点成员

引用节点成员有两种方式：直接引用和间接引用。

①直接引用：zg.gwgz，zg.jxgz，其中 zg 为结构体变量，使用分量运算符访问成员 gwgz

和 jxgz。

②间接引用：p->gwgz，p->jxgz，其中 p 为指向结构体变量 zg 的指针，使用指向运算符访问成员 gwgz 和 jxgz。

```
#include "stdio.h"                  /*标准输入输出函数包含在此*/
#include "conio.h"                  /*getch()及getche()函数包含在此*/
#include "string.h"                 /*字符串相关函数包含在此*/
#include "windows.h"                /*Sleep()函数包含在此*/
#define TRUE 1                      /*用符号常量代表1*/
struct zhigong * add(struct zhigong *first);    /*向职工工资数据文件中增加记
                                                  录函数的声明*/
void list(struct zhigong *first);               /*浏览职工记录函数的声明*/

struct zhigong                      /*声明职工工资结构体，采用双向链表*/
{
    struct zhigong *front;          /*front指向前一个节点*/
    struct zhigong *behind;         /*behind指向后一个节点*/
    char gonghao[10];               /*职工工号*/
    char name[10];                  /*职工姓名*/
    float gwgz;                     /*岗位工资*/
    float jxgz;                     /*绩效工资*/
    float yfgz;                     /*应发工资*/
};

void main( )
{
    char ch;
    struct zhigong *first;          /*声明指向结构体的指针变量，记录链表的首地址*/
    first=NULL;                     /*链表为空*/
    while(TRUE)
    {
        system("cls");              /*清屏命令*/
        printf("\n\n\t\t★☆ 欢迎使用事业单位职工工资管理系统 ☆★\n\n\n");
        printf("\t\t请选择(1-3) :\n");
        printf("\t\t=============================================\n");
        printf("\t\t\t1. 添加职工工资记录\n");
        printf("\t\t\t2. 浏览职工记录\n");
        printf("\t\t\t3. 退出\n");
        printf("\t\t=============================================\n");
        printf("\n\t\t你的选择是：");
        ch=getche( );

        switch(ch)
```

```
        {
            case '1':first=add(first);break;    /* 添加 */
            case '2':list(first);break;         /* 浏览 */
            case '3':return;                    /* 退出 */
            default:printf("\t\t请按任意键返回重新选择 (1-3)\n");getch();
        } /*end of switch*/
    } /*end of while*/
    return;
} /*end of main*/

void list(struct zhigong * first)               /* 浏览职工工资记录函数的定义 */
{
    system("cls");
    printf("\n\n\t\t\t 全体职工工资情况如下 \n");
    printf("\t\t\t=====================\n\n");
    if(first!=NULL)                             /* 说明内存中链表存在 */
    {
        do
        {
            printf("\n\t\t职工工号\t 职工姓名\t 岗位工资\t \n");
            printf("\t\t%s\t\t%s\t\t%8.2f\n",first->gonghao,first->name,first->gwgz);
            printf("\t\t绩效工资\t 应发工资");
            printf("\n\t\t %8.2f\t %8.2f",first->jxgz,first->yfgz);
        first=first->behind;            /* 修正first指向链表中下一项结构体数据 */
        }while(first!=NULL);            /* 不为空说明结构体数据存在 */
    }
    printf("  按任意键返回主菜单……");
    getch( );
    return;
}

struct zhigong * add(struct zhigong *first)         /* 向职工工资数据链表中增加记
                                                     录函数的定义 */
{
    struct zhigong *adddata;            /* 记录首地址及新分配内存的地址 */
    struct zhigong *p;                  /* 中间变量 */
    adddata=(struct zhigong *)malloc(sizeof(struct zhigong));
    if(first==NULL)                     /* 说明链表为空，链入第一个节点 */
    {
        first=adddata;
        first->front=NULL;
        first->behind=NULL;
```

```
        }
        else                                        /* 链到表尾 */
        {
            p=first;
            while(p->behind!=NULL) p=p->behind;
            p->behind=adddata;                      /* 建立链表追加项的指针指向关系 */
            adddata->front=p;
            adddata->behind=NULL;
        }
        /* 无论是创建第一条记录还是追加工资记录，均只对 adddata 添加数据 */
        printf("\t 请输入职工工号：");
        fflush(stdin);                              /* 清除键盘缓冲区 */
        gets(adddata->gonghao);
        printf("\t\t\t\t 请输入职工姓名：");
        fflush(stdin);                              /* 清除键盘缓冲区 */
        gets(adddata->name);
        printf("\n\t\t\t\t 请输入该职工新的岗位工资：");
        scanf("%f",&adddata->gwgz);
        printf("\t\t\t\t 请输入该职工新的绩效工资：");
        scanf("%f",&adddata->jxgz);
        adddata->yfgz=adddata->gwgz+adddata->jxgz;      /* 计算并输出应发工资 */
        printf("\n\t\t\t\t 该职工的应发工资额是：%f",adddata->yfgz);
        printf("\n\n\t\t\t\t 按任意键返回……");
        getch( );
        return first;                               /* 返回链表首地址 */
    }
```

程序运行结果如图 7-26 所示。

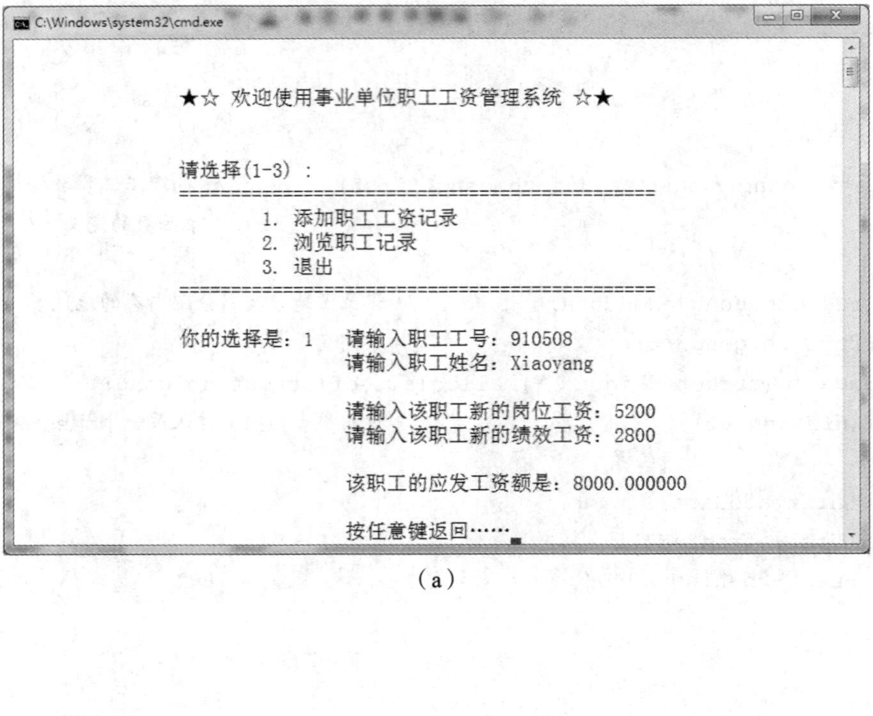

（a）

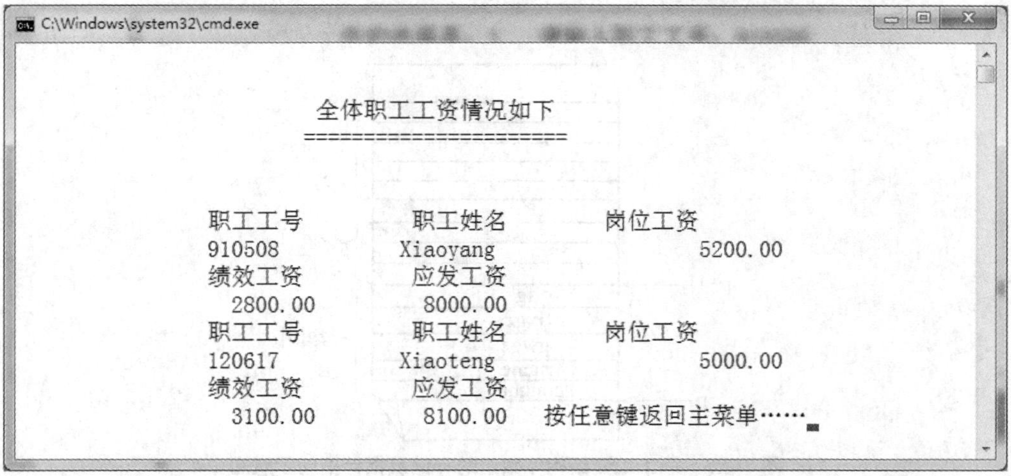

（b）

图 7-26　案例 7-19 运行结果

〖说明〗

①要添加新节点，需要为它动态申请一个相应的内存空间。在 add( ) 函数中使用如下语句。

```
adddata=(struct zhigong *)malloc(sizeof(struct zhigong));
```

adddata 为指向该内存空间的指针。一般 malloc( ) 函数返回的是指向 void 型数据的指针，而 adddata 是指向 struct zhigong 类型数据的指针，两者类型不同，因此必须进行强制类型转换，使它们类型一致。注意所申请的节点空间在释放时要用 free( ) 函数释放。

②本程序定义了 4 个指针变量：first、front、p 和 behind，用于处理双向链表的节点之间的关系。

- first：用于指向链表的起始节点。动态建立链表后，程序仅保留链表首指针 first，以后对链表的所有操作（查找、插入、删除节点）都通过首指针进行。first=NULL 表明链表为空。
- p：指向新开辟的节点空间。
- front：用于指向前一个节点。
- behind：用于指向后一个节点。由 front 和 behind 指针变量形成双向链表。

③事业单位工资管理系统的链表结构程序详单及说明请参考本书附录 2。

3. 指向结构体数组元素的指针

【案例 7-20】 指向职工工资结构体的指针。

〖分析〗 如果用指针变量指向结构体数组，那么指针变量的值就是整个结构体数组的首地址（0 号元素的地址），对结构体数组元素成员的引用也可以使用指针形式，只需将该结构体数组元素的首地址赋值给指针变量即可。职工工资结构体数组的存储及指针指向示意图如图 7-27 所示。

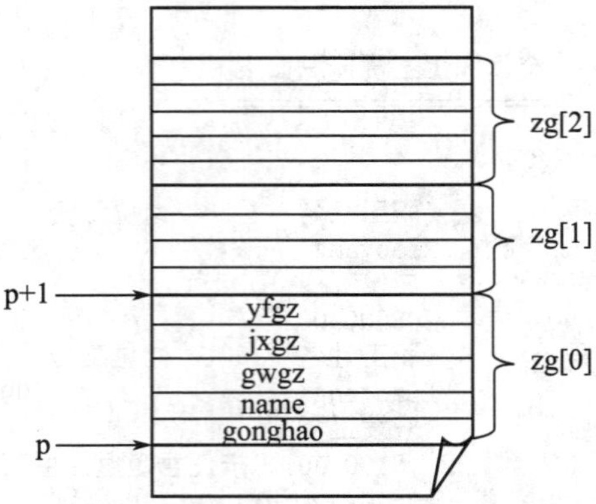

图 7-27　职工工资结构体数组的存储及指针指向示意图

```
#include "stdio.h"
struct zhigong                              /* 声明职工工资结构体 */
{
   char gonghao[10];                        /* 职工工号 */
   char name[10];                           /* 职工姓名 */
   float gwgz;                              /* 岗位工资 */
   float jxgz;                              /* 绩效工资 */
   float yfgz;                              /* 应发工资 */
}zg[3]={{"111","Datiange",1000,800,1800},
      {"112","Zhongtiange",1700,1000,2700},
      {"113","Xiaotiange",1200,800,2000}};
main( )
{
   struct zhigong *p=zg;                    /* 使指针变量 p 指向 zg 数组的第 0 号元素 */
   for( ;p<zg+3;p++)                        /* p++ 使指针变量指向 zg 数组的其他元素 */
      printf("%s %s %f %f %f\n",p->gonghao,p->name,p->gwgz,p->jxgz,p->yfgz);
}
```

程序运行结果如图 7-28 所示。

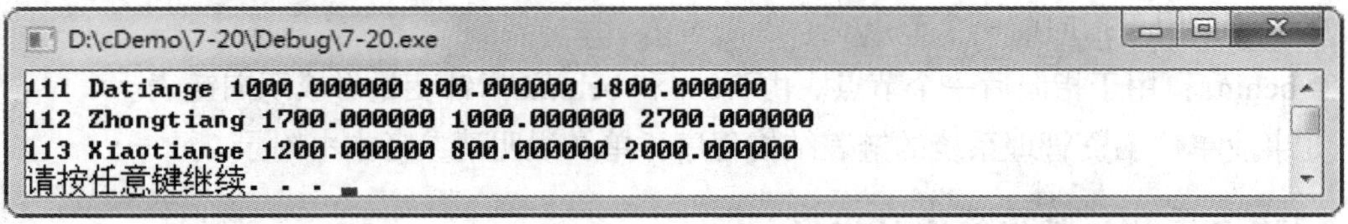

图 7-28　案例 7-20 运行结果

4. 指向结构体变量的指针作为函数参数

【案例 7-21】 指向职工工资结构体变量的指针作为函数参数，修改职工数据。

〖分析〗 将结构体变量的地址传给形参——指向结构体变量的指针，再通过形参引用结构体变量中成员的值。

```
    #include "stdio.h"
    #include "string.h"
    void f(struct zhigong *parm);            /* 打印输出 parm 指向的结构体变量的成员 */

    struct zhigong                           /* 声明职工工资结构体 */
    {
        char gonghao[10];                    /* 职工工号 */
        char name[10];                       /* 职工姓名 */
        float yfgz;                          /* 应发工资 */
    };

    main( )
    {
        struct zhigong zg;
        strcpy(zg.gonghao,"111");strcpy(zg.name,"Zhangsan");zg.yfgz=1700;
                                             /* 对 zg 各成员赋值 */
        printf("zg.gonghao=%s\t\tzg.name=%s\tzg.yfgz=%f\n",zg.gonghao,zg.name,
zg.yfgz);
        printf("Call f( )...\n");
        f(&zg);                              /* 变量 zg 的地址作为参数 */
        printf("zg.gonghao=%s\t\tzg.name=%s\t\tzg.yfgz=%f\n",zg.gonghao,zg.name,
zg.yfgz);
    }
    void f(struct zhigong  *parm)  /* f() 函数中的形参 parm 定义为指向结构体的指针变量 */
    {
        printf("parm->gonghao=%s\tparm->name=%s\tparm->yfgz=%f\n",parm->gonghao,
parm->name,parm->yfgz);
        printf("Process...\n");
        strcpy(parm->gonghao,"112");strcpy(parm->name,"Lisi");parm->yfgz=2000;
        printf("parm->gonghao=%s\tparm->name=%s\t\tparm->yfgz=%f\n",parm-
>gonghao,parm->name,parm->yfgz);    printf("Return...\n");
    }
```

程序运行结果如图 7-29 所示。

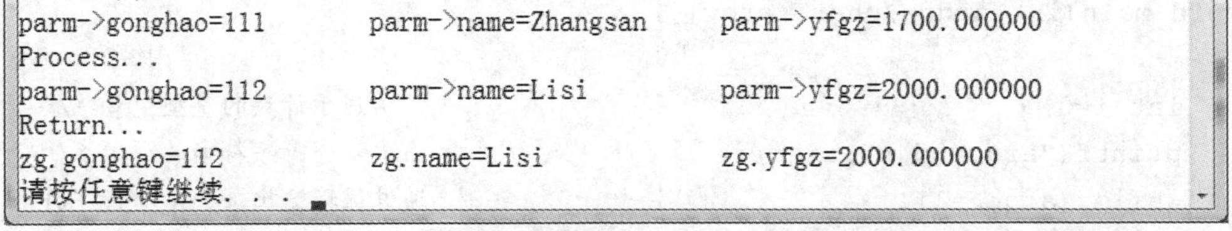

图 7-29　案例 7-21 运行结果

〖说明〗

①同一文件中的函数都可以用外部类型 struct zhigong 来定义变量。

②用指向结构体变量或数组的指针作为参数属于地址传递，不同于用结构体变量的成员作为参数（值传递）。这时实参向形参传递了地址值，比起用结构体变量作为函数参数的值传递，减少了时间和空间的开销，效率高，同时还可以修改实参的值。

5. 命令行参数

尽管 DOS 操作系统已经很少使用，但目前 Windows 仍然支持 DOS 操作系统的很多命令。例如，在 Windows 环境的“命令提示符”窗口（或“运行”对话框）中，仍然可以执行许多 DOS 命令。例如：

```
copy c:\a.txt  d:\
dir e:\*.* /p
ping www.163.com
```

“copy”是文件复制命令；“c:\a.txt”和“d:\”是命令行参数；“dir”是列目录命令，后面可以带更多参数；“ping”是判断网络故障的常用命令，用以判断网络是否可以联通某个域名或 IP 地址。

前面程序中的主函数都没有形参，实际上主函数是可以有形参的。

带参数的 main( ) 函数首部的一般格式如下。

```
main(int argc,char *argv[])
```

第一个形参 argc 是整型变量，用于存放命令行中字符串的个数（包括文件名）；第二个参数 char *argv[] 是一个指向字符型变量的指针数组，记录的是命令行各字符串的起始地址。命令行参数都应该是字符串（argv[0] 指向文件名字符串）。argv 不是指针常量，而是具备变量特性的指针变量，它是可以移动的，因此将其改写成 char **argv 也是正确的。将两个参数命名为“argc”和“argv”只是习惯而已，可以更换名称。main( ) 函数的参数是在程序执行时由用户以命令形式输入的，并由操作系统传递给 main( ) 函数，所以 main( ) 函数的参数称为**命令行参数**。

【案例 7-22】 在执行程序的命令后输入几个字符串，然后将它们输出并注明序号。

〖分析〗

①在程序中组织这些字符串，可以借助 main( ) 函数中的参数解决。

②系统将命令行中字符串的个数送入变量 argc，指针数组 argv 的元素依次指向命令行中以空格隔开的各字符串，因此各元素的下标即为字符串的序号。

```
#include <stdio.h>
void main(int argc ,char *argv[])
{
    int i=0;                                 /* 声明用于计数的整型变量 */
    printf("argc=%d\n",argc);                /* 输出命令行字符串的个数 */
    while (argc>=1)                          /* 通过循环输出每个命令行字符串 */
    {
```

```
            printf("\n%d:%s",i,argv[i]);            /* 输出 argv[i] 元素所指向的字符串 */
            i++;
            argc--;                                  /* 控制循环次数 */
        }
    }
```

程序运行结果如图 7-30 所示，其中图 7-30（a）所示为在 VS 环境下直接运行，图 7-30（b）所示为以命令行方式运行。

（a）在 VS 环境下直接运行

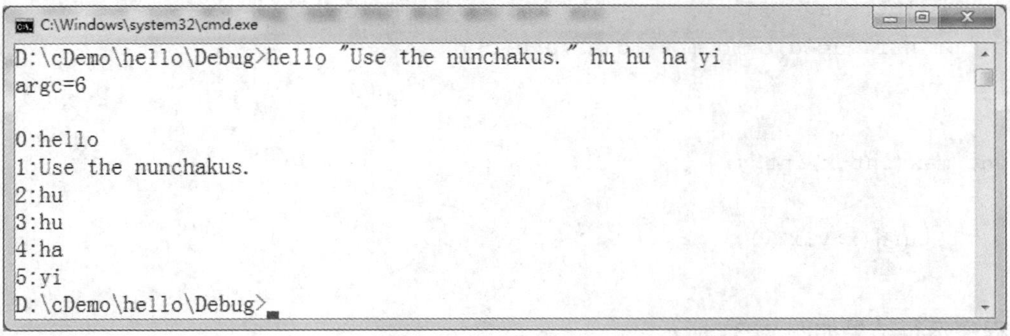

（b）以命令行方式运行

图 7-30　案例 7-22 运行结果

〖说明〗

①以带有 char *argv[] 的命令行方式运行时，如果参数中含空格，则使用双引号括起来，如图 7-30（b）所示；否则，系统认为空格隔开的是两个参数。

② void main(int argc) 中省略其他参数的定义也是可以的，这样运行时只返回参数个数，结果如图 7-30（a）所示。

③完整的命令行参数的原型：void main(int argc,char *argv[],char *env[])。env 用得很少，这里不做介绍，具体用法可以查阅相关资料。

6. 指向函数的指针变量

指向函数的指针变量简称**函数指针**。C 程序在编译时，每个函数都有一个入口地址（函数名），其值是函数的首条指令的地址。把一个函数名赋值给指针变量，该指针变量就是指向函数的指针，此后通过指针调用函数，就如同用指针引用普通变量一样，这在概念上是一致的。函数指针有两个用途：调用函数和作为函数的参数。

定义指向函数的指针变量的一般格式如下。

```
类型标识符  (* 变量名)( );
```

由于“( )”的优先级高于“*”，所以“(* 变量名)”的括号必不可少，表示变量名先与“*”结合成指针变量，然后再与后面的 ( ) 结合，表示该指针指向函数。

【案例 7-23】 求两个变量中的较大者。

```
#include <stdio.h>
int max(int x,int y);
void main( )
{
    int a,b,c;
    int  (*ptr)(int,int);          /* 声明函数指针 */
    ptr=max;                       /* 将函数 max() 的入口地址赋给指针变量 ptr */
    printf("请输入两个整数 a,b:");
    scanf("%d,%d",&a,&b);
    c=(*ptr)(a,b);                 /* 通过函数指针调用函数 */
    printf("a=%d,b=%d,max=%d\n",a,b,c);
}

int max(int x,int y)
{
    return(x>y?x:y);
}
```

程序运行结果如图 7-31 所示。

图 7-31　案例 7-23 的运行结果

〖说明〗 用函数名 max 给指针变量 ptr 赋值时，max 后面不带括号，也不带参数，同数组名一样，函数名 max 代表该函数在内存的首地址，因此经过赋值以后，指针 ptr 就指向函数 max( ) 的第一条代码，以后就可以用 ptr 来调用该函数了。实际上，ptr 和 max 指向同一个位置，不同之处是，ptr 是一个指针变量，它可以指向任何函数。在程序中把哪个函数的地址赋给它，它就指向哪个函数，因此可以先后指向不同的函数，再通过指针变量调用所指向的函数。注意，要赋给函数指针的函数应该和函数指针所指的函数的类型一致。

【案例 7-24】 编写一个通用函数 f( )，每次调用它，传递不同函数的地址，实现不同的功能。输入 a 和 b 两个数，4 次调用函数 f( )，分别输出 a 和 b 两个数的加、减、乘、除运算的结果。

〖分析〗

①本题的关键是，每次调用函数 f( ) 时，要转去调用不同的函数，实现不同的功能。解

决方法就是采用指向函数的指针变量作为函数 f( ) 的参数。

②只要在每次调用函数 f( ) 时给出不同的函数名即可，对函数 f( ) 不必作任何修改。这种方法符合结构化程序设计的原则，是程序设计中经常使用的。

```
#include <stdio.h>
void f(int x,int y,int (*ff)(int,int));    /* 声明带有指向函数的指针的形参 */
int add(int,int ),sub(int,int ),mul(int,int ),div(int,int );
main( )
{
   int a,b;
   printf("Input integer a and b:");
   scanf("%d%d",&a,&b);
   printf("add=");f(a,b,add);
   printf("sub=");f(a,b,sub);
   printf("mul=");f(a,b,mul);
   printf("div=");f(a,b,div);
}
int add(int x,int y)
{
   return(x+y);
}
int sub(int x,int y)
{
   return(x-y);
}
int mul(int x,int y)
{
   return(x*y);
}
int div(int x,int y)
{
   return(x/y);
}
void f(int x,int y,int (*ff)(int,int))
{
   int result;
   result=(*ff)(x,y);
   printf("%d\n",result);
}
```

程序运行结果如图 7-32 所示。

```
C:\Windows\system32\cmd.exe
Input integer a and b:6 2
add=8
sub=4
mul=12
div=3
请按任意键继续. . .
```

图 7-32　案例 7-24 运行结果

〖说明〗 f( ) 函数中的形参 ff 是一个指向函数的指针，在 4 次调用 f( ) 函数时，ff 分别存放 add( ) 函数、sub( ) 函数、mul( ) 函数和 div( ) 函数的入口地址，从而实现了对不同函数的调用。

注意：作为实参的函数名，要在主调函数中说明。例如，main( ) 函数中的如下语句是不可缺少的，即使是整型函数也必须加以说明。

```
int add( ),sub( ),mul( ),div( );
```

与数据型指针不同的是，由于函数指针指向函数代码区的入口，所以对函数指针进行算术运算是没有意义的。

任务 11　实 力 检 验

1. 以下叙述错误的是（　　）。

A. 可以给指针变量赋一个整数作为地址值

B. 函数可以返回地址值

C. 改变函数形参的值，不会改变对应实参的值

D. 当在程序的开头包含头文件 stdio.h 时，可以给指针变量赋 NULL

2. 设有定义“char p[ ]={'1','2','3'},*q=p;”，以下不能计算出一个 char 型数据所占字节数的表达式是（　　）。

A. sizeof(p)　　B. sizeof(char)　　C. sizeof(*q)　　D. sizeof(p[0])

3. 若已定义“int a[ ]={0,1,2,3,4,5,6,7,8,9},*p=a,i;”，其中 0 ≤ i ≤ 9，则对数组 a 的元素引用不正确的是（　　）。

A. a[p−a]　　B. *(&a[i])　　C. p[i]　　D. a[10]

4. 下列程序执行后的输出结果是（　　）。

A. 6　　B. 7　　C. 8　　D. 9

```
void func(int *a,int b[])
{b[0]=*a+6;}
main( )
{
   int a,b[5];
```

```
    a=0;b[0]=3;
    func(&a,b);
    printf("%d \n",b[0]);
}
```

5. 下列程序执行后的输出结果是（　　）。

A. 3　　B. 6　　C. 9　　D. 随机数

```
main( )
{  int a[3][3],*p,i;
   p=&a[0][0];
   for(i=0;i<9;i++) p[i]=i+1;
   printf("%d\n",a[1][2]);
}
```

6. 下列程序执行后的输出结果是（　　）。

A. 4　　B. 6　　C. 8　　D. 10

```
int b=2;
int func(int*a)
{  b+=*a;return(b); }
main( )
{
    int a=2,res=2;
    res+=func(&a);
    printf("%d\n",res);
}
```

7. 下列程序段中正确的是（　　）。

A. int *p;
   scanf("%d",p);

B. int *s,k;
   *s=100;
   ……

C. int *s,k;
   char *p,c;
   s=&k;
   p=&c;
   *p='a';
   *s=1;
   ……

D. int *s,k;
   char *p,e;
   s=&k;
   p=&e;
   s=p;

8. 设已有定义“char *st="how are you";”，下列程序段中正确的是（　　）。

A. char a[11],*p;strcpy(p=a+1,&st[4]);

B. char a[11];strcpy(++a,st);

C. char a[11];strcpy(a,st);

D. char a[],*p;strcpy(p=&a[1],st+2);

9. 以下程序的功能是：将无符号八进制数构成的字符串转换为十进制整数。例如，输入的字符串为556，则输出十进制整数366。请填空。

```
#include "stdio.h"
main( )
{
    char *p,s[6];
    int n;
    p=s;
    gets(p);
    n=*p-'0';
    while( ______!='\0') n=n*8+*p-'0';
    printf("%d \n",n);
}
```

10. 函数 void fun(float *sn,int n) 的功能是：根据以下公式计算 *s*，计算结果通过形参指针 sn 传回；*n* 通过形参传入，*n* 的值大于或等于 0。请填空。

$$s=1-\frac{1}{3}+\frac{1}{5}-\frac{1}{7}+\cdots-\frac{1}{2n+1}$$

```
void fun( float *sn,int n)
{
    float s=0.0,w,f=-1.0;
    int i=0;
    for(i=0;i<=n;i++)
    {
        f=______ *f;
        w=f/(2*i+1);
        s+=w;
    }
    ________=s;
}
```

9. 编写一个程序，输入10个整数，将其中的最小数与第一个数对换，最大数与最后一个数对换。用指针实现。

10. 编写一个程序，通过调用函数得到给定数组中指定整数的地址，如果指定整数不在数组中，则得到空指针。

第 8 章

文件操作——工资管理系统之数据永久记录

任务 1　学 习 目 标

理解文本文件与二进制文件的概念；掌握文件的打开、读 / 写、关闭等函数的用法；了解文件内部指针及移动的相关函数。

任务 2　了 解 文 件

现实生活中，许多信息需要长期记录并保存。例如，亲朋好友的联系方式要记录在通讯簿中；患者的病历信息归档保存在医院的病案室，等等。这些记录可以随时查询或使用。目前计算机的应用已经渗透到日常生活和工作的方方面面，因此，开发一个通讯簿软件可以方便地记录及查询亲友的信息；开发一个病历管理软件可以记录患者的病历，此类应用数不胜数。

通过前面章节的学习，读者已经能够用 C 语言编写程序并解决某些问题，但有些程序每次运行时都需要输入原始数据，而输入数据这一环节会影响程序的运行速度。此外，前面章节中程序的原始数据及计算结果都在程序运行结束后从内存消失，无法长期保存。例如，前序章节中的职工工资管理项目，职工工资的原始数据及计算结果都无法长期保存，从而无法真正应用于实际。

数据的长期保存离不开文件，读者对文件和保存这两个概念并不陌生，然而，对于程序的开发者，如何通过程序代码实现呢？本章的主要内容就是通过文件操作实现数据的长期保存及访问。

计算机应用中涉及的文件是指存放在外部存储器上的各类信息的有序集合。

可以按照不同的标准对文件进行分类。例如，按照内容不同，文件可分为程序文件和数据文件。程序文件保存的是程序代码，数据文件保存的是数据记录。

文件操作主要指对文件的建立、删除、读 / 写等操作，要将处理的数据永久保存时，必须将数据以文件的形式进行存储，此为文件的写操作；而从文件取得数据时，对文件进行的操作即文件的读操作。

任务 3　了解文件的存储形式

根据文件内数据组织形式的不同，可以将数据文件分为文本文件和二进制文件。文本文件记录的是字符信息，其中每一个字节存放一个字符的 ASCII 码，如字母、数字、标点符号等。二进制文件是将数据按它在内存中的原始存储形式直接存放到磁盘上，即文件的内容就是内存的直接映像。例如，对于整数 40 000，在 VS 环境下它在内存中占用 4 个字节（0x00009C40），如果以文本方式存储到文件中，则由 5 个字符组成，每个字符占一个字节，文件内容为 0x3430303030（5 个字节）；如果以二进制方式存储，文件内容则为 0x00009C40（4 个字节）。

以二进制方式存储的文件居多，如可执行文件、音频文件、视频文件等。以文本方式存储的文件相对而言就少得多了，如 C 语言源代码文件、文本文件等。以二进制方式存储的文件居多，主要是控制代码无法用字符表达、数据形式比较丰富等原因造成的。换言之，文本文件只是在处理单纯由可视字符组成的数据时比较方便。除此之外，文件都以二进制方式进行存储。

任务 4　了解文件操作

对计算机文件的操作主要包括打开文件、读 / 写文件、关闭文件等。需要对文件进行操作时必须先打开文件，然后从文件读数据或向文件写数据；读或写操作完成后，最后要关闭文件。以上操作都可以通过调用 C 语言的标准库函数实现。

当然，对计算机文件的操作还包括重命名、删除等，同样可以通过调用 C 语言的库函数实现。本教材不作详细介绍，读者可查阅相关资料。

任务 5　打开文件——fopen( ) 函数的应用

ANSI C 规定了标准输入 / 输出函数库（stdio.h）中的 fopen( ) 函数，用于实现打开文件的操作。其调用方式如下。

```
FILE  *fp;                    /*fp 为文件指针变量的标识符，由程序设计人员命名 */
fp=fopen(" 文件名 "," 文件打开方式 ");
```

例如，打开工资管理系统中的职工工资数据文件 salarys.dat，如下所列。

```
FILE  *file;
file=fopen("salarys.dat","rb"); /*rb 表示以只读方式打开二进制文件 salarys.dat */
```

系统会在内存中为每个被打开的文件开辟一个区域，用于存放该文件的有关信息。这些信息由一个结构体类型的变量记录，其类型由系统定义，命名为 FILE。

FILE 的定义格式如下。

```
typedef struct{
    char *_ptr;                  // 文件的下一个输入位置
    int _cnt;                    // 当前缓冲区的相对位置
    char *_base;                 // 基础位置（文件的起始位置）
    int _flag;                   // 文件的状态标志
    int _file;                   // 文件的有效性验证
    int _charbuf;                // 检查缓冲区状况，如果无缓冲区，则不读取
    int _bufsiz;                 // 缓冲区大小
    char *_tmpfname;             // 临时文件名
}FILE;
```

函数 fopen( ) 的介绍如下。

原型：FILE *fopen(const char *fname,const char *mode);

功能：打开 fname 所指的文件，打开方式由 mode 指定，mode 的取值及含义如表 8-1 所示。

返回值：成功时返回指向 fname 的 FILE 类型指针；失败时返回空指针。

头文件：stdio.h。

说明：fname 和 mode 常使用字符串表示，也可以是指向字符串的指针。

〖说明〗

①文件名支持相对路径和绝对路径两种表示形式，注意程序中表示路径时路径分隔符的正确形式。例如，Windows 系统中访问命令提示符程序的路径为 C:\WINDOWS\system32，在程序代码中，一定要写成 "C:\\WINDOWS\\system32"，其中第一个 “\” 是转义符，第二个 “\” 才是真正的路径分隔符。

②文件打开方式必须从表 8-1 中提供的 12 种方式中选择，并且以字符串形式表达。

③文件既可以以文本方式打开，也可以以二进制方式打开。在文本方式下，当读取数据时，回车换行符转换为换行符；写入数据时，情况相反。因为二进制文件的存储形式与它在内存中的状态完全一致，所以对于以二进制方式打开的文件无此转换。

④ "r" 方式：要求文件必须存在，否则会出错；此方式只能用于从文件中读取数据，而不能向文件中写入数据。

表 8-1　mode 的取值及含义

mode 的取值		含　义
"r"	只读	以读方式打开文本文件
"w"	只写	以写方式创建文本文件，若原文件存在，则删除后创建；若文件不存在，则直接创建
"a"	追加	以追加方式打开文本文件，只允许在文件尾写入
"rb"	只读	以读方式打开二进制文件
"wb"	只写	以写方式创建二进制文件，若原文件存在，则删除后创建；若文件不存在，则直接创建
"ab"	追加	以追加方式打开二进制文件，只允许在文件尾写入
"r+"	读写	以读写方式打开文本文件，可读可写
"w+"	读写	以读写方式创建文本文件，若原文件存在，则删除后创建；若文件不存在，则直接创建
"a+"	读写	以读写方式打开文本文件，允许读，也允许在文件末写入
"rb+"	读写	以读写方式打开二进制文件，允许读，也允许写
"wb+"	读写	以读写方式创建二进制文件，若原文件存在，则删除后创建；若文件不存在，则直接创建
"ab+"	读写	以读写方式打开二进制文件，允许读，也允许在文件末写入

⑤ "w" 方式：指定文件如果不存在，则直接创建文件；指定文件如果已经存在，则在打开时删除原文件，然后创建一个新文件；该方式只用于向指定文件中写入数据，而不能读取数据。

⑥ "r+"、"w+"、"a+" 方式：既可以用来向指定文件写入数据，也可以用来从指定文件读取数据。

⑦当打开文件遇到问题时，fopen( ) 函数将给出出错信息，出错原因可能是：用 "r" 方式打开一个并不存在的文件、向只读文件写入数据或磁盘已满等。此时 fopen( ) 函数返回一个空指针（NULL）。因此，为了确保正确打开文件，常采用以下两种处理方式。

```
if((file=fopen("salarys.dat","wb"))!=NULL)  /* 判断打开文件成功 */
{
    /* 成功后的处理 */
    fwrite(&workers[0],sizeof(workers[0]),n+1,file);
                                             /* 所有记录一次写入文件 */
    fclose(file);                            /* 关闭文件 */
    printf(" 记录保存完毕！ \n");
}
```

或者

```
if((file=fopen("salarys.dat","wb"))==NULL)  /* 判断打开文件失败 */
{
    /* 失败时的处理 */
    printf(" 文件打开失败 ");
    ……
}
```

任务 6　将职工工资数据写入文件——fwrite( ) 函数的应用

能够将数据写入文件的 C 语言标准库函数有多个，在实际的软件开发过程中，较常用的是 fwrite( ) 函数。

原型：size_t fwrite(const void *buf,size_t size,size_t count,FILE *stream);

功能：从内存地址 buf 处开始，将 count 个 size 大小的数据块写入 stream 所指文件中。

返回值：成功写入的实际数据块的个数。

头文件：stdio.h。

说明：相关函数参见任务 7 中的 fread( ) 函数。

以下是职工工资管理系统中的一个自定义函数，其功能是实现将内存中结构体数组 workers[100] 的职工工资信息写入 salarys.dat 文件中，其中 fwrite( ) 函数完成从内存读取数据并写入文件的操作。

```
void write(int n)
{
   FILE *file;                          /* 声明文件指针 */
   if(n==0)                             /* 职工人数为 0 时 */
   {
      printf("没有数据可存！ 按任意键返回主菜单。\n");
      getch();
      return;
   }
   if((file=fopen("salarys.dat","wb"))!=NULL)  /* 以二进制方式打开职工工资数据
                                                  文件并判断是否成功 */
   {
      fwrite(&workers[0],sizeof(workers[0]),n,file);/* 所有记录一次写入文件 */
      fclose(file);                     /* 关闭文件指针 */
      printf("\n\n\t\t%d 条职工记录保存完毕！ \n",n );
   }
   else                                 /* 文件打开不成功时 */
      printf("\t\t 无法打开职工工资数据文件！ \n");
   printf("\n\t\t 按任意键返回主菜单……");
   getch();
}
```

〖分析〗 本段代码中之所以选用 fwrite( ) 函数进行文件的写操作，是因为该函数最大的优点是：不关心内存中的数据类型，能够将内存中一块连续区域的数据一次性写入文件。本案例中的数据组织形式是利用结构体数组，所以使用该函数进行文件的写操作方便、高效。

任务 7　从文件中读取职工工资数据——fread( ) 函数的应用

能够从文件中读取数据的 C 语言标准库函数同样有多个，在实际的软件开发过程中，较常用的是 fread( ) 函数。该函数与 fwrite ( ) 函数相似，适合从文件中读取连续的大块数据。

原型：size_t fread(void *buf, size_t size, size_t count, FILE *stream);

功能：从 stream 指向的文件中，读取 count 个 size 大小的数据块，放入内存地址 buf 处。

返回值：成功读取的数据块的个数。

头文件：stdio.h。

说明：相关函数参见任务 6 中的 fwrite( ) 函数。

以下是职工工资管理系统中的一个自定义函数，其功能是实现将职工工资信息从 salarys.dat 文件读入内存，并存放于结构体数组 workers[100] 中。其中 fread( ) 函数完成从文件读取数据块并写入内存的操作。

```
int read()
{
    FILE *file;                                  /* 声明文件指针 */
    int n=0;
    if((file=fopen("salarys.dat","rb"))==NULL)   /* 以二进制方式打开职工工资数据
                                                    文件并判断是否失败 */
    {
        printf("\n\n\t 职工工资数据文件无法打开，或为空！ ");
        printf("\n\n\t 按任意键进入主菜单……");
        getch();
        return 0;
    }
    else                                         /* 文件打开成功时 */
    {
        while(fread(&workers[n],sizeof(workers[n]),1,file)==1)
            n++;
        fclose(file);                            /* 关闭文件指针 */
        printf("\n\n\t 职工工资数据读取完毕，共有 %d 人！ \n",n);
        printf("\n\t5 秒钟后继续…… \n",n);
        Sleep(1000);                             /* 延时 5 秒 */
        return n;
    }
}
```

〖分析〗 对于使用 fwrite ( ) 函数写入数据的文件，多数情况下使用 fread( ) 函数进行数据的读取。在解决许多实际问题时，数据的组织形式多采用结构体，所以，使用这两个函数进行文件的读写操作更加方便、高效。

任务 8　关闭文件——fclose( ) 函数的应用

程序对指定文件进行读写操作完成后，必须使用 fclose( ) 函数关闭该文件。尤其是写操作，因为在缓冲文件系统中写操作的直接目标是内存缓冲区，而不是磁盘，关闭文件就是将内存缓冲区中的内容写入磁盘文件中，所以，只有执行了关闭操作，才能保证写入文件的内容的完整性。

原型：int fclose(FILE *stream);

功能：关闭文件指针。关闭前清除所有与 stream 相关联的缓冲区，释放系统分配的缓冲区。

返回值：成功时返回 0；失败时返回 EOF。

头文件：stdio.h。

说明：EOF 意为 end-of-file，是 C 语言内部的宏定义“#define EOF -1”。对文本文件进行读操作时，经常以此判断文件是否读取完毕。

> **小贴士：**
>
> 什么是缓冲文件系统?
>
> 缓冲文件系统是 C 语言访问文件的一种模式。在该模式中，系统自动在内存中为打开的每个文件开辟一个缓冲区，由文件向程序输入的数据或由程序向文件输出的数据都必须先送到缓冲区中，装满缓冲区后再进行输入或输出处理。缓冲区的应用有效地减少了直接访问外存的次数，提高了系统的运行效率。
>
> 当然，还有非缓冲文件系统，读者可自行了解。

任务 9　更多的读写文件函数

1. 字符读写文件函数 fgetc( ) 和 fputc( )

（1）fgetc( ) 函数

原型：int fgetc(FILE *stream);

功能：从指针 stream 指向的文件中读取一个字符。

返回值：成功时返回所读字符；遇到文件结束符 EOF 时返回 −1。

头文件：stdio.h。

说明：相关函数参见第 3 章任务 7 中的 getchar( ) 函数。

（2）fputc( ) 函数

原型：int fputc(int ch,FILE *stream);

功能：将字符 ch 写入指针 stream 指向的文件中。

返回值：成功时返回所写字符的 ASCII 码；失败时返回 EOF。

头文件：stdio.h。

说明：相关函数参见第 3 章任务 7 中的 putchar( ) 函数。

【案例 8-1】 从一个文本文件中读取一个字符，然后写入另一个文本文件中。

〖分析〗

①在“D:\”目录下创建一个文本文件 text.txt，其内容如图 8-1 所示。

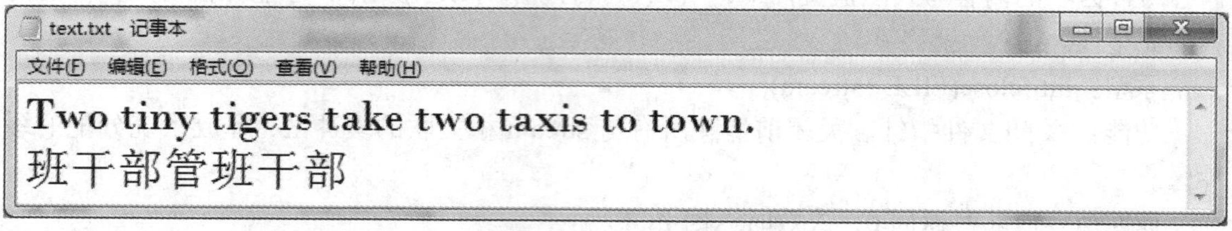

图 8-1　text.txt 文件的内容

②以读方式打开上述文本文件，并读取一个字符。

③以写方式创建文件 D:\text1.txt，再将字符写入其中，同时在屏幕上进行显示。

```
#include <stdio.h>
int main( )
{
    FILE *fp;       /* 定义文件指针 */
    char ch;        /* 记录从 d:\text.txt 中读取的、向 d:\text1.txt 写入的一个字符 */
    if((fp=fopen("d:\\text.txt","r"))!=NULL) ch=fgetc(fp);
                                 /* 打开文件成功后，读取一个字符并赋值给 ch*/
    else return 0;               /* 打开文件失败时，退出程序并返回 0*/
    fclose(fp);                  /* 关闭文件 */

    if((fp=fopen("d:\\text1.txt","w"))!=NULL) fputc(ch,fp);
                                 /* 打开文件成功后，将 ch 中记录的字符写入文件 */
    else return 0;               /* 打开文件失败时，退出程序 */
    putchar(ch);
    fclose(fp);                  /* 关闭文件 */
    printf("\n 程序运行结束。\n");
    return 1;                    /* 操作成功时返回 1*/
}
```

程序运行结果如图 8-2 所示。

图 8-2　案例 8-1 运行结果

〖说明〗

①某个文件被打开后，其内部存在一个指针，可以确定数据读写的位置。

②打开文件后，内部数据指针的默认位置与打开方式有关，例如，以 "r" 方式打开文件时，默认位置在文件起始处；以 "a" 方式打开文件时，默认位置在文件末尾。

③以上两个函数的主要特点是每次读或写一个字节，多数情况下用于对文本文件进行读写，但它们并非专用于文本文件，同样也可以对二进制文件进行读写。例如，案例 8-1 中的打开方式，如果都改为二进制方式，那么，这个程序就可用于复制任意类型的文件了。本例之所以使用文本方式打开文件，仅是便于初学者更加感性地认识这两个函数。

④本程序运行结束后，可以用“记事本”程序进行检验。

〖思考〗 如何将整个 text.txt 文件复制到 text1.txt 文件中呢？

2. 字符串读写文件函数 fgets( ) 和 fputs( )

（1）fgets( ) 函数

原型：char *fgets(char *str,int num,FILE *steam);

功能：从 stream 指向的文件中读取 num−1 个字符，放入 str 所指向的字符数组中，并将 NULL 放入最后一个字符后。

返回值：成功时返回 str；失败时返回空指针。

头文件：stdio.h。

说明：str 可以是数组名；当读了 num−1 个字符后或遇到换行符时，函数停止读的过程。

（2）fputs( ) 函数

原型：int fputs(const char *str,FILE *stream);

功能：将 str 所指向的字符串内容写入指针 stream 指向的文件中，字符串结束标志 NULL 并不写入。

返回值：成功时返回 0；失败时返回 EOF。

头文件：stdio.h。

【案例 8-2】 从一个文本文件中读取一个字符串，然后写入另一个文本文件中。

〖分析〗

①仍以上例中的 D:\text.txt 文本文件为例。

②以读方式打开上述文件，读取一个字符串。

③以写方式创建 D:\text2.txt 文本文件，再将字符串写入其中，同时在屏幕上显示。

```
#include <stdio.h>
int main( )
{
    FILE *fp;    /* 定义文件指针 */
```

```
    char str[255];  /* 记录从 d:\text.txt 中读取的和向 d:\text2.txt 写入的一个字符串 */
    if((fp=fopen("d:\\text.txt","r"))!=NULL) fgets(str,255,fp);
                                        /* 打开文件成功后读取一个字符串存入 str*/
    else return 0;                      /* 打开文件失败时退出程序 */
    fclose(fp);                         /* 关闭文件 */

    if((fp=fopen("d:\\text2.txt","w"))!=NULL) fputs(str,fp);
                                        /* 打开文件成功后写入 str 中记录的字符串 */
    else return 0;                      /* 打开文件失败时退出程序 */
    puts(str);
    fclose(fp);                         /* 关闭文件 */
    printf("\n 程序运行结束。\n");
    return 1;                           /* 操作成功时返回 1*/
}
```

程序运行结果如图 8-3 所示。

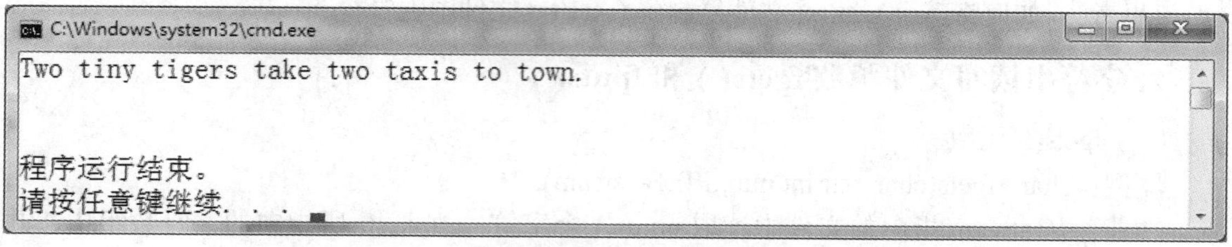

图 8-3　案例 8-2 运行结果

〖说明〗

①这两个函数是对字符串读写的专用函数，要想保证 fgets( ) 函数能够正确读出字符串，一定要保证该字符串在文件中是以回车符结束的。

②本程序运行结束后，同样可以用“记事本”程序进行检验。

〖思考〗 如何将整个 text.txt 文件复制到 text2.txt 文件中呢？

3. 格式读写文件函数 fscanf( ) 和 fprintf( )

（1）fscanf( ) 函数

原型：int fscanf(FILE *stream,const char *format [,address-list]);

功能：从文件指针 stream 指向的文件中读取数据，并按照格式化字符串要求的格式，将数据存入 address-list 地址列表中（参照 scanf( ) 函数）。

返回值：成功时返回 address-list 的个数；失败时返回 EOF。

头文件：stdio.h。

说明：在使用“%s”读取字符串时，结束位置必须是空格、制表符或回车符。类似函数参见第 3 章任务 7 中的 scanf ( ) 函数。

（2）fprintf( ) 函数

原型：int fprintf(FILE *stream,const char *format [,argument-list]);

功能：按指定格式，向 stream 指向的文件写入数据（参照 printf( ) 函数）。

返回值：成功时返回写入的字节数，失败时返回 EOF。类似函数参见第 3 章任务 7 中的 printf ( ) 函数。

头文件：stdio.h。

【案例 8-3】 从一个文本文件中读取一个字符串，然后写入另一个文本文件中。

〖分析〗

①本问题与案例 8-2 相同，只是采用了 fscanf( ) 和 fprintf( ) 函数来实现。

②从 D:\text.txt 文本文件中读取一个字符串，写入 D:\text3.txt 文本文件中，同时在屏幕上显示。

```
#include <stdio.h>
main( )
{
   FILE *fp;
   char str[255];
   if((fp=fopen("d:\\text.txt ","r"))!=NULL) fscanf(fp,"%s",str);
                                    /* 此处使用 fscanf() 函数读取字符串 */
   else return 0;
   fclose(fp);

   if((fp=fopen("d:\\text3.txt ","w"))!=NULL) fprintf(fp,"%s",str);
                                    /* 此处使用 fprintf() 函数写入字符串 */
   else return 0;
   puts(str);
   fclose(fp);
   printf("\n 程序运行结束。\n");
   return 0;
}
```

程序运行结果如图 8-4 所示。

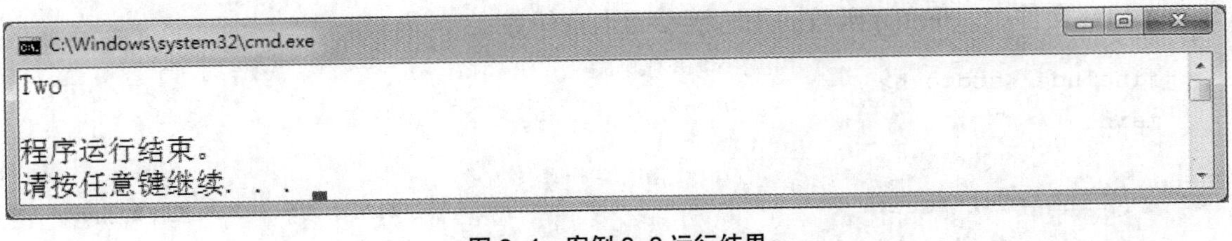

图 8-4　案例 8-3 运行结果

〖说明〗

①这两个函数分别用于格式读取、写入数据，它们可以一次读取、写入多个不同类型的数据，这些数据的格式控制是通过格式字符串“char *format”实现的。

②以上两个函数均用于文本文件的读写，即使以二进制文件打开，也会以字符方式执行。

③本案例的屏幕显示结果与图 8-3 有所不同，原因仍然是字符串的格式不同，参见第 3 章任务 7 中的格式输入、格式输出函数。

任务 10　了解文件的数据定位

文件：电机数据管理

以上研究的都是对数据文件顺序读写的情况，而在实际开发中，为了提高系统的运行效率，常常需要直接读写数据文件中的某些数据，而这些数据的位置不一定是连续的，这就需要应用随机读写函数。

小贴士：

实际应用中的数据文件往往在文件的开始位置会有一部分特殊数据，以记录该文件的一些属性，如开发公司名称、版本号、数据结构等，这个特殊的数据区域称为文件头。因此，需要读取的数据往往并不在开始位置。所以，掌握 rewind( ) 和 fseek( ) 函数的应用显得尤为重要。

1. rewind( ) 函数

原型：void rewind(FILE *stream);

功能：将 stream 指向的文件内部数据的位置指针重新移动到开始位置，同时清除与 stream 相关的文件结束和错误标志。

返回值：无。

头文件：stdio.h。

【案例 8-4】 将某个文件中的内容显示在屏幕上，然后将其复制到另一个文件中。

〖分析〗

①仍以文本文件 D:\text.txt 为例。

②打开 D:\text.txt 文件，顺序读取字符并显示在屏幕上。

③使用 rewind( ) 函数将文件内部指针移动到开始位置，按顺序读取字符，并写入 D:\text4.txt 文件中。feof( ) 函数的用法请参阅本章任务 13 的内容。

```
#include <stdio.h>
main( )
{
    FILE *fin,*fout;                    /* 声明分别用于读取和写入文件的指针 */
    fin=fopen("d:\\text.txt","r");      /* 以只读方式打开 d:\text.txt 文件，
                                           返回的指针赋给 fin*/
    fout=fopen("d:\\text4.txt","w");    /* 以只写方式打开 d:\text4.txt 文件，
                                           返回的指针赋给 fout*/
    while(!feof(fin))putchar(fgetc(fin));  /* 通过循环从 fin 中读取字符并显示在
                                           屏幕上 */
```

```
    rewind(fin);                              /* 将上面循环执行后自动移动到文件尾的
                                                 内部指针移动到起始位置 */

    while(!feof(fin))putc(fgetc(fin),fout);   /* 通过循环从 fin 中读取字符并写入
                                                 fout 中 */

    fclose(fin);     /* 关闭文件 */
    fclose(fout);
    printf("\n 程序运行结束。\n");
}
```

程序运行结果如图 8-5 所示。

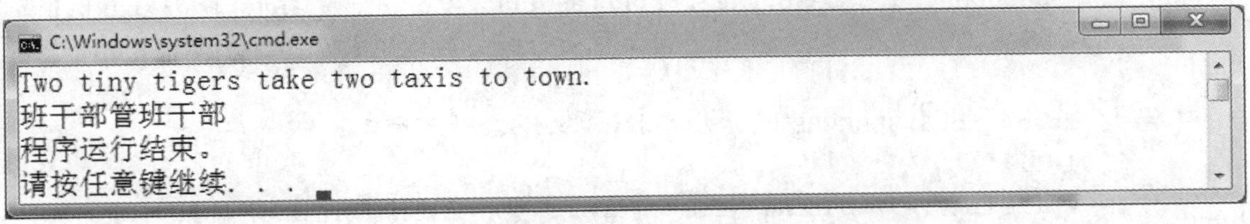

图 8-5　案例 8-4 运行结果

〖说明〗 当程序对某个打开的文件多次进行读取数据的操作时，一定要控制好文件内部指针的当前位置；否则，可能读不到希望的数据。rewind( ) 函数的作用是不容忽略的。

2. fseek( ) 函数

原型：int fseek(FILE *stream,long offset,int origin);

功能：根据 offset 和 origin 的值，移动 stream 指向的文件内部数据的位置指针。origin 确定基准位置，offset 是相对基准位置的偏移字节数，其值若是正数，则表示指针向后移动；若是负数，则表示指针向前移动。

返回值：成功时返回 0；失败时返回非 0。

头文件：stdio.h。

说明：origin 有 3 个基准位置，且有 3 个对应的宏定义。fseek( ) 函数中 origin 的取值与宏定义映射表如表 8-2 所示。

表 8-2　fseek( ) 函数中 origin 的取值与宏定义映射表

origin 的取值	对应的宏	含　义
0	SEEK_SET	文件开始位置
1	SEEK_CUR	文件当前位置
2	SEEK_END	文件结束位置

【案例 8-5】 将 D:\text.txt 文件第 7 字节处开始的连续 10 个字节读出，并显示在屏幕上；然后将文件末尾 8 个字节的数据显示在屏幕上。

〖分析〗 本案例主要反映 fseek( ) 函数可以实现任意移动文件内部指针的功能。

第一次移动是通过“fseek(fp,6,SEEK_SET);”，将文件内部指针从起始位置向后移动 6 个字节，另一次移动是通过“fseek(fp,−8,SEEK_END);”，将文件内部指针从文件尾向前移动 8 个字节。

```
#include <stdio.h>
#include <conio.h>
main( )
{
   FILE *fp;
   int i;                            /* 声明记录读取字符个数的变量 */
   if((fp=fopen("d:\\text.txt","r"))!=NULL)        /* 如果打开文件 d:\text.txt
                                                    成功，则执行以下复合语句 */
   {
      fseek(fp,6,SEEK_SET);   /* 将指针从文件起始位置向后移动 6 个字节 */
      i=11;
      while(i--!=0) putchar(fgetc(fp));     /* 通过循环从 fp 文件的当前位置读取 10
                                              个字符并显示在屏幕上 */
      putchar('\n');            /* 将光标移动到新行的行首 */
      fseek(fp,-8,SEEK_END); /* 将指针从文件结束位置向前移动 8 个字节 */
      i=8;                     /* 在前面循环中 i 值已经为 0，所以重新赋值 */
      while(i--!=0) putchar(fgetc(fp));
      putchar('\n');
   }
   else                        /* 当打开文件不成功时，无法完成指定工作，退出程序 */
   {
      printf("文件打开失败，退出程序运行！");        /* 屏幕提示信息 */
      getch( );                /* 程序暂停，便于用户看清以上信息 */
      return;
   }
   fclose(fp);                 /* 正常退出前，关闭文件 */
   printf("\n 程序运行结束。\n");
}
```

程序运行结果如图 8-6 所示。

图 8-6　案例 8-5 运行结果

〖说明〗 使用文件内部指针定位函数 rewind( ) 和 fseek( )，需要注意以下几点。

①文件以非追加方式打开时，内部数据指针指向文件开始位置，从 0 开始计数。

② rewind( ) 函数的功能是使数据指针无条件地返回到文件开始位置。

③ fseek( ) 函数由程序设计人员决定从什么位置开始，向什么方向移动多少字节。

任务 11　精 选 案 例

【案例 8–6】 查找 –100 到 100 之间能被 7 或者 11 整除，但不能同时被 7 和 11 整除的所有整数，并将这些整数存入文件 D:\data1.dat 中，最后将文件 data1.dat 中的数据显示在计算机屏幕上。

〖分析〗

①本案例主要涉及文件的读写。

②备选方案有两种：第一种是每找到一个符合条件的数据，就直接写入文件；第二种是先用数组记录符合条件的数据，然后一次性写入文件。

③为了使程序的可读性更好，在主函数中完成数据筛选、保存功能。data1.dat 文件的内容显示功能由函数 displayfile(char *fname) 实现，参数为主调函数传递的文件名称。

方案 1：直接写入文件。

```
#include <stdio.h>
void displayfile(char *fname);          /* 用于显示 fname 所指文件的内容 */
main( )
{
    FILE *fp;
    int i;
    char fname[ ]="d:\\data1.dat";
    if((fp=fopen(fname,"w"))==NULL)           /* 以文本写方式打开文件 */
    {
       printf("%s 文件无法打开！ \n",fname);
       return 0;
    }
    for(i=-100;i<=100;i++)
    {
       if((i%7==0||i%11==0)&&i%77!=0)
          fprintf(fp,"%d,",i);                /* 将符合条件的数据写入文件 */
    }
    fclose(fp);
    printf("\n 符合条件的数据已经保存到 %s 中！ \n",fname);
    printf(" 以下显示 data 中记录的数据。\n");
    displayfile(fname);                 /* 将保存的数据内容显示在计算机屏幕上 */
    return 1;
 }
```

```
void displayfile(char *fname)                    /* 用于显示 fname 所指文本文件的内容 */
{
    FILE *fp;
    int i=0,x;
    if((fp=fopen(fname,"r"))==NULL)              /* 以读文件方式打开文件 */
    {
        printf("%s 文件无法打开！ \n",fname);
        return;
    }
    while(!feof(fp))                             /* 文件内部指针未到文件尾，执行循环体 */
    {
        if(fscanf(fp,"%d,",&x)!=1) break;        /* 从 fp 所指文件中读取一个整型数据，存
                                                    放在 x 中 */
        else
        {
            printf("%d\t",x);                    /* 在屏幕上显示 x 的数值 */
            if(++i%8==0)
                putchar('\n');                   /* 每输出 8 个数据就换行 */
        }
    }
    putchar('\n');
    fclose(fp);
    return;
}
```

程序运行结果如图 8-7 所示。

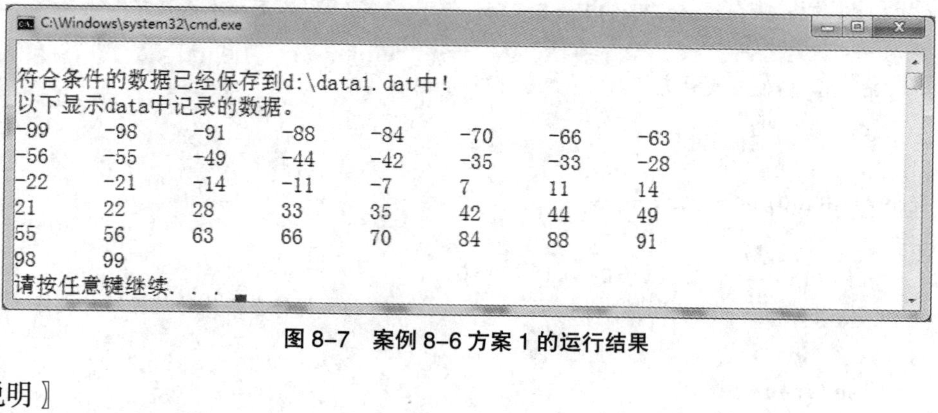

图 8-7　案例 8-6 方案 1 的运行结果

〖说明〗

①本案例中，数据是以文本形式写入 D:\data1.dat 文件的，因此，要考虑读取时数据之间的分隔符，这里为逗号。

②对非字符的文件操作，应该使用二进制方式打开文件。

方案 2：先存入数组，再写入文件。

```
#include <stdio.h>
void displayfile(char *fname);              /* 用于显示 fname 所指文件的内容 */
main( )
{
    FILE *fp;
    int i,j=0,d[100];                       /*i 为循环变量，j 用于对符合条件的数据
                                              进行计数，d 用于记录符合条件的数据 */
    char fname[ ]="d:\\data2.dat";
    for(i=-100;i<=100;i++)
    {
        if((i%7==0||i%11==0)&&i%77!=0)
            d[j++]=i;                       /* 将符合条件的数据存入数组 d 中 */
    }
    if((fp=fopen(fname,"wb"))==NULL)        /* 以二进制写方式打开文件 */
    {
        printf("%s 文件无法打开! \n",fname);
        return 0;
    }
    fwrite(d,j*sizeof(int),1,fp);
    fclose(fp);
    printf("\n 符合条件的数据已经保存到 %s 中! \n",fname);
    printf(" 以下显示 data 中记录的数据。\n");
    displayfile(fname);
    return 1;
}

void displayfile(char *fname)               /* 用于显示 fname 所指文件的内容 */
{
    FILE *fp;
    int i=0,x;

    if((fp=fopen(fname,"rb"))==NULL)        /* 以读二进制文件方式打开文件 */
    {
        printf("%s 文件无法打开! \n",fname);
        return;
    }
    while(!feof(fp))                        /* 文件内部指针未到文件尾，执行循环体 */
    {
        if(fread(&x,sizeof(int),1,fp)==0) break;    /* 保证数据读取成功 */
        else
        {
            printf("%d\t",x);               /* 在屏幕上显示 x 的数据 */
            if(++i%8==0)
```

```
                putchar('\n');                          /* 每输出 8 个数据就换行 */
        }
    }
    putchar('\n');
    fclose(fp);
    return;
}
```

程序运行结果如图 8-8 所示。

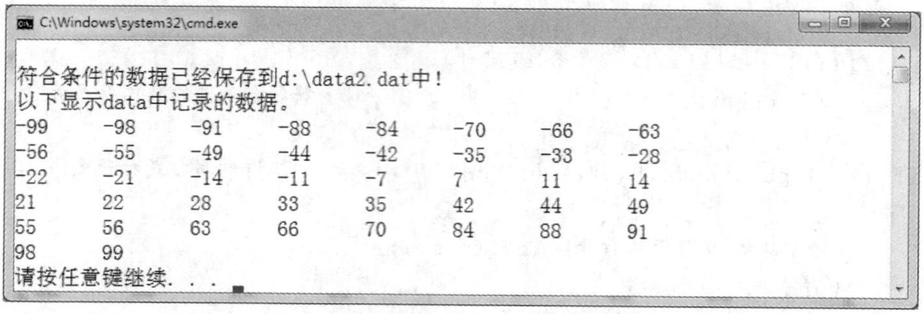

图 8-8　案例 8-6 方案 2 的运行结果

〖说明〗

①如果此时再用“记事本”程序打开 data.dat 文件，会发现文件内容是许多“乱码”，因为这些数据是以其内存状态直接写入文件的，也就是以二进制形式进行存储，而记事本的默认打开格式是文本格式。

②程序中的 displayfile( ) 函数也可以改为将文件的所有内容一次性写入数组，读者可以自行编写。

【案例 8-7】 在照片文件中隐藏机密信息。

小贴士：

相信许多人都经历过忘记某个密码的痛苦。那么，对于既担心忘记，又担心泄露的各种重要信息应如何保存呢？以下几个程序可以解决这个问题。

原理：将重要信息写入某个照片文件尾部，这样不会破坏照片文件的数据，该照片文件可以正常使用；写入照片文件的重要信息也得以保存，供随时查阅。

〖分析〗

①照片文件的种类繁多，本案例以 .jpg 文件为例进行介绍。

②将照片文件保存在 D 盘，命名为 photo.jpg。

③各类照片文件的数据都是以二进制形式存储的，而且都有自己的文件结构。文件结构一般分为两部分，前面是头结构数据，后面是二进制图像数据。头结构中已经确定了图像数据在文件中的起始位置和字节数等。

④假设某些重要的机密信息，如银行账号和密码等，事先保存在一个文本文件中。这

里仍以 D:\text.txt 文件为例。

⑤将 text.txt 文件追加到 photo.jpg 文件中，即可在照片文件中隐藏机密信息。

⑥为简化问题，仅以字符方式进行读操作，从 text.txt 文件中读取机密信息，然后追加写入 photo.jpg 文件的尾部。

```
#include <stdio.h>
main( )
{
    FILE *ftxt,*fpho;
    char ch;

    if((ftxt=fopen("d:\\text.txt","rb"))==NULL)
    {
        printf("d:\\text.txt 文件无法打开！ \n");
        return;
    }
    if((fpho=fopen("d:\\photo.jpg","ab"))==NULL)
    {
        printf("d:\\photo.jpg 文件无法打开！ \n");
        return;
    }
    while(!feof(ftxt))                      /* 若文件内部指针未到文件尾，则执行循环体 */
    {
        ch=fgetc(ftxt);                     /* 从 ftxt 所指文件中读取一个字节的信息 */
        fputc(ch,fpho);                     /* 将 ch 中的信息写入 fpho 所指文件中 */
    }
    printf(" 机密信息已经隐藏于照片文件 d:\\photo.jpg 中 \n");
    fclose(ftxt);
    fclose(fpho);
}
```

程序运行结果如图 8-9 所示。

图 8-9　案例 8-7 运行结果

〖说明〗

①用图片浏览工具打开 photo.jpg 文件，与原来的显示无异。

②其实 text.txt 文件中记录的信息已经隐藏在 photo.jpg 文件的末尾，使用“记事本”程序打开可以看到，也可以再制作一个程序进行显示，具体方法参见案例 8-8。

③也可以采用其他方法，如字符串读写、块读写等函数实现本程序的功能，读者可以自行完善。

【案例 8-8】 查看照片文件中隐藏的机密信息。

〖分析〗

①将案例 8-7 制作的藏有机密信息的照片文件 D:\photo.jpg 中的信息显示出来。

②仍以字符方式对文件进行读操作，并将结果显示在计算机屏幕上。

```
#include <stdio.h>
main( )
{
    FILE *fpho;
    char ch;

    if((fpho=fopen("d:\\photo.jpg","rb"))==NULL)
    {
        printf("d:\\photo.jpg 文件无法打开！ \n");
        return;
    }
    while(!feof(fpho))                /* 文件内部指针未到文件尾，执行循环体 */
    {
        ch=fgetc(fpho);               /* 从 ftxt 所指文件中读取一个字节的信息 */
        putchar(ch);                  /* 将 ch 中的信息显示在计算机屏幕上 */
    }
    printf("\n 请查看本条信息以上几行内容。\n");
    fclose(fpho);
}
```

程序运行结果如图 8-10 所示。

图 8-10　案例 8-8 运行结果

〖说明〗

①使用记事本和本案例的程序都可以看到文件末尾的两行信息。

②无论用记事本还是用本案例的程序显示照片文件 photo.jpg，都会看到前面有大量的“乱码”。这是一些无法正常显示的 ASCII 码字符，而且本案例的程序在显示时还伴有计算机喇叭的鸣叫声，这是因为 ASCII 码 07h 是控制喇叭发声的。

③如果希望加快本程序的显示速度，可以优化向屏幕输出信息的代码，如不可视字符不予显示。读者可以自行完善。

【案例 8-9】 将案例 8-7 改为支持命令行参数的程序。

〖分析〗

①以命令行方式运行程序，可以接收用户输入的其他参数。

②支持命令行参数的主函数是 main(int argc,char * argv[ ])。

③ argc 是整型变量，用来存放参数的个数，char * argv[ ] 是一个指向命令行中各个字符串的指针数组。相关知识请参阅第 7 章知识扩展的内容。

```
#include <stdio.h>
#include <string.h>

void format( );                       /* 参数为“/?”时的帮助提示 */
int copyf(char *txt,char *pho);       /* 实现将机密信息追加到目标文件的功能 */

main(int argc,char *argv[ ])
{
   int flag;
   if(argc==1) format();
   else if((argc==2)&&strcmp(argv[1],"/?")==0) format();
   else if(argc==3)
   {
      flag=copyf(argv[1],argv[2]);
      if(flag==0)
         printf("隐藏信息失败!\n");
   }
   else printf("\n该程序应该携带 2 个参数! \n");
}
void format( )                        /* 没有参数或参数为“/?”时的帮助提示 */
{
   printf("\n命令格式为:8-9 SourceFile TargetFile\n\n");
   printf("SourceFile 指记录机密信息的文本文件 \n");
   printf("TargetFile 指被加入机密信息的照片文件 \n");
}
int copyf(char *txt,char *pho)        /* 实现将机密信息追加到目标文件的功能 */
{
   FILE *ftxt,*fpho;
   char ch;

   if((ftxt=fopen(txt,"rb"))==NULL)          /* txt 即指向文本文件的指针 */
   {
      printf("%s 文件无法打开! \n",txt);
      return 0;
   }
   if((fpho=fopen(pho,"ab"))==NULL)
   {
```

```
        printf("%s 文件无法打开! \n",pho);       /* pho 即指向照片文件的指针 */
        return 0;
    }
    while(!feof(ftxt))                    /* 文件内部指针未到文件尾，执行循环体 */
    {
        ch=fgetc(ftxt);                   /* 从 ftxt 所指文件中读取一个字节的信息 */
        fputc(ch,fpho);                   /* 将 ch 中的信息写入 fpho 所指文件中 */
    }
    printf("%s 中的机密信息已经隐藏于照片文件 %s 中\n",txt,pho);
    fclose(ftxt);
    fclose(fpho);
    return 1;
}
```

不带参数时，程序运行结果如图 8-11 所示。

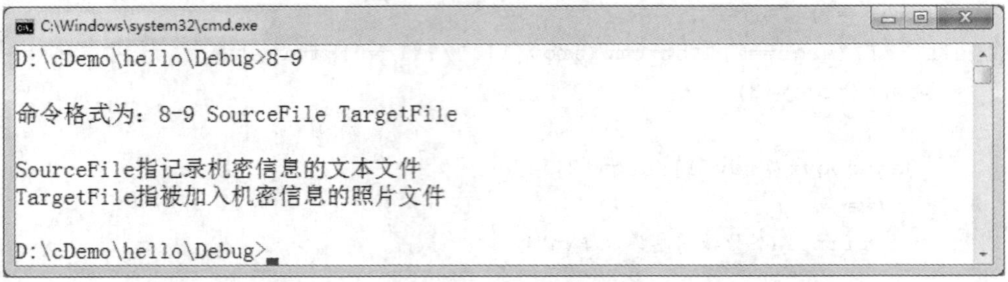

图 8-11　案例 8-9 运行结果 1

带参数“/?”时，程序运行结果如图 8-12 所示。

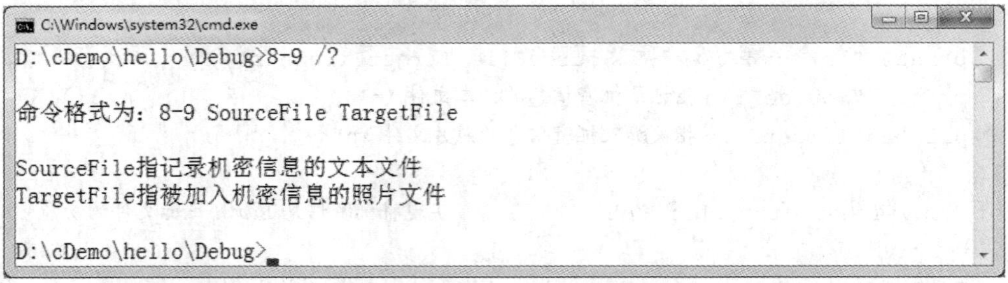

图 8-12　案例 8-9 运行结果 2

正确携带两个参数时，程序运行结果如图 8-13 所示。

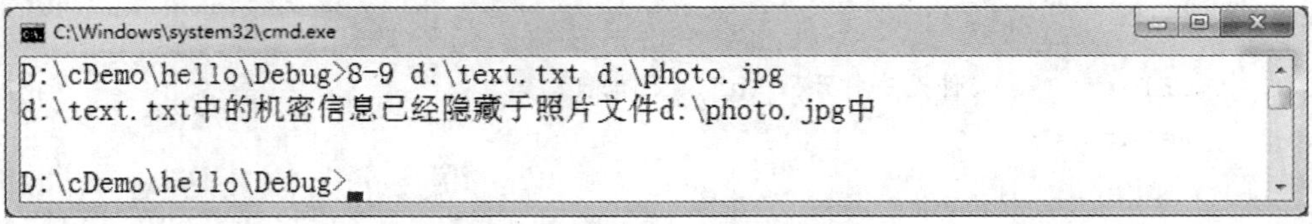

图 8-13　案例 8-9 运行结果 3

〖说明〗

①制作成支持命令行方式运行的程序，可以对任意路径下的文件进行处理，摆脱了文件位置的束缚，增加了程序的通用性。

②从模块化设计思想出发，主函数只进行输入参数的鉴别，具体功能分别由两个自定义函数实现。

③为了防止忘记该程序的执行格式，加入帮助函数是明智的。

④程序中丰富的提示信息体现了人性化设计的特点。

⑤图 8-11 至图 8-13 所示的输出窗口只列出 3 种状态，读者可自行检验其他输出形式。

任务 12　本章要点汇总

①数据文件有文本文件和二进制文件之分。文本文件记录的是字符的 ASCII 码，二进制文件记录的是数据在内存中的存储状态。

②文件操作的基本步骤是：打开文件、移动文件内部数据指针、读取或写入数据、关闭文件。

③对文件操作的函数汇总如下。

- 打开文件：FILE *fopen(const char *fname,const char *mode);
- 写入数据：size_t fwrite(const void *buf,size_t size,size_t count,FILE *stream);
- 读取数据：size_t fread(void *buf,size_t size,size_t count,FILE *stream);
- 关闭文件：int fclose(FILE *stream);
- 读一字符：int fgetc(FILE *stream);
- 写一字符：int fputc(int ch,FILE *stream);
- 读字符串：char *fgets(char *str,int num,FILE *stream);
- 写字符串：int fputs(const char *str,FILE *stream);
- 格式读取数据：int fscanf(FILE *stream,const char *format [,address-list]);
- 格式写入数据：int fprintf(FILE *stream,const char *format [,argument-list]);
- 指针移回文件起始位置：int rewind(FILE *stream);
- 指针按指定方式移动：int fseek(FILE *stream,long offset,int origin);
- 返回数据指针当前位置：long ftell(FILE *stream);
- 测试指针当前是否指向文件尾：int feof(FILE *stream);

任务 13　知 识 扩 展

1. ftell( ) 函数

原型：long ftell(FILE *stream);

功能：返回 stream 指向的文件中内部数据指针位置。

返回值：成功时返回内部数据指针当前位置，以字节数表示；失败时返回 -1L。
头文件：stdio.h。

```
long m;                          /* 返回 fp 所指文件内部数据指针当前位置 */
if((m=ftell(fp))!=-1L) printf("m=%ld\n",m);
else exit(0);
```

2. feof( ) 函数

原型：int feof(FILE *stream);
功能：检查文件内部数据指针位置，以确定是否已经到达 stream 指向的文件的末尾。
返回值：处在文件尾时返回非 0 值；否则，返回 0。
头文件：stdio.h。
说明：该函数既可用于判断二进制文件，又可用于判断文本文件。

```
File *fp;                        /* 检测文件内部数据指针是否到达文件尾 */
if((feof(fp))
   printf(" 文件内部数据指针已经到达文件尾 \n");
else exit(0);
```

小贴士：

在文本文件（ASCII 文件）中可以用值为 -1 的符号常量 EOF 作为文件的结束符。在二进制文件中 -1 可能是一个有意义的数据，因此，不能用它作为文件的结束符。为了能有效地判别文件是否结束，ANSI C 提供了标准函数 feof( )，用来检测文件是否结束。

任务 14　实力检验

1. 读取二进制文件的函数调用形式为“fread(buffer,size,count,fp);”，其中 buffer 代表的是（　　）。

A. 一个内存块的字节数
B. 一个整型变量，代表待读取数据的字节数
C. 一个文件指针，指向待读取文件
D. 一个内存块的首地址，代表读取数据的存放地址

2. 下述关于 C 语言文件操作的描述中，正确的是（　　）。

A. 对文件操作必须先关闭文件
B. 对文件操作必须先打开文件
C. 对文件操作的顺序无要求

D. 对文件操作前必须先测试文件是否存在，然后再打开文件

3. 若 fp 是指向某文件的指针，且内部数据指针已指向文件尾，则执行函数 feof(fp) 的返回值是（　　）。

A. EOF　　B. −1　　C. 非零值　　D. NULL

4. 设 fp 已定义，执行语句 “fp=fopen("file","w");” 后，以下选项中针对 file 文本文件的操作正确的是（　　）。

A. 写操作结束后可以从头开始读　　B. 只能写不能读

C. 可以在原有内容后追加写　　D. 可以随意读和写

5. 一个含有数据的 data 文件，现在需要对其进行修改，打开文件的正确语句是（　　）。

A. fp=fopen("data","r");　　B. fp=fopen("data","ab+");

C. fp=fopen("data","w+");　　D. fp=fopen("data","r+");

6. 以下程序实现将键盘输入的字符输出到 hello.txt 文件中，读入字符 “#” 时结束。

```
#include <stdio.h>
main( )
{
   FILE *fp;
   char ch;
   fp=fopen('hello.txt','w');
   ch=fgetc(stdin);                      /* stdin是标准输入设备，即键盘 */
   while(ch!='#')
   {
      fputc(ch,fp);
      ch=fgetc(stdin);
   }
   fclose(fp);
}
```

该程序出错的原因是（　　）。

A. fopen( ) 函数的调用格式错误　　B. 输入字符后没有关闭文件

C. fgetc( ) 函数的调用格式错误　　D. 没有定义文件指针 stdin

7. 对于以下程序，横线处分别采用 "w+" 和 "wb" 方式运行时，两次生成的 TEST 文件的长度分别是（　　）。

```
#include <stdio.h>
void main( )
{
   FILE *fp=fopen("TEST.txt",_______);
   fputc('A',fp);fputc('\n',fp);
   fputc('B',fp);fputc('\n',fp);
   fputc('C',fp);
   fclose(fp);
}
```

A. 7个字节、7个字节　　B. 7个字节、5个字节

C. 5个字节、7个字节　　D. 5个字节、5个字节

8. 假定当前盘符下有如下两个文本文件。

文件名	a1.txt	a2.txt
内容	123#	321#

以下程序的运行结果是（　　）。

```
#include "stdio.h"
void fc(FILE *p)
{
   char c;
   while((c=fgetc(p))!= '#') putchar(c);
}
main( )
{
   FILE *fp;
   fp=fopen("a1.txt","r");
   fc(fp);
   fclose(fp);
   fp=fopen("a2.txt","r");
   fc(fp);
   fclose(fp);
   putchar('\n');
}
```

A. 123321　　B. 123　　C. 321　　D. 以上答案都不正确

9. 以下程序用来统计文件中字符的个数。请填空。

```
#include <stdio.h>
main( )
{
   FILE *fp;
   long num=0;
   if((fp=fopen("fname.dat",_____))==NULL)
   {
      printf("Open error \n");
      exit(0);
   }
   while_____
   {
      _____;
      num++;
   }
   printf("num=%ld\n",--num);
```

```
    fclose(fp);
}
```

10. 已有文本文件 test.txt，其中的内容为 Hello,everyone!，则程序的运行结果是______。

```
#include <stdio.h>
main( )
{
    FILE *fr;
    char str[40];
    fr=fopen("text.txt","r");
    fgets(str,5,fr);
    printf("%s\n",str);
    fclose(fr);
}
```

11. 以下程序的运行结果是______。

```
#include  <stdio.h>
main( )
{
    FILE  *fp;
    int  a[10]={1,2,3,0,0},i;
    fp=fopen("d2.dat","wb");
    fwtite(a,sizeof(int),5,fp);
    fwrite(a,sizeof(int),5,fp);
    fclose(fp);
    fp=fopen("d2.dat","rb");
    fread(a,sizeof(int),10,fp);
    fclose(fp);
    for(i=0;i<10;i++)
       printf("%d",a[i]);
}
```

12. 将 s 的值存入文件。

$$s=1+1/(1+2)+1/(1+2+3)+\cdots+1/(1+2+3+\cdots+n)$$

要求：

① n 为不超过 20 的奇数。例如，若 n 为 11，则 s 为 1.833 333。

②计算与 n 值对应的 s 值，并将结果保存到文件中。

〖提示〗 s 值的计算由自定义函数实现。

第9章

编译预处理——工资管理系统之预处理的应用

任务1 学习目标

理解编译预处理的概念；理解文件包含；理解宏定义；理解文件包含与宏定义的区别；理解带参数的宏定义与函数的区别；了解条件编译。

任务2 文件包含

使用C语言进行软件开发遵从模块化设计思想，因此，绝大多数的C语言程序是由一个主函数和若干自定义函数组成的，实现了功能的模块化。

那么，C语言如何实现库函数的引用呢？这就需要了解经常在程序首部出现的#include命令，它是C语言开发系统的编译预处理命令。编译预处理是在开发系统正式编译之前要做的工作。编译预处理命令不是C语言的语句，行尾不允许使用分号。

凡是由“#”开始的命令都是编译预处理命令，尽管编译预处理命令有许多种，但却有相同的应用规则。那么，究竟C语言提供了哪些编译预处理命令呢？它们都有什么样的特点呢？

首先要学习文件包含，其一般格式如下。

```
#include <文件名>
```

或

```
#include "文件名"
```

命令：include。

功能：把指定文件的内容插入该命令行位置，取代该命令行，从而把指定包含的文件和当前的源程序文件连接成一个源文件。

说明：文件包含命令必须以符号“#”引导。

文件：多数是头文件，以 .h 为扩展名，一般有两类。一类是C语言开发系统提供的，存放在系统安装文件夹下的 include 子文件夹中；另一类是由用户编写的自定义函数。头文件中包含许多函数的定义和宏定义，开发系统将其提供的大量函数分门别类地存放在不同的头文件中，用户也可以将自己经常使用但开发系统未提供的函数编写好后存入自己定义的头文件中。可以参阅附录5的内容。

文件包含命令一般放置在程序的最前端，一条命令只能包含一个文件。若要包含多个文件，必须用多个 #include 命令，且必须一行一条命令，行尾不允许有分号。命令与头文件之间习惯上至少设置一个空格，不设置也没错。

头文件的界定符号“<>”和“" "”在预处理时存在的区别如下。

①<>：习惯上用此符号包含的头文件是由系统提供的，存放在系统的 include 文件夹下；预处理时，编译系统直接到该文件夹中查找指定的头文件。

②" "：习惯上用此符号包含的头文件是用户自定义的，一般存放在用户源程序所在的文件夹中，也可以存放在系统的 include 文件夹中；预处理时，编译系统先到用户源程序所在的文件夹中查找指定的头文件，如果未找到，转去 include 文件夹中查找。程序开发人员可以将经常使用的自定义函数保存在头文件中。在程序开发过程中，需要时只要将该头文件包含进源程序即可，文件包含命令的使用提高了程序开发效率。

③两种方式可以通用，但建议对系统提供的头文件使用“<>”，对自定义函数使用“" "”。

小贴士：

在编写C语言程序时，如果写入了无用的文件包含命令，不会检测到语法错误，也不会影响编译的最终结果。

有些编译系统对某些常用函数，即使未包含其头文件，仍然能够编译和连接，如 printf( ) 函数。这是开发系统对这类函数采取了默认措施，在预处理时自动包含了相应的头文件。但仍然建议读者在编写程序时，显式地包含头文件。VS 环境中编写程序时用到的 printf( ) 和 scanf( ) 函数必须显式包含 stdio.h 头文件。

编译预处理命令也存在作用域。理论上预处理命令可以设置在源程序的任何位置，但习惯上设置在程序的最前端。

另外，include 命令的包含对象可以是任意扩展名的文本文件，因此，其应用非常灵活，但并不常用。include 命令并非仅对包含文件中有用的信息进行引用，其实质是一种嵌入方式，是将被包含文件嵌入到当前文件的，请读者参阅任务5的精选案例。

在工资管理系统的源代码中，文件包含命令有以下几种。

```
#include <stdio.h>              /*基本输入/输出函数包含在此*/
#include <conio.h>              /*getch()及getche()函数包含在此*/
```

```
#include <string.h>            /* 字符串相关函数包含在此 */
#include "windows.h"           /*Sleep() 函数包含在此 */
```

因为程序中用到了许多 C 语言的标准库函数，因此，需将这些函数所在的头文件包含进源程序中。注意，头文件 windows.h 不是 C 语言的标准头文件，而是 VS 环境下支持的头文件，C 语言也有与 Sleep( ) 延时功能相同的函数，但在 VS 环境下不支持，所以使用了这个头文件。

任务 3　宏　定　义

前面章节的程序中还出现过 #define 命令，这也是一条编译预处理命令，称为宏定义。其一般格式如下。

```
#define <标识符> [字符串]
```

命令：define。

功能：用一个标识符表示一个字符串。

说明：宏定义命令必须以符号“#”引导。

标识符：由用户按照标识符的命名规则命名，对英文字母大小写无要求，习惯上全部用大写字母。

宏定义命令与标识符、标识符与字符串之间至少需要一个空格，字符串内的空格作为字符串的一部分。另外，宏定义可以带参数。因此，有不带参数的宏定义和带参数的宏定义两种。

1. 不带参数的宏定义

例如：

```
#define PI 3.1415926
#define STU struct stu
```

该预处理命令的作用是：在进行正式编译源程序之前，将源程序中的 PI（字符串常量中的 PI 除外）替换为 3.1415926，因此，也称这种不带参数的宏定义为宏替换，这个预处理中的替换过程称为宏展开。

不带参数的宏定义的特点如下。

①可以将一个相对较长的字符序列用较短的标识符进行替换。

②当源程序中出现大量相同的字符序列时，采用宏替换可以降低输入代码的失误、提高输入效率、增强程序的可读性。

③为了提高程序的调试效率，往往采用宏替换命令。例如，在调试循环结构时，如果循环次数很多，运算量很大，需要很长时间时，可以采用宏定义表达循环边界。

④宏定义中的字符串，应该理解为字符序列，一般不带双引号；否则，双引号被视为字符序列的一部分。注意它与字符串常量中双引号的区别。另外，除非特殊需要，末尾一般

不加分号，否则分号也将被视为字符序列的一部分。

⑤在同一作用域中定义的宏名，在宏展开时，若包含已经定义过的其他宏名，则该宏名将被其宏定义中的字符串替换。

小贴士：

注意 #define 与 typedef 的区别。①使用目的不同：前者通过宏定义使得编写程序简化和调试程序方便，后者对程序中现有的数据类型关键字起别名，迎合程序开发人员的习惯；②执行时刻不同：前者在程序编译之前执行，后者在程序运行时执行；③属性不同：前者是编译预处理命令，后者是 C 语言语句。

当然，对结构体类型进行宏定义或起别名，均可以达到简化编写程序的目的，从某种角度看属于个人习惯和风格。关于 typedef 命令，可参阅第 5 章。

【案例 9-1】 不带参数的宏定义的应用。

〖分析〗

①宏定义一个符号常量。

②宏定义一个字符串。

③宏定义一个含有 C 语言转义符的字符串。

④宏定义一条 C 语言语句。

```
#define LN 31                                        /* 宏定义一个字符常量 LN，代表 45*/
#define LSM "The best preparation for tomorrow is doing your best today."
                                                     /* 宏定义一个 C 语言的字符串 */
#define LYY "I can because i think i can.\n"         /* 宏定义字符序列可以有“\”
                                                        字符，替换后形成转义符 */
#define PRINT printf("Life is not all roses.\n");    /* 宏定义字符序列中含有分号 */
main( )
{
    char str[ ]=LSM;
    printf("LN+49=%d\n",LN+49);
    printf("string1: %s\n",str);
    printf("string2: %s\n",LYY);
    PRINT
}
```

程序运行结果如图 9-1 所示。

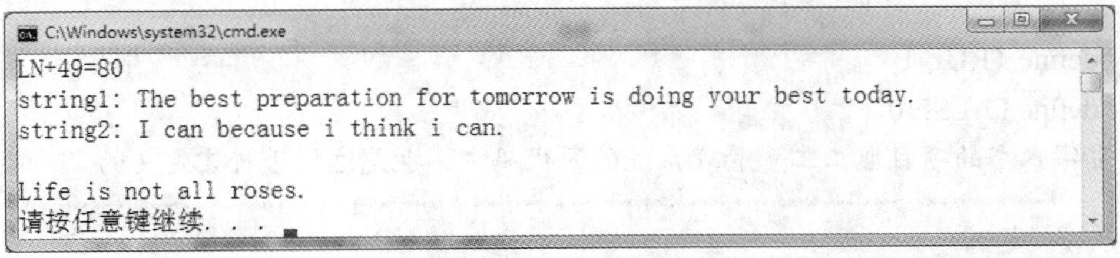

图 9-1　案例 9-1 运行结果

【案例 9-2】 同一作用域中宏名的替换。

〖分析〗 为实现计算 45+36 的和，分别定义 3 个字符常量：L 代表 45、B 代表 36、S 代表 L+B；为输出“Believe in yourself!”，也定义 3 个宏名，分别代表 3 个单词。在宏定义的字符序列中，如果涉及字符串与其他宏名形成新字符串时，其格式为“宏名 " 字符序列 "”或“宏名 " 字符序列 "”。

```
#include <stdio.h>
#define L 45
#define B 36
#define T L+B              /* 此处 L 和 B 将在预处理时被前两行定义的宏名替换 */

#define N "Believe"        /* 宏定义 N 代表 "Believe"*/
#define A N "in"           /* N 与 "in" 之间的空格不影响结果 */
#define O A "yourself!"

main( )
{
    printf("%d\n",T);
    printf("%s\n",O);
}
```

程序运行结果如图 9-2 所示。

图 9-2 案例 9-2 运行结果

> **小贴士：**
>
> 无论是 VS 环境还是 TC 环境，系统都提供一些常用的宏定义。例如，前面章节中用过的 NULL 代表空，EOF 代表 -1。
>
> 在实践中，为了使程序的可读性更好，通常宏定义 TRUE 代表真，FALSE 代表假，即：
>
> #define TRUE 1
>
> #define FALSE 0
>
> 贯穿本书的项目职工工资管理系统的源代码中，也是这样进行宏定义的。

2. 带参数的宏定义

带参数的宏定义的一般格式如下。

```
#define <标识符(参数表)> <字符串>
```

命令：define。

说明："标识符(参数表)"中的括号不能缺少，且与标识符之间不能有空格存在。

标识符：由用户按照标识符的命名规则命名，对英文字母的大小写无要求，习惯上用大写英文字母。

字符串：应包含括号中指定的参数，否则参数表将失去作用。

宏定义时，宏名可以带有参数。进行宏展开时，每当遇到该宏名，与其有关的参数就以程序中的实际参数进行替换，这种带参数的宏定义经常用于简化源程序中的表达式。

【案例 9-3】 使用带有一个参数的宏定义完成圆面积的计算。

〖分析〗

①在圆面积的计算中，半径的不同决定了圆面积的不同，因此，将半径 r 确定为宏定义的可变参数。

②当为 r 分别赋值 1.2 和 2.6 时，计算圆面积并输出结果。

```
#include <stdio.h>
#define PI 3.14
#define S(r) PI*r*r                /* 带参数的宏定义，习惯上参数用小写字母 */
main( )
{
    float r;
    printf("r=1.2\tArea=%.2f\n",S(1.2));
    r=2.6;
    printf("r=%.2f\tArea=%.2f\n",r,S(r));
}
```

程序运行结果如图 9-3 所示。

图 9-3　案例 9-3 运行结果

〖说明〗 案例 9-3 的第一条输出语句在编译预处理时，被宏展开为

```
printf("r=1.2\tArea=%.2f\n",3.1415926*1.2*1.2);
```

案例 9-3 的最后一条输出语句在编译预处理时，被宏展开为

```
printf("r=%.2f\tArea=%.2f\n",r,3.1415926*r*r);
```

之后，编译系统才对源程序进行编译。

【案例 9–4】 使用带有两个参数的宏定义完成矩形面积的计算。

〖分析〗

①在矩形面积的计算中，长与宽的变化影响着矩形的面积，因此，将矩形的长 length 与宽 width 确定为宏定义的参数。

②当给 length 和 width 分别赋值 4 和 3、45 和 36 时，计算矩形的面积并输出结果。

```
#include <stdio.h>
#define S(a,b) a*b
main( )
{
   float length=45,width=36;
   printf("length=%5.2f\twidth=%5.2f\tArea=%7.2f\n",4.0,3.0,S(4.0,3.0));
   printf("length=%5.2f\twidth=%5.2f\tArea=%7.2f\n",length,width,S(length,width));
}
```

程序运行结果如图 9–4 所示。

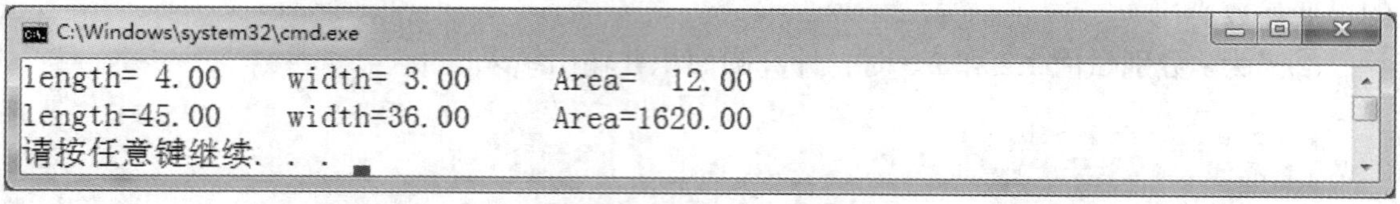

图 9–4　案例 9–4 运行结果

〖说明〗 第一条输出语句在编译预处理时，被宏展开为

```
printf("length=%5.2f\twidth=%5.2f\tArea=%7.2f\n",4.0,3.0,4.0*3.0);
```

第二条输出语句在编译预处理时，被宏展开为

```
printf("length=%5.2f\twidth=%5.2f\tArea=%7.2f\n",length,width,length*width);
```

之后，编译系统才对源程序进行编译。

通过以上两个案例可知，带参数的宏定义也是在宏展开的过程中进行宏替换的。但有了参数之后，读者在应用时一定要注意宏展开后程序代码功能的正确性，如案例 9–5。

【案例 9–5】 使用带有一个参数的宏定义完成圆面积的计算。

〖分析〗 当给 r 赋值 1.2 时，调用 S(r) 和 S(0.6+0.6) 分别计算圆面积并输出结果。

```
#include <stdio.h>
#define PI 3.1415926
#define S(r) PI*r*r
main( )
{
   float r=1.2;
   printf("r=%.2f\tArea=%.2f\n",r,S(r));
```

```
    printf("r=%.2f\tArea=%.2f\n",r,S(0.6+0.6));
}
```

程序运行结果如图 9-5 所示。

图 9-5　案例 9-5 运行结果

半径 r 同为 1.2 时，为什么会出现不同的结果呢?

〖说明〗

①在编译预处理时，第一条输出语句被宏展开为

```
printf("r=%f\tArea=%f\n",r,3.14*r*r);
```

②在编译预处理时，第二条输出语句被宏展开为

```
printf("r=%f\tArea=%f\n",r,3.14*0.6+0.6*0.6+0.6);
```

③如果希望 S(0.6+0.6) 在宏展开之后不会影响程序的正确性，宏定义应该为

```
#define S(r) PI*(r)*(r)
```

读者可以自行上机调试验证。

通过案例 9-5 可知，在应用带参数的宏时，宏定义字符串中可以使用括号，而在某些情况下必须使用括号才能保证程序的正确性。

初学者在学习自定义带参数的函数和带参数的宏定义时，容易将二者混淆，下面对二者之间的区别加以分析。

①书写格式不同：带参数的宏定义必须以“#define”开始，行尾无分号；函数声明语句的行尾有分号，位置一般在预处理命令之后、main( ) 函数之前，其位置通常在 main( ) 函数之后。

②参数要求不同：带参数的宏定义中的参数无数据类型的要求，而函数的形参则要求声明类型。

③作用时间不同：带参数的宏定义是编译预处理命令，是在编译之前进行宏展开，而函数是在程序编译成功并连接成可执行文件后，在程序运行期间被调用时才起作用。

④工作原理不同：带参数的宏定义中的参数如果是表达式，在预处理阶段仅实现宏展开，并不对展开的表达式进行运算。宏展开不占用最终程序的运行时间，仅占用预处理或编译时间。而函数在调用时，如果参数是表达式，则先进行表达式计算再进行参数传递，函数的执行占用程序的运行时间。

任务 4 条件编译

C 语言的编译预处理中还包含条件编译。通过条件编译，可以对程序中的代码有选择地进行编译，从而方便了程序的调试、减少了目标程序的代码量、提高了程序的运行效率，且利于程序的移植。

条件编译有 3 种形式，分别叙述如下。

1. #ifdef…#else…#endif

```
#ifdef 标识符
    程序块 1
#else
    程序块 2
#endif
```

这一组命令实现的功能是：如果标识符已用 #define 命令定义过，则编译程序块 1；否则，编译程序块 2。

可以没有“#else 程序块 2”，即

```
#ifdef 标识符
    程序块
#endif
```

如果标识符已被 #define 命令定义过，则编译程序块；否则，该程序块不被编译。

2.#ifndef…#else…#endif

```
#ifndef 标识符
    程序块 1
#else
    程序块 2
#endif
```

与第一种格式类似，只是 #ifdef 变为 #ifndef。预处理时，如果标识符未用 #define 命令定义过，则编译程序块 1；否则，编译程序块 2。也可以没有“#else 程序块 2”。

3.#if…#else…#endif

```
#if 常量表达式
    程序块 1
#else
    程序块 2
#endif
```

此预处理命令的功能是：如果常量表达式为真，则编译程序块 1；否则，编译程序块 2，同样允许没有“#else 程序块 2”。

从形式上看，以上 3 种条件编译命令与 C 语言的 if…else 语句非常相似，其工作原理也比较相像，但本质是有区别的：条件编译命令使得源程序在编译时，并非代码全部被编译，而是有选择地进行编译。if…else 语句中所有代码都将被编译，在运行时才进行选择。

【案例 9-6】 条件编译。根据标识符 FLAG 是否定义，决定编译源程序中哪条输出语句，从而输出“I can because i think i can.”或输出“Learn not and know not.”。

```
#include <stdio.h>
#define FLAG set
main( )
{
   #ifdef FLAG                    /* 判断 FLAG 是否曾被 #define*/
      printf("I can because I think I can.\n");
   #else
      printf("Learn not and know not.\n");
   #endif
}
```

程序运行结果如图 9-6 所示。

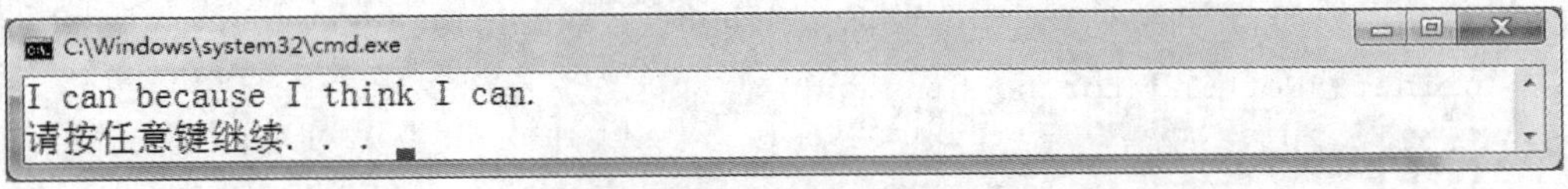

图 9-6　案例 9-6 运行结果

〖说明〗

①由于 FLAG 在程序前部进行了定义“#define FLAG set”，所以，源程序在预处理后，只对第一条输出语句进行编译，而放弃编译第二条语句。

② FLAG 在宏定义时指定了字符序列 set，set 本身对本程序的预处理不起作用，实质上，即使在宏定义 FLAG 时不指定字符序列，结果也是一样的，可以理解为 FLAG 被定义为空，但事实上已经定义了。

③如果将“#define FLAG set”从程序中删除或注释掉，编译程序将放弃第一条输出语句，而仅对第二条输出语句进行编译，将输出“Learn not and know not.”。

【案例 9-7】 条件编译。根据常量表达式的值，决定编译源程序的哪条输出语句，从而输出“How are you?”或输出“How do you do?”。

```
#include <stdio.h>
main( )
{
   #if 5+6-11
      printf("How are you?\n");
   #else
```

```
        printf("How do you do?\n");
    #endif
}
```

程序运行结果如图 9-7 所示。

图 9-7　案例 9-7 运行结果

〖说明〗 因为 5+6-11 结果为 0，代表假，所以，经过预处理后，编译程序对 #else 后的输出语句进行编译，而放弃了编译 #else 之前的输出语句。

任务 5　精 选 案 例

【案例 9-8】 在 D 盘根文件夹下创建一个 define.c 文件，内容如下。

```
void print( )
{
    printf("Nothing for nothing.\n");
}
```

创建一个 C 语言源程序 9-8.c，将 define.c 文件包含进来，编译、连接后运行程序并输出结果。

〖分析〗

①预处理命令的文件包含中的文件名，支持路径表达，应为“#include "d:\define.c"”。

②为说明问题，main( ) 函数仅调用 print( ) 函数。

```
#include <stdio.h>
#include "d:\define.c"
main( )
{
    print( );
}
```

程序运行结果如图 9-8 所示。

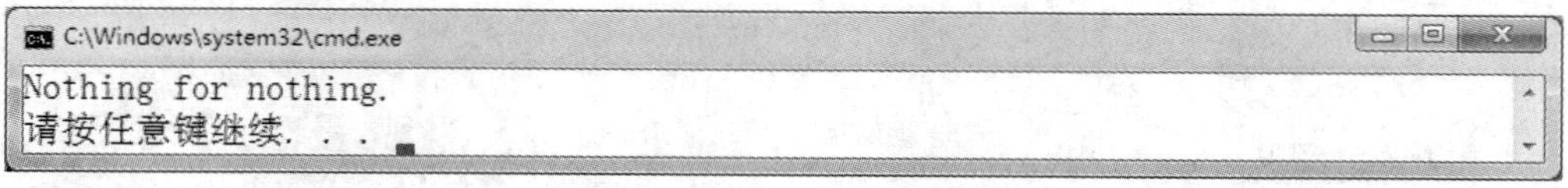

图 9-8　案例 9-8 运行结果

〖说明〗

① #include 命令中的文件可以是任意扩展名的文件，只要其内容是文本并符合 C 语言规则，并与当前源程序能够共同完成某种功能即可。

②将 #include 命令的作用理解为将某个文件嵌入当前文件更加准确，如果将“#include ":\define.c"”移到 print( ) 函数之后的任何位置，将无法通过编译，因为自定义函数一定要在其被引用前进行声明或定义。当然，认为 #include 命令存在作用域，也是正确的。

【案例 9-9】 学生食堂套餐。输入拼音缩写，输出客人所点套餐名称，如提供 4 元套餐、5 元套餐、9 元套餐。

〖分析〗

①宏定义 3 种套餐的标识符，标识符由 3 种套餐的拼音缩写构成。

②定义一个字符数组，用于接收用户所点套餐的拼音缩写。

③根据用户输入的内容输出相应套餐的名称。

```
#include <stdio.h>
#include <conio.h>
#define  s  "4元套餐"
#define  w  "5元套餐"
#define  j  "9元套餐"
main( )
{
    char c;
    printf("售饭窗口：\n\ts--%s\t\n\tw--%s\n\tj--%s",s,w,j);
    printf("\n您需要什么套餐？");
    c=getche( );
    switch(c)
    {
        case 's':printf("\n\n\t★好嘞，%s一份！\n\n",s);break;
        case 'w':printf("\n\n\t★好嘞，%s一份！\n\n",w);break;
        case 'j':printf("\n\n\t★好嘞，%s一份！\n\n",j);break;
        default:printf("\n\n\t\t★对不起，今天没有您的选择！\n \n ");
    }
}
```

程序运行结果如图 9-9 所示。

图 9-9　案例 9-9 运行结果

【案例 9–10】 阅读程序，分析运行结果。

```
#include  <stdio.h>
#define  N  5
#define  M  N+1
#define  f(x)   (x*M)
main( )
{
   int  i1,i2;
   i1=f(2);
   i2=f(1+1);
   printf("%d %d\n",i1,i2);
}
```

〖分析〗

①本案例定义了 3 个宏，预处理时将对源程序中的宏名进行宏展开。

② f(2) 展开为 (2*M)，而 M 是另一个符号常量，也是宏名，因此，f(2) 展开为 (2*N+1)，其中 N 又是另一个符号常量，所以，f(2) 最终展开为 (2*5+1)。

③同理，f(1+1) 展开为 (1+1*5+1)。

④输出格式字符串中的格式“%d%d”之间有空格间隔，所以输出结果为 11　7。

程序运行结果如图 9–10 所示。

图 9–10　案例 9–10 运行结果

任务 6　本章要点汇总

①编译预处理：是在编译程序对源程序进行正式编译之前所做的处理，是通过预处理命令实现的。

②宏定义：是用一个标识符来代表一个字符序列，该标识符称为宏名。在预处理时，源程序中除字符串内出现的“宏名”外，其他宏名都将被替换为该字符序列。

③宏定义可以带参数，为保证在宏展开时的正确性，一般应当给宏定义时的字符串和参数加括号。

④条件编译：对源程序只编译满足条件的程序块，对不满足条件的程序块放弃编译，使生成的目标程序简短、高效。

任务 7　知识扩展

在工业控制领域的应用软件开发中大量使用 #define 命令，如对单片机端口等进行宏定义。开发人员会选择将大量的宏定义保存在某个头文件中，并将其包含到当前程序中，从而使源程序代码的可读性提高，程序也显得简练。

例如，以下为“串行驱动 LED 显示”的头文件，其中定义了一系列的宏。

```
/* 一个 74hc595 位移寄存器驱动三极管驱动 LED 位，*/
/* 两个 74hc595 驱动 LED 段，方式为 5 位 x8 段 x2=10 个数码管 */
/*5 分频，每次扫描时间为 1.25 ms*/
/* 宏定义 */
#define nul 0xf
#define qc 0xc
……
#define qj 0x12
#define qn 0x13
……
#define qlf 0x22
#define qlg 0x23
#define qldp 0x24
```

任务 8　实力检验

1. 以下叙述中正确的是（　　）。

   A. 在 C 语言中，预处理命令行都以“#”开头

   B. 预处理命令行必须位于 C 源程序的起始位置

   C. “#include <stdio.h>”必须放在 C 程序的开头

   D. C 语言的预处理不能实现宏定义和条件编译的功能

2. 有以下程序：

```
#include <stdio.h>
#define S(x) 4*(x)*x+1
main( )
{
    int k=5,j=2;
    printf("%d\n",S(k+j));
}
```

程序运行后的输出结果是（　　）。

A. 197　　B. 143　　C. 33　　D. 28

3. 阅读下列程序段，则程序的输出结果为（　　）。

```
#include "stdio.h"
#define M(X,Y)  (X)*(Y)
#define N(X,Y)  (X)/(Y)
main( )
{
    int a=5,b=6,c=8,k;
    k=N(M(a,b),c);
    printf("%d\n",k);
}
```

A. 3　　B. 5　　C. 6　　D. 8

4. 下列程序的输出结果是（　　）。

```
#include "stdio.h"
#define  M(x,y) x%y
main( )
{
    int a,m=12,n=100;
    a=M(n,m);
    printf("%d\n",a--);
}
```

A. 2　　B. 3　　C. 4　　D. 5

5. 有以下函数：

```
#include <stdio.h>
#define S(x)  (x)*x*2
main( )
{
    int k=5,j=2;
    printf("%d,",S(k+j));
    printf("%d\n",S(k-j));
}
```

程序运行后的输出结果是（　　）。

A. 98,18　　B. 39,11　　C. 39,18　　D. 98,11

6. 以下函数的功能是：通过键盘输入数据，为数组中的所有元素赋值。

```
#include <stdio.h>
#define N 10
void fun(int x[N])
{
    int i=0;
    while(i<N) scanf("%d",____);
}
```

在程序中下画线处应填入的是（　　）。

A. x+i　　B. &x[i+1]　　C. x+(i++)　　D. &x[++i]

7. 以下程序的输出结果是______。

```
#include <stdio.h>
#define N 3
#define M(n) (N+1)*n
main( )
{
   int x;
   x=2*(N+M(2));
   printf("%d\n",x);
}
```

8. 给定的如下程序中，函数 fun( ) 的功能是计算函数 F(x,y,z)=(x+y)/(x−y)+(z+y)/(z−y) 的值，其中 x 和 y 不相等，z 和 y 不相等。例如，当 x 的值为 9，y 的值为 11，z 的值为 15 时，函数的值为 −3.50。

请改正程序中的错误，以得出正确的结果。

注意：不要改动 main( ) 函数，不得增行或删行，也不得更改程序的结构。

```
#include  <stdlib.h>
#include  <stdio.h>
#include  <math.h>
/*************found**************/
#define FU(m,n) (m/n)
float fun(float a,float b,float c)
{
   float value;
   value=FU(a+b,a-b)+FU(c+b,c-b);
   /*************found**************/
   return(Value);
}
void main()
{
   float x,y,z,sum;
   printf("Input x y z:");
   scanf("%f%f%f",&x,&y,&z);
   printf("x=%f,y=%f,z=%f\n ",x,y,z);
   if(x==y||y==z)
   {
      printf("Data error! \n ");
      exit(0);
   }
   sum=fun(x,y,z);
   printf("The result is:%5.2f\n ",sum);
}
```

第 10 章

C 语言程序设计之技术与知识点分类汇总

1. C 语言程序设计之结构

下面列出了 C 语言程序的一般结构。

```
#include <…>              /* 注释内容 */
#include "…"              // VS 环境下支持的注释方式
#define …
自定义函数声明；
结构体类型声明；
全局变量声明；
主函数 main（形参列表）
{
    局部变量声明与定义；
    信息处理；
    结果输出；
}
自定义函数定义（形参列表）
{
    局部变量声明与定义；
    信息处理（包括函数调用）；
    结果输出；
}
```

①无论是主函数还是自定义函数，都包括函数名称、形参列表和函数体 3 部分，当然，形参可以为空。

②函数体也由 3 部分构成：数据源、算法实现、结果输出。初学者感到困难的主要是"算法实现"，其实就是第 1 章介绍的算法设计，这需要不断积累经验。算法结构包括顺序结构、选择结构和循环结构，往往是使用这 3 种结构的不同组合来完成信息的处理任务。

③不建议使用全局变量，它使得程序的可读性变差，出现错误时难以检测出来。

④使用 #define 命令进行宏定义，在某些情况下使程序的代码量减少，可以降低重复内容的错误率或提高程序开发效率等。可以参阅本书第 9 章的内容。

⑤主函数一般是提纲性的代码，自定义函数一般完成特定功能。

⑥主函数一般在前，自定义函数的声明在前，定义在后，主要是使程序的可读性好。如果自定义函数在主函数之前进行定义，则可以省略其声明语句。

⑦不要忘记为编写的程序加入充分的注释，ANSI C 标准规定了“/*……*/”方式，VS 环境下也可以使用“//”方式。

2. C 语言程序设计之语句

C 语言程序的语句包括 6 种形式，如表 10-1 所示。

表 10-1　C 语言程序的语句

序号	名称	功　能	应　用
1	声明语句	声明变量或函数	int x,y=5,*p; int max(x,y);
2	空语句	无任何功能的语句	;
3	表达式语句	由表达式构成的语句	x=5+y*sin(2); x=1,y=2,z=x+y;
4	函数调用语句	单纯由函数与分号构成的语句	printf("Hello"); exit(1);
5	流程控制语句	控制程序执行流向的语句	if…else、switch、while、do…while、for、break、continue、return、goto
6	复合语句	由 {} 括起来一条或多条语句	{x=5;printf("x=%d",x);}

3. C 语言程序设计之数据类型

C 语言程序设计的数据类型如图 10-1 所示。

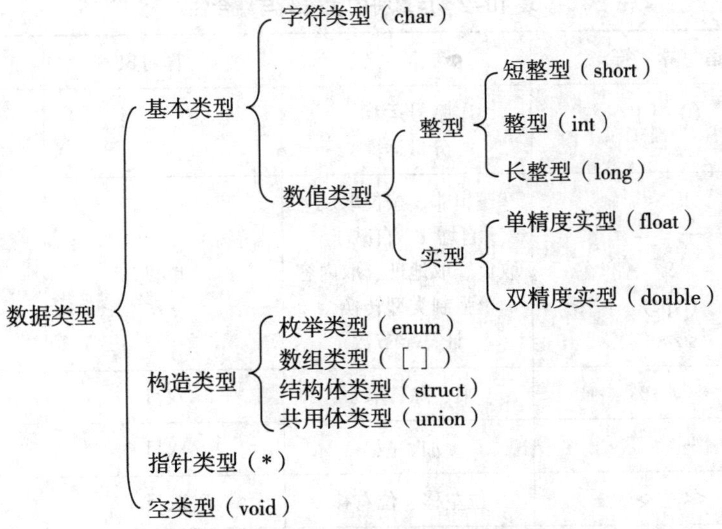

图 10-1　C 语言程序设计的数据类型

①整型、实型和字符型是基本数据类型，在选择应用哪种数据类型前，一定要考虑其值域。

②整型常量有 3 种表达方式，分别是十进制（如 203）、八进制（如 026）、十六进制（如 0xA2）。实型常量有两种表达方式，一种是一般方式，也就是小数方式（如 3.14）；另一种是指数方式（如 2.5E3、3.2e−4）。字符型常量有两种表达方式，即一般方式（如 'A'）和转义方式（如 '\n'、'\325'、'\xB2'）。

③相同类型变量的集合称为数组，其中每个变量称为数组元素，简称元素。只有元素才是可以使用的基本单位，数组不可以被整体引用。当然，数组名称是数组在内存的首地址，是一个常量，可以被使用，最常见的就是作为函数的参数进行传递。学习数组时，一定要充分认识“[ ]”运算符，因为指针变量在某些情况下写成类似数组元素的形式更加直观。

④不同类型变量的集合称为结构体，其中每个变量称为结构体的成员，简称成员。对成员的引用有两种方式，一种是通过结构体变量引用成员，使用分量运算符号“.”；另一种是通过记录了结构体变量的内存地址的结构体指针变量引用成员，使用分量运算符号“->”，读作“指向”。

⑤指针就是地址，能够记录数据在内存中的地址的变量，称为指针变量。之所以不称为地址变量，是因为对指针变量记录的地址不是最关心的。最关心的是这个地址空间中存放的数据。指针变量具有很强的灵活性，同时伴随着很大的危险性，这种危险主要来自对不确定地址的操作，因此，编程者一定要确定指针变量的指向在可控范围内。最常见的错误是未给指针变量赋初值，或赋了一个错误的地址。

4. C 语言程序设计之运算符的优先级与结合性

由于 C 语言的运算符非常丰富，因此表达式的表现形式也非常丰富。在复杂的综合表达式中，为了消除歧义，C 语言规定了运算符的优先级和结合性。在这种情况下，首先由运算符的优先级确定执行顺序，当出现两个及两个以上同级别的运算符时，结合性就起到了至关重要的作用。运算符的优先级与结合性如表 10-2 所示。

表 10-2　运算符的优先级与结合性

优先级	运　算　符	含　　义	运算对象	结合方向
1	( )　[ ] .　->	括号运算 分量运算		自左至右
2	!　~ ++　-- -　&　* (type) sizeof	逻辑非、按位取反 自增 1、自减 1 取负、取地址、取内容 强制类型转换 计算字节数	单目	自右至左
3	*　/　%	乘、除、取余	双目	自左至右
4	+　-	加、减	双目	自左至右
5	<<　>>	位左移、位右移	双目	自左至右

续表

优先级	运 算 符	含　义	运算对象	结合方向
6	< <= >= >	关系运算	双目	自左至右
7	== !=	关系运算	双目	自左至右
8	&	位与	双目	自左至右
9	^	位异或	双目	自左至右
10	|	位或	双目	自左至右
11	&&	逻辑与	双目	自左至右
12	||	逻辑或	双目	自左至右
13	? :	条件运算	三目	
14	= += -= *= /= %= <<= >>= &= ^= !=	赋值、复合赋值		自右至左
15	,	逗号运算		自左至右

可以发现，结合方向自右至左的只有单目运算、赋值运算（包括复合赋值），其余都是自左至右，因此，并不难掌握。

另外，在实际应用中，最常用到的是算术运算、关系运算、逻辑运算，应该记住它们的优先级：算术运算＞关系运算＞逻辑运算。

5. C 语言程序设计之函数

①C 语言程序设计的函数有标准库函数和自定义函数。

②引用库函数时需要在源文件的开始位置添加预处理命令，如“#include <stdio.h>”。

③自定义函数遵从“先定义，后使用”的原则。

④主调函数与被调函数之间的参数传递：主调函数向被调函数传递，是通过实参向形参传递完成的，有传值方式和传地址方式；被调函数向主调函数传递，是通过被调函数中的 return 语句完成的。

⑤函数在引用时，要保证主调函数的实参与被调函数的形参在数量、类型、顺序上完全一致。具体地说，就是主调函数向被调函数传递数据时，可以传递基本数据类型的数据，也可以传递结构体变量，以及某个变量、数组、结构体变量在内存的首地址；被调函数的形参必须由相应类型的变量或指针变量接收。

⑥函数通常会在执行过程中向主调函数返回一个数据，这个数据可以是基本数据类型的数据、结构体数据、某个变量或数组在内存的首地址。函数无返回值时，声明为空类型（void）。

6. C 语言程序设计之指针

①指针就是地址。指针变量就是地址变量，可以存储其他变量在内存的首地址。

②指针变量的专用运算符号是 * 和 &，均为单目运算，优先级排第二位。& 运算符返回操作变量（跟在它后面的）在内存的存储地址；* 运算符返回操作变量中所存放的地址对应内存空间中的数据。

③指针变量在引用之前，一定要“先定义，后使用”。常用的方法是将某个变量通过“&”运算，将取得的地址赋值给指针变量，如“int a,*p=&a;”。如果想为指针变量赋一个确切的内存地址，只能是 NULL、0、'\0' 这 3 个常量，实质上就是让指针变量指向一个空位置，这也是避免未对指针变量进行初始化（即引用），从而带来危险的常用方法。

④指针变量在应用时有非常强的灵活性，主要体现在：通过指针可以间接访问内存数据，尤其是在自定义函数的形参中使用，可以对主调函数中的变量进行间接访问和操作；指针变量可以进行“++”或 --”运算，往往结合循环结构遍历数组元素。

⑤指针变量在应用时存在非常大的危险，主要体现在：对一个未确定指向的指针变量的存储单元进行写操作。这往往因为未对该指针变量进行初始化，或者该指针变量经过一系列的操作后指向了一个未确知的位置。例如，在指针变量指向数组后，可以通过循环结构结合指针变量的变化遍历数组元素，结果是指针变量在循环结束后已经指向数组以外的位置，再引用时就存在危险了。

⑥在单向链表和双向链表中必然用到指针变量，将其定义为结构体的一个成员，且其所指类型与该结构体一致。

7. C 语言程序设计之文件操作

①从编程的角度看，文件分为文本文件和二进制文件。广义上，所有文件都是二进制文件，文本文件只是二进制文件中的特殊形式。

②对文件操作的基本步骤是：打开文件、移动文件内部数据指针、读取或写入数据、关闭文件。

③进行文件操作的常用函数如下。

- 打开文件：FILE *fopen(const char *fname,const char *mode);
- 写入数据：size_t fwrite(const void *buf,size_t size,size_t count,FILE *stream);
- 读取数据：size_t fread(void *buf,size_t size,size_t count,FILE *stream);
- 关闭文件：int fclose(FILE *stream);
- 读一字符：int fgetc(FILE *stream);
- 写一字符：int fputc(int ch,FILE *stream);
- 读字符串：char *fgets(char *str,int num,FILE *steam);
- 写字符串：int fputs(const char *str,FILE *stream);
- 格式读取数据：int fscanf(FILE *stream,const char *format [,address-list]);
- 格式写入数据：int fprintf(FILE *stream,const char *format [,argument-list]);
- 指针移回文件起始位置：int rewind(FILE *stream);
- 指针按指定方式移动：int fseek(FILE *stream,long offset,int origin);
- 返回文件数据当前位置：long ftell(FILE *stream);
- 测试文件数据当前位置是否在文件尾：int feof(FILE *stream);

8. C 语言程序设计之编译与预处理

①编译程序要做的工作就是通过对词法和语法进行分析，在确认所有指令都符合语法规则之后，将其翻译成等价的中间代码或汇编代码。

②汇编实际上是把汇编语言代码翻译成目标机器指令的过程。对于被翻译系统处理的每个 C 语言源程序，最终都将经过这一处理而得到相应的目标文件。目标文件中存放的就是与源程序等效的机器语言代码。目标文件由段组成，一个目标文件中至少有两个段，即代码段和数据段。

③由汇编程序生成的目标文件，并不能被操作系统认可，也不能执行，其中可能还有许多未解决的问题。例如，某个源文件中的函数可能引用了另一个源文件中定义的某个符号（如变量或者函数调用等）；在程序中可能调用了某个库文件中的函数，等等。所有这些问题都需要经连接程序处理后才能得以解决。

④连接程序的主要工作就是将有关的目标文件彼此相连，即将在一个文件中引用的符号同该符号在另一个文件中的定义连接起来，使所有的这些目标文件成为一个能够被操作系统装入内存并执行的整体。

⑤编译预处理是在编译程序对源程序进行正式编译之前所做的工作，是通过预处理命令实现的。

⑥包含文件命令，如“#include <stdio.h>”。

⑦宏定义是用一个标识符来代表一个字符序列，在预处理时，源程序中除字符串外，出现的所有该标识符都将被替换为该字符序列。

⑧宏定义命令，如“#define E 2.71828182845”，实现将程序中的所有 E 用 2.718 281 828 45 替换，当然，字符串中的 E 不被替换。

⑨宏定义可以带参数，为了保证在宏展开时正确，一般应对宏定义时的字符串、参数加括号。

⑩在单片机和嵌入式系统开发等工业应用中，宏定义的大量运用使源程序的可读性进一步提高，晦涩的端口和地址不再难以理解，从而提高了程序开发效率。如果将这些宏定义存入一个头文件中，又会使源程序更加清晰、精练。

⑪条件编译是对源程序只编译满足条件的程序块，对不满足条件的程序块放弃编译，从而生成的目标程序短小，运行效率高。

⑫条件编译命令有 #ifdef、#ifndef、#if、#else、#endif 等，程序员可以应用这些命令，通过定义不同的宏决定编译程序对哪些代码进行编译或放弃编译。

附录A　源代码、ASCII字符编码与常用标准库函数

附录1　基于软件工程的事业单位职工工资管理系统软件开发（附源程序）

附录2　事业单位职工工资管理系统链表结构程序源代码

附录3　图书管理之管理图书信息系统源代码

附录4　ASCII字符编码一览表

附录5　C语言部分常用标准库函数

附录B 课程思政

5G

科学家

物联网

量子计算机

芯片

中国芯片发展历程

人工智能

云计算

大数据

参考文献

［1］李震平，李晓霞 . C 语言程序设计项目教程［M］. 北京：北京邮电大学出版社，2015.

［2］白帆，王隆 . C 语言开发实例详解［M］. 北京：电子工业出版社，1999.

［3］陈朔鹰，陈英 . C 语言趣味程序百例精解［M］. 北京：北京理工大学出版社，1994.

［4］高屹，程自强 . C 语言程序设计与实践［M］. 北京：机械工业出版社，2005.

［5］郭继展 . 新编 C 语言学习指导与习题［M］. 北京：机械工业出版社，2007.

［6］蒿杜平，焦锋 . C 语言程序设计实验教程［M］. 北京：北京理工大学出版社，2009.

［7］靳润昭 . C 语言教程［M］. 北京：机械工业出版社，2002.

［8］刘克成 . C 语言程序设计［M］. 北京：中国铁道出版社，2006.

［9］谭浩强 . C 程序设计［M］.5 版 . 北京：清华大学出版社，2017.

［10］谭浩强，张基温 . C 语言程序设计教程［M］.3 版 . 北京：高等教育出版社，2007.

［11］王柏盛 . C 程序设计［M］. 北京：高等教育出版社，2004.

［12］杨路明 . C 语言程序设计教程［M］.4 版 . 北京：北京邮电大学出版社，2018.

［13］张长海，赵大鹏，陈娟 . 大学计算机程序设计基础：C 语言［M］. 北京：清华大学出版社，2009.

［14］张基温 . C 语言程序设计案例教程［M］. 北京：清华大学出版社，2004.

［15］张小东，郑宏珍 . C 语言程序设计与应用［M］. 北京：人民邮电出版社，2009.

［16］张玉亭，韩兰，木林 . Turbo C/C++ 技术参考大全［M］. 北京：海洋出版社，1991.

［17］赵森，李卓民，韩韬，等 . C 程序设计［M］. 北京：冶金工业出版社，2005.

［18］STROUSTRUP B. The C++ Programming Language［M］.Special Edition. 北京：高等教育出版社，2001.

［19］BENNETT D. Visual C++ 5 开发人员指南［M］. 徐军，译 . 北京：机械工业出版社，1998.

［20］LAFORE R. C++ 面向对象程序设计［M］. 邓子梁，胡勇，译 . 北京：中国电力出版社，2004.